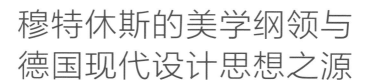

穆特休斯的美学纲领与
德国现代设计思想之源

汪建军 著

中国美术学院出版社

目录

纪念

赫尔曼·穆特休斯先生去世 90 周年

德意志制造联盟成立 110 周年

一、绪论

Nach einem Umbruch ist man wenig geneigt,
der Epoche, der man den Rücken gekehrt hat,
Gerechtigkeit angedeihen zu lassen.

人们在经历了转折之后，
很少还会公正地对待
已背向而去的那个时代。

——尤里乌斯·珀塞纳（Julius Posener）

　　当今天的人们追问德国现代建筑和工业设计之源时，最有可能得到的比较明确的回答是 20 世纪 20 年代的包豪斯或先锋派运动。如果想追溯地更早一些，线索就会变得不再明晰，其主要原因在于恰逢德国历史的大转折——"第一次世界大战"和前后发生的一系列动荡与变革。这样的历史转折给德意志民族文化带来的断层效应显而易见，种种原本连续发展的事物突然中断了进程，而时过境迁，废墟虽可重建，思想却再难延续，后人也很难不失偏颇地去书写之前的那段历史，正如建筑史学家尤里乌斯·珀塞纳（Julius Posener）所说的："人们在经历了转折之后，很少还会公正地对待已背向而去的那个时代。"[1] 于是，我们遗憾地发现，德皇威廉二世统治时期（1888—1918 年）整整一代人在建筑与实用艺术现代化的不同方向和路径上的努力，在经历了"一战"之后，很大程度上被历史的尘埃所湮没。

　　上述原因从一个侧面让我们理解为什么当人们提到包豪斯或先锋派时，更习惯于赞扬其横空出世般的革命性和创新性，却很少有人将其成就与威廉二世时代艺术史的发展联系起来讨论。客观地讲，这个世界从来不会出现全新的事物。我们其实很难想象，如果没有前面那段历史的铺垫，德国现代主义运动之火会在"一战"之后迅速燃起。

　　相比包豪斯和先锋派那种"革命式的"（revolutional）表达形式，威廉二世时代的所有革新理念和改革策略都倾向于"进化式的"（evolutional）。但正是因为缺少了戏剧化的突变效应，让后者不是被简而又简地压缩成前史，就是被轻描淡写地表述为滥觞。更有失公正的是，在绝大多数建筑史和设计史的叙述中，现代建筑和设计运动的成果总是被少数几个"个人英雄"所占据，如格罗皮乌斯（Walter Gropius）、密斯·凡·德·罗（Mies van der Rohe）、勒·科布西耶（Le Corbusier）等，用珀塞纳的话讲，这些人就像是"小孩耳中的魔鬼"[2]——翻来覆去就那几个，还被大人唠叨了无数遍。而读了这些"英雄史诗"的人很难不会误认为，就是因为有了这几个天才的建筑师或设计师，才创造出了现代

1　Posener in: Deutscher Werkbund und Akademie der Künste Berlin (Hg.), 1977, P. 7.

2　Posener, 1984, P. 19.

的物质形式，世界才变成了今天这样的全新面貌。

回到本文一开始的问题，这次跳过包豪斯和先锋派，那么答案大致会指向"一战"前的德意志制造联盟（Deutscher Werkbund）。然而，一旦追溯早期制造联盟的历史尤其是其创建的缘由，前面说到的线索模糊问题就会立刻出现。尽管文化史的线性描述会涉及 1907 年的"穆特休斯事件"（Der Fall Muthesius）、1906 年在德累斯顿举办的"第三届德国实用艺术展"、1900 年在达姆斯达特建立的"艺术家殖民地"（Künstler-Kolonie）、1898 年在慕尼黑成立的"艺术与手工艺联合工场"（Vereinigte Werkstätte für Kunst und Handwerk）和在德累斯顿成立的"手工艺联合工场"（Werkstätten für Handwerkskunst）等，但似乎除了"穆特休斯事件"以外，其他事件和制造联盟的成立并没有直接的联系，或者说这些事件之间并没有因果关系。

真正可以把所有这些事件联系在一起的，是 19 世纪和 20 世纪之交在德国兴起的一场从实用艺术到生活方式的革新运动，史称"新运动"（Neue Bewegung）。然而，正如本文开头提到的历史转折所导致的文化断层，新运动"自'一战'起就退而成为（历史的）背景"[3]，之后就更是不再被人提起。

在 20 世纪初人们的理解中，新运动主要包括了"实用艺术运动"（Kun-stgewerbliche Bewegung）和"艺术教育运动"（Kunsterziehungsbewegung），也涵盖了"青春风格"（Jugendstil）运动和早期制造联盟的工作。青春风格在"二战"后一度被视为是实用艺术运动在艺术风格上的代表，但事实上，它同时又是新运动批判的对象，这一点在当时的制造联盟内部就有争议。[4] 今天的艺术史和设计史学界普遍认为，青春风格替代了"历史主义"（Historismus）和"折衷主义"（Eklektizismus），后被"务实主义"（Sachlichkeit）或"功能主义"（Funktionalismus）所取代，而制造联盟的成立被认为是新运动跨越历史主义和青春风格的里程碑。

新运动产生的原因在于 19 世纪以来德国文化艺术领域，尤其是建筑与实用艺术行业中出现的种种危机，概括起来有以下几点：

1）"风格多元化"（Pluralisierung der Stile）：在整个 19 世纪和 20 世

---

3 Hubrich, 1980, P. 9.

4 参见 Hubrich, 1980, P. 9.

纪初的德国，风格多元化泛指建筑、手工艺品和工业产品在造型和风格上一味复古、盲目混搭、过度装饰、忽视实际功能、脱离真实生活等现象。其源头是学院派对历史风格和纹样不假思索的沿袭和模仿。

2）拿来主义：19世纪后半叶，英国率先完成了第一次工业革命，科学技术和工业制造都遥遥领先于其他国家。于是，德国企业采取了仿造英国以及法国、美国等先进国家的产品和低价倾销等手段，以提高本国产品的国际竞争力。尽管德国由此获得了巨大的经济利益，但也造成了相当恶劣的国际影响[5]，同时还扼杀了德意志民族自身的创造力。

3）审美品位的衰退：由"错误的材料""错误的形式"和"错误的装饰"等构成的建筑、手工艺和工业产品在当时德国社会的泛滥导致了社会大众整体审美品位的衰退。[6]

4）社会道德的丧失：在物质文化上表现出来的种种"错误"以及普通民众的不辨真伪导致了整个社会的虚伪化。

针对上述文化危机，从19世纪末20世纪初起，一批德国文艺批评家、社会活动家、艺术家、建筑师和教育家从不同角度展开了批判，形成了新运动的思潮，其内容涵盖了对当时的建筑、手工业和工业产品的革新意愿，对新生活美学的追求，对统一的"文化图像"（Kulturbild）的憧憬，对民族"身份认同"（Identität）的诉求等，这一切综合起来构成了德国现代建筑和工业设计思想的源头。赫尔曼·穆特休斯（Hermann Muthesius）就是这场运动从理论到实践的主要推动者之一。

一个人的思想源于其经验的积累和对经验的反思。穆特休斯特殊的人生阅历，使他能够面对上述种种问题作出理智的判断和贴切的回答。他的个人经验既有本土的，也有国际的；既有西方的，也有东方的；既有官方的，也有民间的；既有传统的，也有现代的，这种综合性使他比许多同时代的知识分子思路更宽广，思维更敏锐，思想更深刻。

穆特休斯，1861年出生于图林根（Thüringen）的大诺伊豪森（Großneuhausen），父亲是一位筑墙师傅，因此他很早就从父亲那里学会了筑墙技艺。1882年，他进入柏林弗里德里希·威廉海姆大学（今柏林洪堡大学）学习艺术史和哲学，一年后转学至夏洛特堡皇家技术学院

5　1887年4月，英国国会通过了针对以仿造闻名、质次价廉的德国制造的《商品法》条款（Merchandise Act），规定所有从德国进口的产品必须注明"Made in Germany"，以此与英国产品加以区别。

6　参见 Pasaurek, 1909, 斯图加特地方手工艺博物馆"实用艺术中的品位衰退"展区导览。

（今柏林工业大学）学习建筑。1887年毕业后，他就职于恩德与博克曼
（Ende & Böckmann）建筑师事务所，同年被派往日本，在东京工作了三
年半。这段特殊的经历使他深切地体会到明治维新后的日本以牺牲传统
为代价发展现代化所带来的文化矛盾和社会问题。1896年至1903年，穆
特休斯作为德国驻英国大使馆"技术专员"（Technischer Attaché），在长
达七年的时间里负责调研并向国内报道英国的建筑与实用艺术行业的技
术情报与最新发展动向。这一工作经历使他对以"艺术与手工艺运动"
（Arts & Crafts Movement）为代表的英国社会革新运动了如指掌，同时也
对德国仿造英国产品所带来的后果有着充分的反省。回国后，他就职于普
鲁士"商业与行业部"（Ministerium für Handel und Gewerbe）地方行业管
理司，主持工艺美术教育改革。在此期间，他大量撰文，四处宣讲，在
新运动中扮演了一个集文艺批评家、教育改革家、组织者、宣传者的综
合角色。1907年，他通过在柏林商学院的演讲《实用艺术的意义》（Die
Bedeutung des Kunstgewerbes）公开批评了德国实用艺术的落后现状，引发了行
业协会的抗议并将其定性为"穆特休斯事件"。与此同时，他得到了一批
有着和他相近理想的艺术家和企业家的支持。这一事件使他"自动成为新
运动的发言者和1907年成立的德意志制造联盟的缔造者"[7]。自1910年
起，穆特休斯担任了制造联盟第二主席之职，成为其思想领袖。在短短几
年时间里，制造联盟发展成为德国工业与手工业走向现代化的导向标。然
而，这一切随着1914年联盟内部矛盾的激化和"一战"的爆发而中断。

　　作为建筑师，穆特休斯一生设计建造了超过100栋建筑，以英式"田
园住宅"（Landhaus）[8]为主，包括郊区别墅和单独家庭住宅。他因此被誉
为"英式住宅文化的开拓者"[9]以及"单独家庭住宅之父"[10]。他一生致力
于改革，却坚决反对先锋派和包豪斯那种完全脱离传统的极端化设计。正
像前面所说的，他与威廉二世时代的绝大多数革新者一样，强调建筑的发
展应该在传统造型的基础上进行进化，而不是推倒一切的革命。

　　针对前面提到的文化艺术的矛盾与危机，穆特休斯试图找到一种济世
良方。他一生以极大的热忱从事着理论写作，涉及建筑、手工业、工业、

7　Hubrich, 1980, P. 239.

8　即亦可翻译作"乡村住宅"，主要建造在城市周边的郊区，强调的是与城市住宅的区别。

9　Hegenmann (Hg.), 1911, P. 83.

10　Hubrich, 1980, P. 223.

商业、教育等各个领域，共发表了超过 500 部／篇的著作和文章，是威廉二世时代最活跃的知识分子之一。他对英国建筑和"艺术与手工艺运动"的专业认知也使他成为那个时代最受欢迎的演讲者之一。他的著作、文章和演讲为新运动"勾画出了道德和理论的框架"[11]。

　　怀着一种文化普世主义的理想，穆特休斯提出了极具时代代表性的美学纲领：通过"艺术风格的统一"（Einheit der künstlerischen Stil）实现新的"和谐文化"（Harmonische Kultur）。这一美学纲领从整体策略上看，首先是通过教育让艺术工作者和社会大众重新理解生活和艺术的"本真性"（Authentizität），再以"务实主义"（Sachlichkeit）作为艺术实践的出发点，并通过一系列进化式发展——从"务实性"到"舒适性"（Komfort），再从"（自内而外的）美化"（Verklären）到"精美化"（Verfeinern），逐步实现制造行业工作的"精致化"（Veredlung），进而以"从沙发靠枕到城市建设"的整体化建筑设计和以"型式化"（Typisierung）作为手段，来创造出德意志民族"统一的文化图像"（einheitliche Kulturbild），同时帮助德国制造实现以质为本的美学扩张。

　　本文以穆特休斯的这一美学纲领为线索，结合其生平经历、社会实践和主要著作文章中的思想表达，以追溯 19 世纪末和 20 世纪初德国在建筑、手工艺与工业产品造型领域的革新运动，包括工艺美术教育改革的思想源头，以及解读德国现代建筑和工业产品外在形式语言下的内在文化理想，进而尝试梳理从新运动到德意志制造联盟再到包豪斯递进式的发展关联。

11　Hubrich, 1980, P. 67.

穆特休斯的美学纲领概述

　　1914 年 7 月，"制造联盟第七届年会"在科隆召开，会议期间发生了一场在现代设计史上有着重大意义的论战——"制造联盟之争"（Werkbund-Streit）。在绝大多数设计史的叙述中，这场论战都被表述为"标准化"与"个性化"之间的矛盾，即以穆特休斯为代表的推进工业造型标准化的派系与以亨利·凡·德·威尔德（Henry van de Velde）为代表的强调艺术表达个性化的派系之间的观念之争。"型式"（Typus）是工业批量化生产的前提条件，是工业企业提高效率和效益最重要的技术手段之一，因此，它在工业化进程中的意义不容置疑。然而，在这种简单化的诠释下，穆特休斯的主张"型式化"背后真正的理念和目的、联盟之争背后真正的矛盾却被忽略了。

　　"制造联盟之争"的导火线是穆特休斯在科隆年会上所作的报告《未来制造联盟的工作》（Die Werkbundarbeit der Zukunft）和同时颁布的《十条纲领》（Zehn Leitsätze）。他在第一条纲领中就开门见山地指出："建筑以及整个制造联盟与之相关的工作领域要向型式化推进，只有如此，才能重新获得和谐文化时代的普遍性意义。"[1] 早在 1907 年，即制造联盟成立当年，穆特休斯就在《实用艺术的问题》（Probleme des Kunstgewerbes）中讲道："这个时代的目标是必须建立一种普遍性的和谐文化。"[2] 1908 年 2 月，他又在柏林艺术联合会的演讲《建筑的统一：关于建筑艺术、工程师建筑与实用艺术的观察》（Die Einheit der Architektur: Betrachtungen über Baukunst, Ingenieurbau und Kunstgewerbe）中指出："只有带着对新的和谐文化的期望，才能对新的建筑有所期望，这两者紧密相联。"[3] 这些表述简略地勾勒出他为之奋斗一生的理想：和谐文化。

　　在穆特休斯看来，整个 19 世纪和 20 世纪初建筑与实用艺术领域的问题——历史主义的风格多元化、青春风格的个性化以及不断更替的时尚潮流，导致了"现代生活的破碎"[4] 与"和谐文化"的消损。于是，寻找一

---

1 Muthesius, 1914t, P. 32.

2 Muthesius, 1907i, P. 26.

3 Muthesius, 1908r, P. 63.

4 Muthesius, 1907, in: Werkbund-Archiv (Hg.), 1990, P. 53.

种统一的、能形成"普遍性联系"（Allgemeine Verbindlichkeit）和能"真实反映当下普遍性的时代特征"[5]的艺术风格，就成了德意志民族创造能与过去伟大时代相媲美或其他优秀文化相抗衡的、新的"和谐文化"的重要任务。

如何才能找到这样一种统一的艺术风格，穆特休斯在当时那些固守于历史传统的学院派艺术家身上找不到任何可能，在那些一味追求个性表达或时髦创新的青春风格艺术家身上也看不到希望。他认为问题的答案只能从面向整个社会的艺术教育开始。而教育的根本目的就在于让社会大众回归"本真性"和提高他们的审美品位，进而通过所有人在日常生活和工作中的真实表达，形成一种植根于整个民族文化的、普遍有效的"时代风格"（Zeitstil）[6]。

以生活和艺术的本真性为前提，穆特休斯在风格问题上给出的纲领性答案是"务实主义"。在他看来，务实主义是艺术实践的原点和现代精神的表达，无论是建筑、手工艺品还是工业产品，其造型越务实，就越能真实地表达生活和越接近文化的本质形态。在他的美学纲领中，"求真"和"务实"相辅相成，构成了最根本和最核心的内容。

制造联盟成立前后，穆特休斯在他的美学纲领基础上提出了"制造行业工作的精致化""整体建筑""型式化"等一系列建构性思想，对早期的制造联盟产生了巨大的影响。然而由型式化问题引发的"制造联盟之争"却将联盟带到了分裂的边缘。在科隆会议期间和在此之后，穆特休斯除了要面对以凡·德·威尔德为代表的艺术家的正面对抗，还要应对包括格罗皮乌斯、布鲁诺·陶特（Bruno Taut）在内的联盟核心成员参与的派系之争。[7] 1916 年，他被迫退出了制造联盟。"一战"之后，他虽然设计建造了数量众多的田园住宅，但面对这个时期建筑的全新发展，他成了旁观者，并最终站到了先锋派和包豪斯的对立立场上。从 1914 年"制造联盟之争"至 1927 年穆特休斯去世的这段历史来看，他的理想似乎无疾而

---

5 Muthesius, 1914t, P. 46.

6 Muthesius, 1925i, P. 138.

7 参见 Campbell, 1981, P. 85.

终，但从整个历史的发展来看，他的文化理念和美学纲领却为德国现代建筑和工业设计的崛起奠定了理论基础。

必须要说明的是，穆特休斯并不是一个原创型的思想家，也不是一个为个人荣誉而战的斗士，而是一个顺应时代潮流的社会活动家和对同时代先进思想有着敏锐洞察力的文化传播者。他的思想高度应和了 19 世纪末和 20 世纪初德国社会和文化的发展：帝国的统一需要形式上相应的统一；工业的快速崛起需要面向手工业采取相应的改革措施；社会的不均衡发展需要文化上的调和。他的美学思想很大程度上来自对先时代和同时代的人文思想的接纳。在他的美学纲领中，可以看到德意志民族的思想家如莱布尼茨、康德、席勒、黑格尔、尼采、格奥格·齐美尔（Georg Simmel）、维纳·索巴特（Werner Sombart）、马克斯·韦伯（Max Weber）等的哲学思想脉络，此外更是受到了辛克尔（Karl Friedrich Schinkel）、森帕（Gottfried Semper）、约翰·拉斯金（John Ruskin）、威廉·莫里斯（William Morris）等艺术家和建筑师的影响。正是如此，他的思想既具有一种代表性，又体现出一种包容性：他反对模仿历史风格但又坚持继承传统；他在接纳"艺术与手工艺运动"的主导思想——"艺术与手工艺统一"的同时，又强调建筑和产品的造型要满足机器制造和批量化生产的要求；他在倡导文化建设要提倡民族身份识别的同时，又提出现代建筑和产品设计要走型式化之路；他发现田园住宅作为日常生活文化的原型和现代社会理想人居的可能性，并认识到"归园田居"是改善日益严峻的城市生活环境的良方。[8]

穆特休斯也不是一个天才型的建筑师，或者说，他的务实主义设计原则注定了他的作品不会显山露水。尽管作为德意志制造联盟的缔造者之一，他在设计史上的地位获得了一定程度的认可，但就如弗德·罗斯（Foder Roth）所说——"他的作品与那个时代出现的先锋派相比，并没有获得太多的重视"[9]，建筑史和设计史学家往往直接跳过了对他作品的介绍。当然，这并不意味着他的作品缺乏文化艺术价值，相反，从现代主义发展的结果来看，他基于"以传统确保进步"[10]的进化式发展理念产生

---

8 德国第一座 "田园城市" 海勒劳（Garden City Hellerau）就是在穆特休斯的影响下建立的。

9 Roth, 2001, P. 10.

10 参见 Muthesius, 1908r, P. 62; 1914t, P. 44; 1919b, P. 94.

的作品更具有一种跨时代的先进性。

穆特休斯对 20 世纪初现代主义建筑和设计运动所产生的影响和意义长期以来都被人低估，其原因主要有以下几点：首先，由他引发的"制造联盟之争"使他成为联盟内部艺术家共同的"敌人"。这些后来的"现代主义大师"和受他们影响的几代人从 20 世纪 20 年代起就刻意不再提他的名字，反过来给予他观点上的对手更高的赞誉 [11]；其次，"一战"后，他在普鲁士商业部的官员身份导致其在不少人的眼中变成了帝国主义的专制形象，他的言论也被视为"帝国主义的商业政治" [12]；再者，他在 20 世纪 20 年代公开批评先锋派、包豪斯和新建筑运动的作品也导致了许多现代主义的拥护者对他不满。

世人的偏见并不能掩盖历史的真相。有幸的是，穆特休斯的思想通过他数量庞大的著作、文章和散落在德国各地的建筑作品，以及收藏在柏林制造联盟档案馆（Werkbund-Archiv）的约 7000 件遗物，被较为完整地保存了下来。然而，迄今为止对穆特休斯的研究不要说在国内，甚至在德国都不够全面与深入，其主要原因在于他在文化史的舞台上扮演的角色具有高度的复合性，而他的思想也具有高度的复杂性。此外，尽管他是现代设计理论的开创者之一，但他的作品又与现代建筑的主流形态格格不入。因此，本文带着抛砖引玉的动机，希望为国内的"穆特休斯研究"或"制造联盟研究"开一个头。当然，限于笔者有限的学识和博士研究阶段有限的时间，根本不足以通过本文完整论述穆特休斯的理论思想、社会实践和建筑作品，只能借助"和谐文化通过艺术风格的统一"这一主题来展开几条主要线索和介绍其中的点滴精髓。

---

11 参见 Behrendt, 1920, in: Werkbund-Archiv, 1990, P. 82.
　　在本雷特（Walter Curt Behrendt）的回顾中，凡·德·威尔德替代了穆特休斯成为推动新运动的核心力量和时代文化的代表。即使是在关于制造联盟的叙述中，他也不再提穆特休斯的名字，尽管他与穆特休斯曾有私交，而且在 1914 年的文章中他还称穆特休斯为"制造联盟之父"。

12　Van de Velde, 1962, P. 368.

文献综述

　　构成本文内容和论据的文献主要由三部分组成：1）穆特休斯本人的著作、文章、演讲稿与信件；2）关于穆特休斯的生平经历、美学思想、社会工作和建筑作品的理论研究；3）构成研究语境和论据外围的其他文献。第三部分涉及 19 世纪与 20 世纪初的文化史、建筑史、工艺美术史、设计史和设计教育史，重点为战前工业设计史和早期制造联盟史。这一部分因文献数量较多以及从单一文献来讲重要性不突出，故不在此展开论述。

　　本文的参考文献除少量英语外都为德语文本，如不特别注明，所有引文的译者即作者本人。鉴于国内对穆特休斯的研究尚处于空白，仅有一些设计通史类书籍（在有关德意志制造联盟的章节中）和设计理论文选类书籍中对他有所提及 [1]，且仅为一些介绍性文字，故不列入本文的参考文献。

　　作为专业报道者、文艺批评家与建筑理论家，穆特休斯一生勤于写作，留下了超过 500 部／篇的著作、文章和演讲稿（详见附录 "穆特休斯全部著作与文章目录"）[2]，另在柏林制造联盟档案馆中还保存有约 500 封他的亲笔书信 [3]，文献数量非常庞大，且没有中文译本。穆特休斯的著作从未结集出版过，绝大多数都是以最初版本的形式分散在以德语国家为主的不同图书馆中，又因属于古籍珍本，一般仅供馆内阅读。他的文章更是分散发表在近百种期刊和报纸上。因此，在有限的时间内，以笔者一人之力无法对全部文献进行通读和作全面分析，只能取其重点。

　　根据穆特休斯不同时期的工作重点，他的写作生涯大致可分为四个阶段：

　　第一阶段（1891—1890 年）：1891 年，穆特休斯从日本回国。当年，他在《建筑管理中央期刊》（*Zentralblatt der Bauverwaltung*）上发表了一

---

1 比如王受之的《世界现代设计史》或中央美术学院设计学院史论部编译的《设计真言》等。

2 Hubrich, 1980 和 Roth, 2001 收录了穆特休斯的全部著作和文章名称列表。

3 制造联盟档案馆穆特休斯遗物 Ordner 2. Korrespondenz, 2.4. Schreiben von Muthesius. 另有三部备份书信集，其中一部（Copy Book）收藏着他在日本工作时期的书信，两部（Letter Book）收藏着他作为普鲁士驻英国大使馆技术专员时期的书信。

篇关于他在日本期间独立完成的建筑设计——东京德意志福音教教堂的报道，这是他首篇正式发表的文章。除此之外，关于在日本的工作经历，他没有发表过任何文字。因此，本文第二章第一节"穆特休斯在日本"的主要内容来自保存在柏林制造联盟档案馆中他的生平记录和私人信件。1896年，穆特休斯被派往德国驻英国大使馆，专门负责向国内报道英国建筑与实用艺术行业的情报。这一时期，他每年平均撰写 10 至 15 篇报道，大部分发表在《建筑管理中央期刊》上。第二章第二节"穆特休斯在英国"的文献依据就来自这些报道。

第二阶段（1900—1907 年）：这是穆特休斯写作的高峰期，他一生中最重要的文艺批评理论和美学纲领几乎都出自这一时期。他曾于 1907 年 11 月给柏林 W·韦伯书店（Buchhandlung W. Weber）写过一封关于本人著作的推荐信，精选了四部他认为最重要的作品：《英国住宅》（*Das englische Haus*, 1904-1905）、《风格建筑和建筑艺术》（*Stilarchitektur und Baukunst*, 1902；1903）、《文化和艺术》（*Kultur und Kunst*, 1904）与《实用艺术和建筑》（*Kunstgewerbe und Architektur*, 1907）[4]。这四部著作集中了穆特休斯在德意志制造联盟创建之前主要的建筑思想和美学观点，同时也是他文艺批评的代表作。本文第三章"穆特休斯美学纲领的内容与目的"的主要文献资料便是这几部著作。其中，《风格建筑和建筑艺术》1902 年第一版着力于对历史主义的批判，该著作 1903 年的第二版大篇幅增加了对青春风格的批判；通过《文化和艺术》，穆特休斯对新的时代风格提出了要求；《英国住宅》集中了他美学思想最核心的内容——"务实主义"。作为第三章的内容铺垫与论据补充的其他文献也大多是在这一时期发表的，如在柏林建筑家协会举办的纪念辛克尔活动中的演讲《建筑的时代观察：环顾世纪之交》（*Architektonische Zeitbetrachtung: Umblick an der Jahrhundertwende*, 1900）、《现代英国建筑艺术》（*Die englische Baukunst der Gegenwart*, 1900）、《新装饰和新艺术》（*Neues Ornament und neue Kunst*, 1901）、《艺术与机器》（*Kunst und Maschine*, 1902）、《实用艺术的问题》（*Probleme des Kunstgewerbes*, 1907）等。此外，第四章第一节"'穆特

---

4 参见 Roth, 2001, P. 281.

休斯事件'与德意志制造联盟的创建"将重点介绍他在柏林商学院所作的演讲《实用艺术的意义》（*Die Bedeutung des Kunstgewerbes*，1907），正是这场演讲引发了"穆特休斯事件"并促成了制造联盟的成立。

第三阶段（1908—1914 年）：从制造联盟成立起，穆特休斯便致力于为联盟构建指导思想和制订工作目标。这一时期他作了很多重要的演讲和工作报告，第四章第二节"从沙发靠枕到城市建设——穆特休斯的制造联盟理念"中的内容就建立在此基础上，如他在 1908 年慕尼黑联盟第一届年会上发言、在柏林艺术联合会的演讲《建筑的统一：关于建筑艺术、工程师建筑与实用艺术的观察》（*Die Einheit der Architektur: Betrachtungen über Baukunst, Ingenieurbalz und Kunstgewerbe*）、在 1911 年德累斯顿联盟第四届年会上的报告《建筑形式感对我们这个时代文化的意义》（*Die Bedeutung des architektonischen Formgefühls für die Kultur unserer Zeit*）和《我们立足何处？》（*Wo stehen Wir ?*）等。第四章第三、第四节关于"型式化"和"制造联盟之争"的内容将着重围绕着他在 1914 年科隆联盟第七届年会上所作的报告《未来制造联盟的工作》（*Die Werkbundarbeit der Zukunft*）而展开。

第四阶段（1915—1927 年）：退出制造联盟后的穆特休斯尽管依然勤于写作，但已不再有新的理论推出，此时的他更专注于田园住宅的设计。他于 20 世纪 20 年代撰写了一系列文章，对战后兴起的先锋派、包豪斯和新建筑运动的作品提出了个人批评，如《关于建筑中的个人主义》（*Über den Individualismus in der Architektur*，1922）、《建筑艺术的时代问题》（*Zeitfragen der Baukunst*，1924）、《形式的暗示》（*Suggestion der Form*，1924）、《艺术和时尚潮流》（*Kunst und Modeströmmungen*，1927）、《为屋顶的奋斗》（*Der Kampf um das Dach*，1927）、《新的建筑方式》（*Die neue Bauweise*，1927）等，这些文章构成了第五章第三节的主要内容。

在为数不多的穆特休斯研究者中，德国建筑史学家、曾于 1973 年至 1976 年担任过制造联盟主席的尤里乌斯·珀塞纳（Julius Posener）是最早也是最重要的一位。早在 1931 年，即穆特休斯去世后的第四年，他就在《德国建筑师联盟期刊》（BDA-Blatt）上发表了一篇关于他的文章。[5]"二战"后，他长期致力于穆特休斯的田园建筑研究，挖掘并宣扬其被人忽略的艺术价值，让后人重新认识了这位早期的"功能主义"建筑师。

---

5 参见 Posener in: Werkbund-Archiv (Hg.), 1990, P. 13.

珀塞纳在他的代表作《功能主义的开端——从艺术与手工艺运动到德意志制造联盟》（*Die Anfänge des Funktionalismus. Von Arts and Crafts zum Deutscher Werkbund*, 1964）、《从辛克尔到包豪斯》（*From Schinkel to the Bauhaus*, 1972）和《柏林，走向新建筑之路，威廉二世时代》（*Berlin auf dem Weg zu einer neuen Architektur. Das Zeitalter Wilhelms II.*, 1979）中，高度肯定了穆特休斯的田园建筑艺术和他在建筑的现代化发展中不可忽视的历史地位。此外，珀塞纳还为穆特休斯撰写了一系列专题文章，如发表在制造联盟档案馆内刊的《穆特休斯作为建筑师》（*Muthesius als Architekt*, 1972），发表在《建筑大师》（*Baumeister*）杂志的《穆特休斯，1861—1927》（*Hermann Muthesius 1861-1927*, 1984）等。尽管这些文章篇幅不长，但颇具影响力。1977 年，珀塞纳在柏林艺术科学院策划了首个穆特休斯专题展，并为展览作了开幕演讲。[6] 1990 年，柏林制造联盟档案馆举办了穆特休斯专题展，他以 86 岁的高龄为此次展览撰写了文章。[7] 可以说，正是在珀塞纳的努力下，穆特休斯及其作品才重新获得了世人的尊重。然而，尽管他对穆特休斯建筑艺术的分析非常专业和独到，但对其美学和设计思想的研究却仅限于"功能主义理论"（Funktionalismustheorie），而功能主义是否等同于穆特休斯的务实主义，迄今为止仍令人怀疑[8]，更何况，这只是他美学纲领的一小部分。[9]

除珀塞纳外，关于穆特休斯建筑艺术的研究，近年来还有乌维·斯奈德（Uwe Schneider）的《赫尔曼·穆特休斯和 20 世纪早期田园建筑的改革讨论中》（*Hermann Muthesius und die Reformdiskussion in der Gartenarchitektur des frühen 20. Jahrhunderts*, 2000）、劳伦·斯塔尔德（Laurent Stalder）的《赫尔曼·穆特休斯——田园建筑作为文化史的设计》（*Hermann Muthesius. Das Landhaus als kulturgeschichtlicher Entwurf*, 2008）、皮耶琴柯莫·布恰莱利（Piergiacomo Bucciarelli）的《赫尔曼·穆特休斯的柏林别墅》（*Die Berliner Villen von Hermann Muthesius*. 2013）等。需要说明的是，本文虽会涉及穆特休斯的建筑实践，但并不会作为重点来论述。

---

6 Posener in: Deutscher Werkbund und Akademie der Künste Berlin (Hg.), 1977-1978, PP. 7-16.

7 Posener in: Werkbund-Archiv (Hg.), 1990, PP. 13-19.

8 穆特休斯本人从未提起过"功能主义"的概念。参见第三章第二节。

9 参见 Roth, 2001, P. 14.

　　与本文的研究视角和研究方法比较接近的，同样是从文化史和文献法出发研究穆特休斯的专著目前为止有两部，一是汉斯—约逊·胡伯里希（Hans-Joachim Hubrich）的《赫尔曼·穆特休斯——有关新运动的建筑、实用艺术、工业的文本》（*Hermann Muthesius. Die Schriften zu Architektur, Kunstgewerbe, Industrie der Neuen Bewegung,* 1980）。胡伯里希以穆特休斯的工作经历为线索，宏观地分析了他在新运动中所扮演的多重角色，并以他在各个时期留下的文献作为论据来论证其社会实践的历史作用与意义。不过，胡伯里希略显平铺直叙式的论述缺乏主题性的聚焦，许多问题往往单独浮现，让读者很难从不断变化的语境和不断增加的细节中获得概念上的整体认识；二是弗德·罗斯（Foder Roth）的《赫尔曼·穆特休斯与和谐文化理念》（*Hermann Muthesius und die Idee der harmonischen Kultur,* 2001），这是穆特休斯理论研究中迄今为止主题最鲜明、视角最独特、论述最细致深入、涉及一手资料最多的一部专著。罗斯从"和谐文化理念"出发，在穆特休斯的大量著作和文章中梳理线索、寻找关联，对他美学思想的发生、发展和演变进行了相当系统和充满反思的解析。

　　在穆特休斯的研究者中，珀塞纳的"开宗明义"及建筑史学观察视角、胡伯里希对其历史角色的宏观解读、罗斯对其核心理念的美学分析，三者构成了鼎足而立的研究基石，对后来的研究者无疑具有很大的参考价值。可以说，如果没有胡伯里希和罗斯著作中给出的有关穆特休斯重要著作和文章的线索，笔者的研究几乎不可能展开。

　　从 20 世纪 70 年代开始，以穆特休斯为主题的展览每隔一段时间就会举办一次，其中最重要的有：1977 年，德意志制造联盟和柏林艺术科学院（Akademie der Künste）共同举办的"穆特休斯展"；1990 年，柏林制造联盟档案馆的"穆特休斯"专题展；2002 年，日本京都和东京的国家现代艺术博物馆举办的"从沙发靠枕到城市建设——赫尔曼·穆特休斯和德意志制造联盟展"；2012 年，柏林制造联盟档案馆的"穆特休斯遗物展"。这些展览的目录也为本文提供了一定程度的研究基础和资料补充。

　　本文将同时着眼于穆特休斯的理论著作和不同学者针对他的理论研究，尝试对其美学思想和社会工作进行更为综合的分析，并希望借助新的观察视角，形成研究的创新点：一是基于穆特休斯在日本的工作经历，希望将其思想置于东西方文化的比较中——尽管这一方面的资料非常欠缺；二是希望能够比较充分地挖掘他的理论思想对以包豪斯为代表的德国现代主义建筑和设计运动产生的影响。

附：德语概念解释

以下德语概念因存在一定的歧义并在本文中意义重大，故在此先作解释：

1) Kunstgewerbe：直译为"艺术行业"，指与美术、装饰、工艺、设计相关的所有行业，通常译作"工艺美术（行业）"，在日本被译成"美术工艺"。这一概念在工业革命前泛指手工艺行业，从工业化时代起亦包含工业。后为强调两者的差异，出现了"艺术工业"（Kunstindustrie）一词。本文为体现其行业特征及包容性，即不限于通常我们所理解的"工艺美术"，同时为强调与纯粹艺术或自由艺术的区别（这一点对于理解"制造联盟之争"非常重要），故译作"实用艺术行业"，简称"实用艺术"。但是在教育领域，仍保留"工艺美术教育"的译法。事实上，在德语国家，工艺美术教育被统称为"艺术教育"（Kunsterziehung），因此在本文中出现的"艺术教育"一般情况下是指"工艺美术教育"。而最初的工艺美术学校（Kunstgewerbeschule）实际上是工艺美术博物馆（Kunstgewerbeschule）的下属教育机构，因此翻译成"工艺美术学校"是比较贴切的。

2) Künstler：即"艺术家"。但本文中的"艺术家"不同于现代意义的自由艺术家，主要指建筑师和工艺美术家。在西方艺术史学体系中，建筑一直是造型艺术的三大领域之一，因此，建筑师（Architekt）通常被称为"艺术家"或"建筑艺术家"（Baukünstler）。19世纪末和20世纪初，在经历了实用艺术改革后，一批从事手工艺创作的工艺美术师取得了相当高的社会地位，为区别于普通手工艺匠人，突出其创造力和艺术价值，亦被称为"艺术家"。此外，在"二战"前，"艺术家"的概念还包括了设计师，因为当时尚未出现设计师的称谓，而从事产品造型设计的人大多为建筑师或工艺美术师。

3) Typisierung：一般译作"典型化"或"类型化"，指为了满足批量化生产而将产品或建筑设计为范本化的"型式"（Typus）。本文为与美学意义的"典型"（Das Typische）和类型学意义的"类型"相区别，并强调其作为产品外观造型的标准，故译作"型式化"。该词汇在国内的大多数设计史文献中被翻译为"标准化"（Standardisierung），但型式化虽属于标准化的概念范畴，却不等同于标准化。标准化是一种泛指，而型式化和"规范化"（Normierung）是标准化的具体手段。

二、穆特休斯美学纲领形成
的历史背景与美学接纳

Das Ziel der Zeit muß unbedingt
eine allgemeine harmonische Kultur sein,
eine Kultur, wie sie frühere Jahrhunderte
in Deutschland gehabt haben und
japan noch im 19. Jahrhundert besessen hat.

这个时代的目标是
必须建立一种普遍性的和谐文化，
这种文化，
我们德国在过去多个世纪都曾拥有过，
而日本直到 19 世纪依然保存。

——穆特休斯（Hermann Muthesius）

穆特休斯在日本——早期的建筑实践与美学观点

> 这个时代的目标是必须建立一种普遍性的和谐文化。这种文化，我们德国在过去多个世纪都曾拥有过，而日本直到 19 世纪依然保存。[1]

这是穆特休斯在 1907 年，即德意志制造联盟成立当年发表的文章《实用艺术的问题》（*Probleme des Kunstgewerbes*）中的一段话。这段话之所以在他众多的著作和文章中引人注目，不仅在于他在此最早提出了建立"和谐文化"的目标，更在于他提到了日本。本小节暂不讨论"和谐文化"是什么，也不讨论德意志民族在历史上是否拥有过"和谐文化"或拥有过怎样的"和谐文化"，而是先聚焦于穆特休斯在日本的经历和对日本的印象。

穆特休斯在日本工作和生活长达三年半之久，在遥远的东方度过了他作为建筑师最初的职业生涯。对于任何一个西方人而言，有过这样一段人生经历一般都会难以忘怀，但他在自己的著作和文章却几乎不提日本，即便是偶尔提及，也如上面的文字那样，不会展开论述。其中的原因也许就像他在日本期间写给朋友莫尔拜格（Mollberg）的信中所说的：

> 我会跟你们讲述（日本），只要你们想知道，我就会回信。但我既不会写成书，也不想写日记。我个人对我而言没那么重要，以至于没有必要额外地每天去写（自己的经历）……我还需要完善自己的性格和继续塑造自己，而不是从个人的视角出发，现在就去断定人性和世界的价值。最重要的是，我在这里所经历的和所学到的，能撇开此情此景，普遍有效地留存在（我的）语义和记忆中。[2]

从这段话中可以看出，穆特休斯清楚地意识到自己尚处在历练的过程中，不应轻易地对现在看到的事物和现象下结论。但是他也知道，自己在

1　Muthesius, 1907i, P. 26.

2　参见穆特休斯写给 Mollberg 的信 (1890. 1. 15) in: Copy Book, PP. 261-263.

这个国家所经历和所学的东西，会对一生产生影响。

在有关穆特休斯生平的文献中，他在日本的这一段历史虽然也会被提及，但从研究的角度来看内容极其有限，用日本学者 Ikeda Yuko 的话讲："他在日本的工作迄今为止在学术上几乎未被研究过。"[3] 因此，由本小节开头的文字引出的猜测——穆特休斯的"和谐文化"理想是否受到了日本"和文化"的启发，若仅以现有的文献为依据，很难证实。

今天的艺术史只要提到东方对西方的影响，首先就是 19 世纪后半叶的"日本风格"（Japonismus），即以浮世绘和传统手工艺为代表的日本艺术对欧洲近代绘画和工艺美术的影响，此外，还有日本传统建筑对西方现代主义建筑的影响。当然，此类影响总是落于研究的旁支，这是因为西方中心论在艺术史学界一直存在，导致了很多非西方的元素在西方艺术所谓的正史中被有意无意地排斥或遗漏。因此，除了浮世绘对印象派的巨大影响证据确凿之外，东方艺术和美学对西方现代艺术、建筑和设计潜移默化的作用，虽然并不是什么鲜为人知的秘密，但碍于某些实质性图文资料的短缺，基本停留在只言片语这样一个层面。正因如此，对穆特休斯年轻时在日本的生活工作经历和所感所思的研究才更有意义——不仅可以让我们更好地理解他个人思想的起点，或许还能帮助我们进一步发现东方美学与西方现代设计的关联。

在柏林制造联盟档案馆（Werkbund-Archiv）的"穆特休斯遗物"（Muthesius Nachlass）中，保存了一份他在日本工作和生活时期所写书信的原始拷贝。穆特休斯习惯在写信时用拷贝纸作一份备份，所有的拷贝最后被装订成册并命名为 *Copy Book*［图 1］。*Copy Book* 收录的书信共计 130封，时间从 1889 年 2 月 5 日至 1890 年 10 月 23 日，总跨度为一年零八个月，大部分信是写给他的父母和兄嫂，少部分是写给他建筑师事务所的老板以及朋友。正是这部非常珍贵的一手资料使我们有机会了解穆特休斯在日本的经历和感受，并且有可能找到一些日本文化对其影响的线索。

青年时期的穆特休斯曾在夏洛特堡皇家技术学院（今柏林工业大学）学习建筑，师从赫尔曼·恩德（Hermann Ende）。他于 1887 年初毕业后便进入了老师的设计公司——恩德与博克曼建筑师事务所（Architekturbüro von Ende und Böckmann）。该事务所当时正好与日本政

---

3 Ikeda, 2002, P. 384.

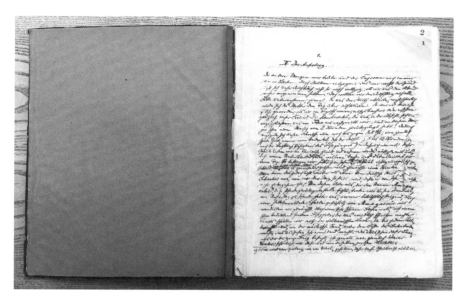

图 1　穆特休斯旅日书信集（*Copy Book*），柏林制造联盟档案馆藏

府签订了一份官厅（即政府机关建筑）项目合同。于是，穆特休斯就被指派去东京工作。恩德与博克曼为什么会派一个完全没有工作经验的年轻毕业生去参与执行如此重要的项目，原因不得而知。尤里乌斯·珀塞纳在提到这段历史时也只能借用卡尔·夏福勒（Karl Scheiffler）的调侃："他们这么做，可能因为穆特休斯弹得一手好钢琴。"[4]

　　对于日本之行，穆特休斯起初相当犹豫，一方面，他此时尚未取得国家建筑师的专业资格，即没有达到日本政府对德方派遣建筑师的资质要求。[5]而他的实践经验仅限于大学期间在他的另一位老师保尔·瓦洛特（Paul Wallot）[6]的事务所实习过一段时间[7]；另一方面，考虑到要远渡重洋在异国他乡生活多年，需要面对环境不适、语言不通、文化差异等各种问题。后在他的兄长、教育家卡尔·穆特休斯（Karl Muthesius）的鼓励

---

4 Posener in: Deutscher Werkbund und Akademie der Künste Berlin (Hg.), 1977, P. 7..

5 因此，穆特休斯请求政府所属的建筑委员会（Ministerial-Bau-Kommision）特别授予他一份资格认证。1887 年 12 月，他获得了"皇家政府建筑顾问"（Königlicher Regierungsbauführer）的头衔。

6 德国历史主义建筑大师，其代表作是柏林的帝国国会大厦。

7 参见制造联盟档案馆穆特休斯遗物 Ordner 1. Biographisches: Nr. 18c 130, Tätigkeitsbericht (1887. 12 - 1888. 6).

下，他才下定决心前往日本。

穆特休斯于 1887 年 4 月离开德国，两个月后抵达日本。日本政府与他签订了一份长达四年（有效期至 1891 年 6 月）的工作合同，允许他作为助理建筑师参与官厅项目。该合同提供他每月 250 银元的高额工资，还有一套改造后的欧式住宅。[8] 然而，他并不愿意居住在专门为外国人设置的生活区里，而是选择居住在离建筑工地不远的千代田区麹町。对此，他的考虑一方面是为了能更专注于工作，另一方面希望能更好地融入日本社会。

在日本政府和恩德与博克曼建筑师事务所签订官厅项目合同中，包括了"国会议事堂""大审院"（最高法院）"法务省"（司法部）三个项目。日本于 1868 年明治天皇执政后，决心尽快向西方现代国家转型，因此朝廷希望通过建造欧式风格的政府建筑向民众传达这样一种政治态度。由于该项目意义重大，明治朝廷内阁特别成立了"临时建筑局"，由时任外务大臣、曾留学英国的井上馨担任总裁，内务省土木局长三岛通庸担任副总裁，曾留学德国的建筑师松崎万长担任工事部长。在项目执行方面，则由英国建筑师尤西亚·孔德（Josiah Conder）和德国建筑师海因里西·蒙茨（Heinrich Mänz）负责国会议事堂，德国建筑师理查德·瑟尔（Richard Seel）和阿道夫·斯得格穆勒（Adolf Stegmüller）负责大审院大楼，德国建筑师奥斯卡·提泽（Oscar Tietze）负责法务省大楼。这些外国建筑师的主要的工作是根据施工工地的实际情况对恩德与博克曼建筑师事务所的前期方案进行调整或修改，完成局部细节设计并监督施工。

穆特休斯被分配为提泽的助手。作为一个初出茅庐的建筑师，他在法务省大楼设计和建造中的角色无足轻重。但是从他的信件和工作报告中，可以感受到他一丝不苟的工作态度，尤其是在建筑的抗震性和建材质量检验的问题上。由于整个官厅建设片区的地基过于松软，穆特休斯和他的同事们耗费了大量时间来检验。法务省大楼也因此一直拖到 1888 年年底才动工。当 1895 年该大楼正式竣工时，穆特休斯已回国四年。[9]

在 *Copy Book* 的信件中，穆特休斯对法务省大楼的工期延迟以及对日本政府的官僚作风和政策变动的不满溢于言表。当时的日本正处于自由民权和极端民族主义的运动时期，在这样的政治局势下，明治朝廷的对外政

---

8 参见制造联盟档案馆穆特休斯遗物 Ordner 1. Biographisches: Vertrag (1887. 6. 15.).

9 该大楼在 1923 年关东大地震和"二战"的空袭中都幸免于难。后改造成法务省博物馆。

图 2　恩德与博克曼建筑师事务所（Architekturbüro von Ende und Böckmann）：
　　　日本法务省大楼设计图

治态度开始发生变化，他们更愿意相信留学回来的日本人，而不再是外国顾问和专家，这导致了许多与外国人签订的合同被突然终止。恩德与博克曼建筑师事务所的官厅项目合同也存在着随时被解除的危机。[10]

　　穆特休斯在日本期间，除了参与官厅项目外，还独立完成了几个建筑项目，包括德意志福音教教堂、神学学校、三条是实美别墅。在所有相关文献中，德意志福音教教堂被提及最多，作为一座宗教建筑，它的文化地位自然也最为突出。

　　当时在东京生活着大约 60 名德国人，多数为日本政府所雇用，另在横滨还居住有大约 150 名德国人，多数为商人，此外还有一些德语母语的瑞士人。他们共同组成了一个基督教新教（福音教）组织。在没有自己的教堂前，他们参加礼拜活动需要借用东京筑地的美国教堂或横滨的共济会会场。1889 年 5 月，穆特休斯受东京福音教会负责人、传教士威尔弗里

―――――――――

10 1890 年，"临时建筑局"被废除，恩德与博克曼建筑师事务所的官厅项目合同被正式解除。.

德·思宾内尔（Wilfried Spinner）的委托，设计一座德国教堂。[11]

在 *Copy Book* 中，有一份"东京福音教教堂设计稿的解释报告和造价预算"[12]。穆特休斯回国后发表在《建筑管理中央期刊》（*Zentralblatt der Bauverwaltung*）的报道《东京德意志福音教教堂》（*Deutsche evangelische Kirche in Tokio*）[13] 中的内容与这封信大致相同。此外，制造联盟档案馆"穆特休斯遗物"中还保存有他亲笔绘制并签名的该教堂的素描效果图、平面图、剖面图和立面图［图 3］。[14]

按照教会的要求，这座教堂应该成为德国在远东影响力的里程碑和德意志文化在国外的纪念碑，同时应该与周边环境尽量保持和谐。因此在设计上，穆特休斯采用了典型的日耳曼民族风格——哥特式，但出于建造成本的考虑以及为了使内外部造型更为均衡，他大幅度减少了原本哥特式教堂外立面上通常采用的装饰浮雕，并且建议施工方尽可能使用本地材料，使教堂与周边的建筑或者说东京的城市景观尽量相融。但在造型的原则性问题上，穆特休斯没有丝毫妥协，比如尽管面临着地震的威胁，他坚持保留教堂入口处的塔楼，因为这种八边形的尖顶塔楼是德国教堂最具标志性的造型。在施工问题上，穆特休斯表达了他的担忧，尽管他认为日本工匠拥有高超的手工技艺，但他们完全没有建造西方教堂的经验。在此基础上，他指出了一个与技术无关的文化背景问题：如果没有欧洲建筑师的帮助，日本人不可能完成一座从审美到布局都令人满意的西方宗教建筑。[15]

虽然穆特休斯顺利完成了教堂的设计任务，但施工时间被推迟到了1895 年，即他回国后的第四年。对于他而言，更遗憾的是教堂并没有根据他的原设计方案建造。1895 年夏，穆特休斯收到了东京福音教教会通

11 思宾内尔是福音教传教会（Allgemeiner Evangelisch-Protestantischer Missionsverein）成员，是该教会首位来到日本（1885 年）的传教士。该教会的总部在魏玛。魏玛当时的最高统治者是卡尔·亚力山大（Carl Alexander）大公爵，他是该教堂建设最大的资金提供者。穆特休斯的兄长、教育家卡尔·穆特休斯是大公爵孙儿女的家庭教师，穆特休斯本人也认识大公爵，正是因为这样一层关系，大公爵向思宾内尔写了推荐信。可想而知，穆特休斯作为恩德与博克曼建筑师事务所最年轻和最没有实践经验的助理建筑师，如果没有大公爵的推荐，他不可能获得这份设计委托。

12 Erläuterungsbericht und Kostenüberschlag zu den Skizzen für eine evangelische Kirche zu Tokio. in: Copy Book, PP. 199-202.

13 Muthesius, 1891.

14 制造联盟档案馆穆特休斯遗物 Kat. 7-11.

15 参见 Muthesius, 1891, PP. 337-339.

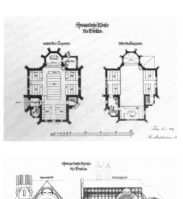
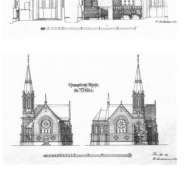

图 3　穆特休斯：东京德意志福音教教堂设计手稿，柏林制造联盟档案馆藏

过在魏玛的莎克森大公国教会转达的信 16，要求他修改设计方案。工程师鲁道夫·勒曼（Rudolf Lehmann）通过信件向他阐述了教堂建设的实际情况。17 尽管原先计划的建设资金已到位，但自中日"甲午战争"以来，日本国内材料价格飞涨，现有的资金根本不足以实现原来的方案。加之许多原先被日本政府雇用的德国人被解聘回国，在东京的教会成员大幅减少，于是原方案可容纳 300 人作礼拜的空间已没有必要。因此，教会希望穆特休斯在对原造型不作大幅改动的基础上，将教堂缩小到容纳 150 至 180 人的体量。此外，还因东京在此期间地震频发，要求他再次检验教堂结构的抗震性。但没有记录显示，穆特休斯是否修改了设计方案。

16　参见 Großherzoglich Sächsischen Kirchenraths 给穆特休斯的信 (1895. 2. 5)，制造联盟档案馆穆特休斯遗物 Ordner 2. Korrespondenz, 2.1. Schreiben an Muthesius.

17　参见 Lehmann 写给穆特休斯的信 (1895. 7. 11)，制造联盟档案馆穆特休斯遗物 Ordner 2. Korrespondenz, 2.1. Schreiben an Muthesius.

图 4　建成后的东京德意志福音教教堂

　　德意志福音教教堂的落成典礼直到 1897 年 1 月 27 日才举行。[18] 它坐落在今天东京的千代田区四番町。从保存下来的照片［图 4］上看，该教堂与其相邻的建筑在视觉上并不协调，这显然与穆特休斯的初衷不符。与原方案相比，最终建成的教堂在体量上显得更为紧凑但细节上明显变得粗糙。原方案的十字形的平面结构缩小后几乎变成了矩形。室内空间也作了大幅压缩，二楼廊道上的座位几乎全被去除，仅仅在祭坛的右侧保留了很少几个。原方案中的管风琴也被一台普通的风琴所取代。此外，窗子变小，塔楼的高度也大幅降低。尽管如此，这座装点着从德国运来的彩色玻璃花窗的新哥特式教堂是德国人在东京建造的第一座基督教新教建筑。从它建成之日起，就成为德国人在日本的精神家园。遗憾的是，尽管抗震性一直是穆特休斯考虑的重点，它还是被 1923 年的关东大地震所摧毁。

　　1889 年年初，穆特休斯受思宾内尔委托还设计了一座基督教神学学校。他在写给父母、兄长和嫂子的信中多次提到了该项目。[19] 这所学校由

---

18 因为 1 月 27 日是德皇威廉二世的生日。

19 参见穆特休斯写给兄嫂的信（1889. 5. 2）in: Copy Book, P. 94；穆特休斯写给兄嫂的信（1889. 5. 3）in: Copy Book, P. 100；穆特休斯写给父母的信（1889. 6. 14）in: Copy Book, P. 117；穆特休斯写给兄嫂的信（1889. 11. 4）in: Copy Book, P. 215.

思宾内尔和另一位传教士施密德尔（Otto Schmiedel）依据德国大学神学系四年制教育的样板建立，只是规模很小。[20] 该学校的设计和建造资料在制造联盟档案馆"穆特休斯遗物"中亦有保存，包括外观效果图、平面图、正立面图、细节图以及建成后第一时间拍摄的照片［图 5］。[21]

　　穆特休斯的设计充分考虑到了该建筑作为学校的实际需求。这是一栋二层楼的、典型的德国图灵根地区木结构建筑风格（Fachwerkbau）的教学楼，一楼由一间大教室和三间小教室构成，二楼是一个可以容纳 200 人的大讲座厅，与教学楼直接相连的还有一栋三层楼的图书馆。整个建筑的造型显得十分简约，屋顶、外墙中的木结构、窗框和阳台都统一为红褐色，与浅色的墙面形成明显的明暗对比，阳台支撑柱上的纹样和窗台下的半圆形的花卉浮雕带给人视觉上一种韵律感。该学校于 1909 年关闭，教学楼后被改造成了其他学校的学生宿舍，它虽然躲过了 1923 年的关东大地震，但最终还是毁于 1945 年的美军空袭。[22]

　　神学学校与福音教教堂一样属穆特休斯设计的最早的公共建筑，与福音教教堂的原方案被大幅改动不同，它完全依照穆特休斯的方案并且在他日本逗留期间就完成了施工。

　　从制造联盟档案馆保存的穆特休斯的信件中可以了解到，他在日本期间还设计了两栋住宅，其中一栋是明治朝廷重臣三条实美的别墅，但是与该别墅相关的资料仅有三条实美写给穆特休斯的一份设计委托书和一封施工方大日本土木会社写给他的信。[23] 设计委托的内容包括具体的建造条件，如别墅的总建筑面积要达到 170 坪（约 562 平方米），总预算不超过 4 万日元等。另外，在穆特休斯写给朋友斯巴尔定（Spalding）的一封信中也提到了他当时正在为"一位显赫的日本大人物设计别墅"。[24] 但三条实美这样的高官为什么会去找一个年轻又无经验的德国建筑师为他设计别墅，原因不得而知。晚些时候，穆特休斯在信中表达了他的不满，尽管他

20　每学年最多时也只有 12 位日本和德国学生在这里学习。

21　制造联盟档案馆穆特休斯遗物 Kat. 14-17.

22　该建筑在空袭后仅剩下采用了防火砖的图书馆的部分砖墙。这些砖墙构成了后来在此新建的一座教堂的一个部分。

23　参见制造联盟档案馆穆特休斯遗物 Ordner 2. Korrespondenz, 2.1. Schreiben an Muthesius.

24　参见穆特休斯写给 Spalding 的信（1888. 4. 26），制造联盟档案馆穆特休斯遗物 Ordner 2. Korrespondenz, 2.4. Schreiben von Muthesius.

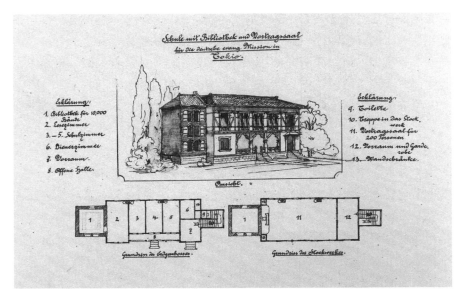

图 5　穆特休斯：东京神学学校设计手稿，柏林制造联盟档案馆藏

是该别墅的设计师，但施工却是由日本建筑师妻木赖朝主持，而这位穆特休斯过去在"临时建筑局"的同事未经他同意就擅自修改了方案。[25]

　　另一栋是穆特休斯为在魏玛生活的父母和兄嫂设计的住宅。据信中描述，这是一座三层楼的两家庭住宅，屋顶为双坡顶，带有德意志文艺复兴的风格元素。他还完成了室内空间和花园设计，并把图纸寄回给兄嫂。[26]这是穆特休斯在研究英国田园建筑前最早的此类作品，原本可以通过其了解他最早的住宅设计观，然而，除了上述信件中的只言片语，找不到任何其他资料。

　　作为一部书信集，*Copy Book* 中的描述大多是碎片化的，没有完整的表达和细致的思考，但我们还是可以从中找到穆特休斯早期的一些建筑思想和美学观点。从他为自己的设计选择的风格样式来看，与同时代的建筑师

25　参见穆特休斯写给兄嫂的信（1889. 4. 7）in: Copy Book, PP. 76-77；穆特休斯写给父母的信（1889. 5. 3）in: Copy Book, P. 101；穆特休斯写给赫尔曼·恩德的信（1889. 10. 7）in: Copy Book, P. 183；穆特休斯写给父母的信（1889. 10. 23）in: Copy Book, P. 369.

26　参见穆特休斯写给兄嫂的信（1889. 3. 1）in: Copy Book, P. 37；穆特休斯写给兄嫂的信（1889. 10. 18）in: Copy Book, P. 190；穆特休斯写给兄嫂的信（1889. 12. 20）in: Copy Book, P. 240.

没有差别，明显都受到了历史主义的影响。但是有一些线索可以证明此时的他已经对历史主义的风格问题有所警觉。在德意志福音教教堂的设计上，他固然选择了象征日耳曼民族文化的浪漫主义风格（哥特式），但他在表述时特意为"风格"一词加上了引号并强调这样的说法只是为了应付"那些从不思考的人"。他在给兄嫂的信中这样写道："什么是浪漫主义？这个建筑就是现代的。我生活在 19 世纪，不是 12 世纪。"[27]

穆特休斯认为，"风格"仅是外行使用的概念；当下建造的建筑理所当然是现代的。历史风格不应用来决定建筑的形式，即使涉及历史传承下来的风格元素，建筑也应该承载它诞生的这个时代的印记。[28] 从这些表述中可以看出，穆特休斯后来的反历史主义"风格建筑"（Stilarchitektur）[29] 的观点和立场早在日本工作期间已初步形成。同时形成的还有他早期的务实主义设计原则，比如他在写给父母的信中提到，建筑的整体造型包括室内空间和陈设需要强调简约性和实用性[30]，而这一原则事实上"贯穿了整现代建筑（的发展）"。[31]

1891 年 1 月，穆特休斯在他与日本政府签订的合同期满前半年踏上了回国之路。此后，他对自己在日本长达三年半的经历几乎再没有提起过。在他数量庞大的著作和文章中，跟日本有关的除了前面提到的报道《东京德意志福音教教堂》外仅有两篇，一是为巴尔策（F. Baltzer）的文章《日本建筑》（*Das japanische Haus*）写的短评[32]；二是在关东大地震后发表的短文《日本的房屋建造》（*Der japanische Hausbau*）[33]。在这些文章中，穆特休斯表达了他的观点：日本建筑是现代建筑的榜样。[34] 尽管他的评价非常笼统并缺少论据支持，但依然可以看出他对日本建筑有着非常前瞻性的理解。可以推测，他所认为的日本建筑对现代建筑的榜样性首先体现在简约性上，而这正是现代设计甚至是现代性最重要的特质。对于日本住宅室内空间的极简主义，穆特休斯在给兄嫂的信中这样描述道：

27　参见穆特休斯写给兄嫂的信（1890. 3. 6）in: Copy Book, P. 287.

28　参见穆特休斯写给兄嫂的信（1890. 3. 6）in: Copy Book, P. 287.

29　参见 Muthesius, 1902q; 1903k.

30　参见穆特休斯写给父母的信（1889. 12. 20）in: Copy Book, P. 237.

31　Ikeda, 2002, P. 389.

32　Muthesius, 1903c.

33　Muthesius, 1923c.

34　Muthesius, 1903c, PP. 306-307.

日本的房间实际上是空的。很少量的家具，很小的规格，在
使用后就会置边，多数还会放置在由移拉门遮挡的壁龛中……
没有家具用来填塞空间或者用于观赏。日本房间的理念是绝对的
空。[35]

穆特休斯认可日本住宅的简约性和舒适性，也承认日本人拥有很高的
艺术素养和良好的审美品位[36]，但是他对日本出口到欧洲的批量化加工的
工艺品却持批评态度。他的批评既针对下订单的欧洲商人，也针对那些
对艺术的真实性缺乏理解、只知道对欧洲产品进行表面模仿的日本制造
商。[37] 他在给朋友斯巴尔定的信中提到，真正的日本手工艺品既不是纯粹
的装饰物，也没有过多装饰。[38] 他后来针对青春风格装饰过度的批判思想
显然可以追溯至此，而青春风格的形成在一定程度上就是受到了"日本风
格"的影响。

Copy Book 中的信件还记录了很多穆特休斯对日本的负面印象。他常常
抱怨日本人缺乏诚信和道德、不可靠、好说谎、表面礼貌，实际傲慢。[39]
对于年轻的穆特休斯来说，在日本工作最困难之处莫过于如何在文化、政
治、经济等矛盾和冲突中贯彻自己的想法，完成设计任务。

对当时的日本社会，穆特休斯认为它"正在逐步导入欧洲的观
念"[40]，对此，他感到不知所措，甚至有些愤慨，比如，当他提到日本政
府明令禁止学生在学校用毛笔写字，而用西方的铅笔取而代之时，还有
文化省官员提议废除日语，用英语取而代之时，直言"没有比这更糟糕
了"。[41] 他批评日本社会是在以牺牲民族文化传统为代价发展现代化，而
那些在历史文化中沉淀下来的高度发达的审美感知和在日常生活中逐步形
成的优良品位，在一味追逐现代化的日本人身上很难再找到了，对此，他

35　参见穆特休斯写给兄嫂的信（1889. 4. 24）in: Copy Book, P. 89.

36　参见穆特休斯写给兄嫂的信（1889. 2. 4）in: Copy Book, P. 14.

37　参见穆特休斯写给 Scheidemantel 的信（1889. 2. 26）in: Copy Book, PP. 41-46.

38　参见穆特休斯写给 Spalding 的信（1888. 4. 26），制造联盟档案馆穆特休斯遗物 Ordner 2. Korrespondenz, 2.4. Schreiben von Muthesius.

39　参见穆特休斯写给 Spalding 的信（1889. 6. 14）in: Copy Book, P. 120；穆特休斯写给兄嫂的信（1889. 7. 6）in: Copy Book, PP. 137-138；穆特休斯写给兄嫂的信（1890. 1. 9）in: Copy Book, P. 252；穆特休斯写给 Mollberg 的信（1890. 1. 15）in: Copy Book, P. 264.

40　参见穆特休斯写给兄嫂的信（1889. 4. 24）in: Copy Book, P. 87.

41　参见穆特休斯写给兄嫂的信（1889. 4. 24）in: Copy Book, PP. 92-93.

沉重地提出了这样的质疑："这个民族将走向何方？"[42]

　　这也许就是穆特休斯在日本期间获得的最重要的启示。他看到 19 世纪末的日本在发展现代化和保持自身文化传统之间不可调和的矛盾。联系德国社会的现状，他认为这两者的矛盾所导致的文化危机甚至比日本更为严重。本小结开头关于"和谐文化"消存的论点，正是来自他对德日两国艺术和生活的对比所得出的结论。类似的观点在其他的信件中也有提到：

> 　　艺术和生活（在德国）很不相同，前者仅在某种限定了的意义上作为后者的镜像。而在这里（指日本），古老的传统在同时起着作用，至少在艺术创作时，（创作者）会有这样的意愿。而平淡的真实性对于我们（的艺术创作）却经常不起作用，人们最终受制于表现手段和技术，这导致我们在大多数情况下走向了风格化。[43]

　　从这段文字中可以清楚地读出穆特休斯早期的美学观点：一味追求所谓的艺术表现和对技术的盲从，必然会使艺术脱离生活。参照穆特休斯后来美学纲领——艺术与生活的统一是统一的文化的前提，艺术与生活的真实性是文化真实性的基础，那么两者如果分离，文化的真实性就会出现问题，而文化的虚伪化又会导致社会的不和谐。换句话说，艺术和生活的分离就是"和谐文化"消失的原因之一。对艺术与生活的联系，他在谈到日本学校中的绘画课程时也有说起：

> 　　一个民族的艺术感知……只能借助于学校用良好和正确的方法实行的绘画课程来唤醒和获得，那些带着兴趣参与绘画课程的人，他们的一生都会拥有这样的兴趣和能从艺术品中获得快乐。这种快乐就是人们内心的巨大的宝藏。[44]

　　这段话同时也表达了艺术教育对于一个民族的意义。可以肯定，在日本的三年半时间对穆特休斯而言，不只是他青年时代的一段跨越国界和文

42　参见穆特休斯写给 Schümann 的信（1889. 2. 3）in: Copy Book, P. 19.

43　参见穆特休斯写给兄嫂的信（1889. 4. 24）in: Copy Book, PP. 88-89.

44　参见穆特休斯写给兄嫂的信（1890. 2. 7）in: Copy Book, P. 275.

化的经历，也为他后来的美学思想和实用艺术教育改革理论提供了点点滴滴的启发。在 *Copy Book* 的信件中，可以找到不少他美学纲领出发点，比如如何将艺术，建筑、政治、经济等因素在一个民族原有的社会生活中协调一致，又比如如何在创造新的文化艺术时联系和发展过去的文化传统等。这些观点和立场在他后来英国工作期间得到了进一步加强，并且变得更为系统与完整。

穆特休斯在英国——对"艺术与手工艺运动"和英国建筑文化的美学接纳

> ……持续不断地、完整地学习国外先进的建筑技术和重要的
> 工程项目……让他国的经验和（取得的）进步服务于本国并（由
> 此）产生价值。（要达到这一目的，）一个有效的方法就是在外
> 交使团中安排合格的技术人才。[1]

19 世纪末对于德国文化史是一个重要的转折期。这一转折甚至使整个世界文明的格局也悄然发生了变化——西方文化的重心开始从英国向德国倾斜。而穆特休斯正是把英国的文化情报，尤其是建筑、实用艺术及艺术教育领域的重要信息带到德国的关键人物。也正是这一特殊角色，让他成为 20 世纪初德国文化舞台上的主角之一。

1893 年，穆特休斯从日本回国后不久，便以优异的成绩通过了国家建筑师资质考试，获得了"皇家政府建筑师"（Königlicher Regierungsbaumeister）的资格认证[2]，随后就职于普鲁士政府设立的公共建筑管理部门。1895 年 10 月至 1896 年 3 月，穆特休斯被公派去意大利游学，专门研究意大利的古代建筑。在此期间，他撰写了一系列报道，稍后发表在《建筑管理中央期刊》（Zentralblatt der Bauverwaltung）上。[3]尽管他对意大利建筑的辉煌成就高度肯定，尤其是对中世纪的城市建筑如锡耶纳 [图 6] 和文艺复兴时期的建筑如帕拉第奥（Andrea Palladios）的作品非常感兴趣，但他明确指出，意大利的文化中心如拉维纳和佛罗伦萨对于当下这个时代而言，其影响和意义已然淡化，他更是反对那种通过一成不变地复制古典样式来传承本土艺术的方式。[4]从这些观点中不难看到，穆特休斯建筑思想中的现代意识和进化思想已经形成。

1898 年，穆特休斯出版了《意大利旅行印象》（Italienische Reiseeindrücke）一书[5]，以此向家乡萨克森·魏玛·艾森纳赫（Sachsen-

---

1 Zentralblatt der Bauverwaltung, 1882, P. 22.

2 参见制造联盟档案馆穆特休斯遗物 Ordner 1. Biographisches: Patent 15. Dez. 1887.

3 Muthesius, 1898e, PP. 378-380, 386-388, 393-395, 423-425, 433-435, 445-447.

4 参见 Muthesius, 1898e, P. 446.

5 Muthesius, 1898l.

图 6　穆特休斯：旅意期间的速写手稿（Siena），柏林制造联盟档案馆藏

Weimar-Eisenach）的世袭领主卡尔·亚历山大大公爵（Großherzog Carl Alexander）致敬。他在日本期间之所以能够得到东京福音教教堂和神学学校的设计委托，正是因为大公爵的推荐。大公爵博学开明，精通意大利语，酷爱意大利的文化艺术。穆特休斯在 1895 年刚到意大利时就与他在佛罗伦萨和罗马相约会面。大公爵非常赏识穆特休斯的才华，希望他能回到家乡魏玛工作，但因他此时已就职于普鲁士政府部门，只能回绝大公爵的邀请。回到柏林后不久，1896 年 10 月，穆特休斯就被任命为"技术专员"（Technischer Attaché）派往德国驻英国大使馆。

　　正如本小节开头的引文中所写，普鲁士政府早在 1882 年就已经计划往英国、美国和法国派遣技术专员，并将所需经费专门列入国家财政预算。技术专员的主要任务是获取派驻国家的技术情报和相关信息，在当地进行调查研究，并撰写报道发回德国。这些报道一般都附有图纸和照片，甚至还包含了技术和财务上的细节。德国派遣技术专员的目的很明确，就是为了学习当时世界上最先进国家的新技术、新工艺、新方法和新组织形式，一旦德国需要建设类似项目时，便有了可以参考依据，从而能够降低研发成本和减少专业技术人员的投入。1900 年之后，英国针对德国人在这方面的工作开始全面设防。从这一点就可以很清楚看出，所谓"技术专员"即技术间谍。

穆特休斯在英国期间每年撰写 10 至 15 篇报道，其中约一半会在德国公开发表。因为这类报道的目的是为了启发和引导德国未来的建设，所以要求作者必须对报道内容的价值作预先判断。一般而言，基于个人经验的判断难免会有偏颇，因此，需要报道者尽量保持客观。但问题是，对艺术领域的观察如果缺少自由的观点，又会造成局限性。于是，这就需要报道者在客观性和自由度之间进行平衡。对穆特休斯在英国撰写的报道，胡伯里希给予的评价是："其专业性和精准性令人惊叹。"[6]

穆特休斯在英国的工作时间长达七年，随着时间的推移和调查的推进，他报道的主题范围变得越来越宽泛，涵盖了建筑、实用艺术、展会、设计竞赛、行业协会的工作、艺术教育、出版、文物保护等。德国政府出于对技术专员的保护，涉及技术方面的情报一般不会正式发表，即使发表也会采取匿名的方式。[7]而有关建筑、实用艺术、文化和教育的报道往往会同时发表在多种期刊上。正是这些报道使穆特休斯获得了德国业内人士的关注。

在德国文化史上，穆特休斯是把英国的"艺术与手工艺运动"（Arts & Crafts Movement）和约翰·拉斯金（John Ruskin）、威廉·莫里斯（William Morris）等人的思想和作品介绍到德国的关键人物。他显然非常清楚地了解他们的影响力。他在英国所写的第一篇报道就是"威廉·莫里斯和伦敦实用艺术展览协会第五届展会"（*William Morris und die fünfte Ausstellung des Kunstgewerbe-Ausstellungsvereins in London*）。尽管这篇被分成三部分发表在《建筑管理中央期刊》中的报道总共只有十页[8]，不可能对莫里斯作真正详细的介绍，但穆特休斯充分利用了报道的形式，用最概括和最直接的语言以唤起德国人对这位英国实用艺术改革先驱的关注。他这样评价道："毫无争议，今天英国住宅中的良好品位主要归功于威廉·莫

6　Hubrich, 1980, P. 33.

7　因此笔者无法获得这一方面的资料。当然，当时的技术情报在今天看来已没有太多的价值。

8　Muthesius, 1897a, PP. 3-5, 29-30, 39-41.

里斯的影响。"⁹ 穆特休斯笔下的莫里斯是一个艺术家，也是一个诗人，他的创作源泉虽然来自中世纪，但绝不是简单地模仿古代的样式，而是以原创的方式还原手工艺的本质。他在介绍莫里斯设计的家具时，强调了他高超的手工技艺。他说道："莫里斯的作品有着极佳的耐用性，这一点能够帮助我们这个时代那些廉价的工业产品真正恢复其精神。" 他接着简要地分析了原因，强调这种耐用性来自于"超越装饰形式的纯粹的组织结构"。¹⁰ 当然，穆特休斯如此先觉的评价，对于那个时代完全沉湎于装饰的德国人而言，还需要相当长的时间才能理解。

虽然这篇报道介绍了伦敦手工艺协会在 1896 年举办的"第五届艺术与手工艺展"（Arts and Crafts Exhibition），但没有附任何照片或插图。这篇报道在德国发表时，《建筑管理中央期刊》的编辑对此作了解释：

> 莫里斯公司不允许发表家具的图片；他们担心自己的设计会被仿造，同时担心来自德国的竞争对手，于是很遗憾，在德国介绍前面那些家具以及（当读者）阅读的时候，会缺少直观的认识。¹¹

这段文字不仅强调了英国手工艺协会和莫里斯公司针对德国的"技术间谍"在知识产权方面已经有了防范意识，也指出穆特休斯的工作——对艺术与手工艺的报道，如果仅凭语言而没有图片的支持，会有多么困难。穆特休斯自然对此有深刻的体会，所以尽管他对展会的构建、展品的功能和材料描述起来非常自如，但一旦涉及不能言传的艺术表现时，缺失了照片和插图的支持，就会格外费劲。比如，当他在介绍莫里斯的壁毯时只能如此描述："展会中真正华丽的展品是莫里斯公司的三张织花壁毯，它们相当显著地铺开着并拥有出色的色彩氛围。"¹² 至于"出色的色彩氛围"究竟是怎样的，在当时的条件下，只能靠德国读者自己去想象了。

对英国手工艺协会后来举办的展览，如 1899 年的"第六届艺术与手工艺展"，穆特休斯也做了专题报道：

9　Muthesius, 1897a, P. 5.

10　Muthesius, 1897a, P. 4.

11　Muthesius, 1897a, P. 29.

12　Muthesius, 1897a, P. 40.

图 7　莫里斯公司（Morris & Co.）的织花壁毯，汉堡工艺美术博物馆

　　在英国，今天新艺术的发展有了非同寻常的广度，实用艺术已站在一个全新的创造基础上，成为完全大众化的事物，一大批业余爱好者从事着这方面的工作。[13]

　　这篇发表在 1900 年的《实用艺术期刊》（*Kunstgewerbeblatt*）上的报道着重介绍了展览的成果及其影响，对德国实用艺术的发展起到了积极的促进作用。[14]

　　在英国期间，对各种重要的实用艺术展的调研和报道一直是穆特休斯工作的重心之一，如 1898 年"伦敦纪念展"[15]、1901 年"格拉斯哥国际展"[16] 等。不仅英国的展览，1900 年"巴黎万国博览"会也成为他报道

13　Muthesius, 1900r, P. 151.

14　参见 Hubrich, 1980, P. 36.

15　Muthesius, 1898j.

16　Muthesius, 1901h.

的焦点。[17] 其内容包括展览园区、展览场馆、展览的组织，参展的机构和
公司、展品，甚至展览开支等等。尽管信息繁多，穆特休斯的着眼点却
非常清晰，即要把德国读者的视线吸引到"艺术与手工艺运动"及"格
拉斯哥工艺美术运动"上来。他还为拉斯金[18]、罗塞蒂（Dante Gabrieli
Rossetti）[19]、麦金托什（Charles Rennie Mackintosh）[20] 等人写了专题报道。
在这些报道中，"艺术与手工艺运动"对英国社会的影响被不断强调。

尤其值得注意的是，穆特休斯的视野并没有局限于这些代表性的艺术
运动、专业展会和著名艺术家，而是拓展到了民间艺术和面向社会大众
的艺术教育层面上。比如，他在《英国的家庭艺术工业协会和小艺术领
域的业余爱好》（*Der Verein für häusliche Kunstindustrie und der Dilettantismus in den
Kleinkünsten in England*）中介绍了成立于 1884 年的"家庭艺术和工业协会"
（Home Arts and Industries Association）举办的一个很小规模的展览，其展
品不是出自艺术家之手，而是业余爱好者[21]；又比如他在"伦敦白教堂区
新画廊和在伦敦东部的民间艺术展"（*Die neue Gemäldegalerie in Whitechapel in
London und die volkstümlichen Kunstausstellungen im Londoner Osten*）中强调民间艺术
展相对专业艺术展而言，对普通大众会产生更积极的教育意义。[22]

穆特休斯在英国期间一直都在追问实用艺术和社会大众之间的联系。
结合本国实用艺术所面临的问题，他认为，在当下的德国，古代的民间艺
术精神已经消亡。而英国的民众，尤其是市民中产阶层中的艺术业余爱好
者让他看到了复兴的希望。他相信，民间艺术的性质决定其不可能通过职
业艺术家来振兴，必须要依靠民众自身，特别是那些对艺术和手工艺感兴
趣的业余爱好者。而国家应该正确引导和积极发展他们中的优秀者，对他
们进行教育、支持他们在实践中获取经验，同时，抵制模仿和鼓励原创，
只有这样，实用艺术和社会大众之间逐渐失去的联系才有可能重新建立起
来。

艺术与民众的联系，在穆特休斯看来具有重要的社会伦理学的意义。

---

17 Muthesius, 1899c, 1900i, 1900j, 1900k, 1900l, 1901k.

18 Muthesius, 1900b, 此外，穆特休斯还为拉斯金著作的德语译本写了一篇专题报道，
Muthsius, 1901c.

19 Muthesius, 1901j.

20 Muthesius, 1902j, 1903j.

21 Muthesius, 1900h.

22 Muthesius, 1901e.

他在 1902 年发表的《为了贫困者的艺术》（*Kunst für die Armen*）中指出，上层社会和底层民众在物质生活上的悬殊过大，很难调和，只有通过精神生活，才能使这种社会差异得到缓解，或者说，才能把两者之间的距离拉近。因此，社会一方面要鼓励那些受到过良好教育的精英阶层成为艺术爱好者，另一方面要引导普通民众去热爱艺术，只有这样，他们才有可能参与到精英阶层的精神生活中。只有如此，普通民众才会更强烈地感受到社会责任。穆特休斯后来把这些观念带回德国，将其提升为新运动的主要社会目标之一。[23]

就像整个 19 世纪各行各业的发展趋势都与教育联系在一起，穆特休斯在观察英国的建筑与实用艺术发展的同时，也在不断地追问面向社会大众的教育问题。[24] 为此，他专门撰写了《伦敦国民学校的绘画课程》（*Der Zeichenunterricht in den Londoner Volksschulen*）[25] 和《英国的实用艺术中的业余爱好》（*Der kunstgewerbliche Dilettantismus in England*）[26]。在他全部的报道中，这两篇获得的关注度相对较高，因为教育问题相比单个建筑项目或工程技术问题，显然更具有社会性，也更能让普通大众有兴趣去了解。正是这两篇报道引起了普鲁士商业与行业部（Ministerium für Handel und Gewerbe，以下简称商业部）的重视，这使得穆特休斯回国后有机会在该部直属的地方行业管理司就职并担负起改革普鲁士工艺美术教育的重任。

穆特休斯对待艺术教育问题的原则性立场明显受到了拉斯金的美学和社会伦理学思想的影响，对此自己也作了概括性的阐述：

> 他（拉斯金）提出的原则，即只有艺术才能赋予生活价值，（不管是）对真理和正直的追求，（还是）为错误的奢华或仅为了（追求）优雅而去花费，只有通过艺术活动才能把人们从愚钝和精神的空虚中拯救出来。艺术让生命鲜活，艺术感染着生活，

23　Muthesius, 1902g.

24　早在穆特休斯去英国前，他就在《建筑管理中央期刊》发表过两篇文章：《建筑是艺术还是行业》(Ist die Architektur eine Kunst oder rein Gewerbe) Muthesius, 1893a；《德国年轻人的艺术教育》(Die künstlerische Erziehung der deutschen Jugend) Muthesius, 1893b.

25　Muthesius, 1900w.

26　Muthesius, 1900x.

感染着所有受过教育的英国民众…… [27]

穆特休斯美学思想中的一个重要观点是反对学院派艺术，这在他对英国国民艺术教育的观察中已初显端倪。在穆特休斯看来，英国国民艺术教育的新颖之处就在于尽可能面向未受过艺术教育的普通民众。理想化的结果，就是要让业余爱好者创造出具有实用性和大众性的作品。他再三地强调"宁可要简单的但是是自己的原创，也不要最好的复制品"[28]，由此站到了当时一味重复历史风格和装饰的学院派的对立面。

穆特休斯在报道中重点提到了伦敦南肯辛顿区的一些国民学校。在他看来，这些学校"是回答所有艺术教育问题最有资格的代表"。[29] 它们在尝试着艺术教育新的可能性：学生们在这里被要求自由地创作，他们的绘画练习是通过记忆而不是临摹，他们以师法自然来创造新的图案而不是复制历史纹样等。对年轻学生的作品，穆特休斯毫不吝啬赞美之词，如"高度的本源性"（hohe Ursprünglichkeit）、"杰出的创造"（vorzügliche Erfindung）、"迷人的色彩"（reizvoll Farbgebung）等。他还指出，这些学校以"符合行业要求的可靠性"（*werkmäßige Gediegenheit*）、"健康的结构"（Gesunde Konstruktion）和完成"精确的工作"（genaue Arbeit）为目标，来训练学生们的手工技能，同时还引导他们在和谐统一的美学观念中成长。所有这一切，最终会将他们培养成优秀的艺术工作者或干练的手工艺匠人。今天看来，尽管这种将发自内心或本能的、自由创作的精神与符合行业要求的、严格的实践工作结合起来的教育理念带有理想主义的色彩，但这恰恰就是促成现代设计思想诞生的、最本质的驱动力，同时也是产生现代设计师的先决条件。

作为技术专员和建筑师，穆特休斯的主要任务是对英国的建筑和与之相关的实用艺术行业的整体状况和发展方向进行调研。因此，他的各类报道多少都会与建筑相关。在他看来，实用艺术的问题根本上还是建筑的问题，因为建筑是所有"小型艺术"（即实用艺术）的"祖母"。[30] 尽管如

---

27 Muthesius, 1900x, P. 17.

28 转引自 Hubrich, 1980, P. 50.

29 Muthesius, 1900x, P. 6.

30 Muthesius, 1900x, P. 6.

此，他对英国建筑本身，或者说对单独的建筑作品和工程项目的报道却不
是很多。之所以如此，他在《英国住宅》（*Das englische Haus*）的序言中作
出了解释：

> 写一部关于英国住宅的书的想法，从我七年前开始在伦敦的
> 德国大使馆工作时就已经迫不及待了。尽管当时已经开始了（这
> 方面的）工作，但这项任务的范围已经决定了它会推到几年之后
> 才有结果。最初的想法是只考虑大概 1860 年之后的现代住宅的
> 发展。但问题是，这些现代住宅都有其历史传承，如果欠缺这些
> 知识，那么是不可能被（读者）理解的。因此有必要去追溯整个
> 历史的发展。此外，住宅的历史就是文化的历史……[31]

穆特休斯清楚地认识到，对于建筑或建筑文化这样的主题，如果不从
历史发展的角度进行整体性观察，或者说没有详细的历史铺垫和联系社会
意义的分析是不可能让人真正理解。因此，他的调研成果无法以短篇报道
的形式呈现给德国读者。于是，在他英国工作的后期勤于著作，写就了
三部著作：《英国现代建筑艺术》（*Die englische Baukunst der Gegenwart*）[32]、
《英国新教堂建筑艺术》（*Die neuere kirchliche Baukunst in England*）[33] 和《英
国住宅》（*Das englische Haus*）。这三部书涵盖了英国建筑文化的方方面
面，内容细节非常丰富，并附有大量的图片，包括素描、平面图和内部结
构图纸。对此，胡伯里希评价道："单从纯技术的角度去看这些著作的编
著水平，在那个时代都是具有榜样性的。"[34]

《英国现代建筑艺术》共四卷，介绍了自 19 世纪中叶以来英国各种
类型的现代建筑，重点是世俗公共建筑，包括政府办公楼、学校、民间机
构、商店、旅馆等。

《英国新教堂建筑艺术》是穆特休斯的博士论文。1902 年，他在柯内
留斯·古力特（Cornelius Gurlitt）教授的指导下以该论文取得了德累斯顿

---

31 Muthesius, 1904q, P. I, 1908s, P. I.

32 Muthesius, 1900za.

33 Muthesius, 1901t.

34 Hubrich, 1980, P. 43.

图 8　穆特休斯（著）《英国住宅》（*Das englische Haus*），三卷内封页

萨克森皇家技术大学博士工程师学位。[35] 这篇论文从艺术史的角度对英国宗教建筑的发展作了详细回顾，内容包括国家教堂和各教派建筑的建造范式、建筑结构、内部设施以及技术和形式的发展趋势，甚至对国家教堂和教会的财政状况、教派之间的宗教争执等问题也作了概述。

　　《英国住宅》在穆特休斯的全部著作中知名度最高、影响力最大。全书共三卷 [图 8]，第一卷回顾了英国住宅自 11 世纪以来的历史发展，第二卷详细阐述了关于建造和设施的问题，第三卷围绕着室内空间展开。该著作对英国住宅的中世纪的传统作了细致的分析。受文艺复兴后期引入英国的意大利帕拉第奥（Palladio）别墅风格的影响，英国住宅从 17 世纪开始 逐渐被古典主义风格所统治，而原本的英国传统样式逐渐被人遗忘。到了 19 世纪后半叶，艺术与手工艺运动使英国住宅重新与中世纪传统产生了联系，住宅设计的重心从外在的形式表现，即古典主义所注重的"代表性"（Repräsentation），回归到内在的舒适性和实用性。借助《英国住宅》，穆特休斯将英国哲学家培根（Francis Bacon）的名言"造房子是用来生活的，不是用来看的"（Houses are built to live, not to look at）[36] 转换为他的"务实主义"（Sachlichkeit）美学纲领。这也是为什么尤里乌斯·珀塞纳（Julius Posener）称这部著作"既是一部（记录了英国建筑发

35　参见制造联盟档案馆穆特休斯遗物 Ordner 1. Lebenslauf.

36　Muthesius, 1904q, Bd. 2，内封页.

展的）文档，也是一篇（功能主义的）宣言”[37]的原因。

对于英国的建筑文化，穆特休斯最关注的领域是“田园住宅”（Landhaus）。早在 1893 年他参加德国“国家建筑师考试”时，自选的考题就是“田园住宅——为一个富裕业主”（Landhaus für einen reichen Besitzer）。[38] 他的设计方案是一栋座落在一个大花园中的、“德意志文艺复兴”（deutsche Renaissance）风格的住宅。参加如此重要的考试，应试者自然会择己所长。穆特休斯显然很早就对田园住宅产生了兴趣。英国田园住宅有着优良的文化传统，到 19 世纪末更是达到了其发展的顶峰，因此，成为穆特休斯在英国期间最重要的研究内容也顺理成章。而田园住宅最终成为他一生设计实践的主题。

德语单词 Haus 的含义具有高度的复合性，原本可指代各种类型的建筑，涵盖了与居住、家园等相关的许多语义。穆特休斯在《英国住宅》第一卷中就申明这一词汇在该书中是指在城镇和乡村的住宅，并且既可以是贵族的，也可以是普通民众的。实际上《英国住宅》中收录的绝大多数案例应该称为“贵族的城堡”（Schlösser）、“封建地主的庄园”（Herrensitz）、富裕阶层的“别墅”（Villa），通常占地面积、建筑本身的体量和花园面积都相当大。之所以如此，是因为穆特休斯相信，在此类住宅中，有着人类理想栖居的原型。

在英国工作的七年间，穆特休斯收集了大量的建筑资料和信息，也认识和结交了一批重要的建筑师，并与其中一些建立了持久的交往与友谊，比如麦金托什、佰利·斯考特（Baillie Scott）等，通过他们，穆特休斯获得了许多建筑图纸和照片素材。当时“日本风格”在西方广泛流行，他特地把一批在日本收集的浮世绘作品带到了英国，以此交换英国建筑师的作品。[39]

20 世纪初，穆特休斯关于英国建筑文化的著作陆续在德国出版，里面很多内容和他所收集的图纸和照片通过各类专业杂志和各地的工艺美术博物馆的展览在德国广泛传播，这对当时正在四处寻找新艺术风格的德国建筑师而言，无疑具有很高的参考价值。然而，穆特休斯从一开始就对此

---

37 Posener, 1978, P. 8.

38 柏林制造联盟档案馆在 2012 年举办的“穆特休斯文献展”中陈列了该专题。穆特休斯在设计阐述中写道：“假设该田园住宅的业主为一个古老贵族家族的成员。因此，设计任务涉及的是城堡样式（Schloßartig），作为装饰主题，将使用家族盾徽。”

39 斯考特就从穆特休斯那里得到了一些浮世绘，他后来称自己从中获得了创作的灵感。

可能带来的负面效应有所顾虑。因为这一时期的德国正处在全面学习英国的热潮中，他所介绍的那些英国建筑不出意外就会成为那些不加思索的建筑师和手工艺者抄袭模仿的对象。德意志制造联盟的缔造者之一、政治家弗里德里希·诺伊曼（Friedrich Neumann）在 1908 年的《机械时代的艺术》（*Die Kunst im Zeitalter der Maschine*）给手工艺者下的定义"能够按照好的范本做好工作的匠人"[40] 就间接地指出了该问题的实质。因此，穆特休斯在《英国住宅》前言中提醒和劝告德国读者"不要模仿这些英国住宅包括个别细节"。[41] 可以说，他的英国建筑系列著作在德国的出版一度让穆特休斯陷入了矛盾，一方面，他希望借此提高国内艺术家、手工艺者和广大民众的审美品位，另一方面，对抄袭模仿的问题感到担忧。

穆特休斯在英国关注的与田园住宅密切相关的另一个主题是"田园城市运动"（Garden City Movement）[42]，尽管他对此并没有详细报道，但在他结束了英国的工作后不久就开始在德国推广田园城市运动。他与德累斯顿德意志手工艺联合工场（Deutsche Werkstätten für Handwerkskunst）的工场主卡尔·施密特·海勒劳（Karl Schmidt-Hellerau）长期的交往使得他对德国第一座田园城市海勒劳（Gartenstadt Hellerau）的建立产生了直接的影响。在海勒劳，他参与了由理查德·里梅施米特（Richard Riemerschmid）主持的整体规划，并参与设计了多栋建筑。〔图 9〕

作为技术专员，穆特休斯在英国的官方任务非常明确。他对英国建筑和相关技术的调研首先是提供普鲁士国家建筑管理局的建筑师和工程技术人员学习，以便为类似项目提供参照。但他显然更热衷于面向德国的民众介绍英国文化艺术的新思潮和新方向。如果说穆特休斯的官方工作仅仅是为了获取技术情报，那么他的实际工作则具有文化和教育普世主义的性质。很显然，后者对社会意义远远大于前者。

"丢勒通过他的旅行、普桑通过他的学习所达到的目的，普鲁士尝试通过技术专员（来达到）。"[43] 然而，摆在穆特休斯面前的问题是：德国人如何向英国学习？仅仅靠模仿显然不行。但是作为艺术门类的建筑，撇开模仿这条路又该如何学习？

40　Naumann, 1908, P. 16.

41　Muthesius, 1904q, Bd. 1, P. IV.

42　又可译作"花园城市运动"

43　Hubrich, 1980, P. 70.

图 9　里梅施米特（Richard Riemerschmid）：田园城市海勒劳集市广场的购物商场建筑（Kaufhäuser am Marktplatz Gartenstadt Hellerau）

　　"艺术是否可学"在西方本来就是一个极有争议的问题。艺术离不开技术，技术是可以学习的，但是，学习技术并不能解决了艺术的问题。19世纪又是一个特别注重技术的世纪，这个时代的人们特别希望通过系统化和组织化的技术性方法将艺术科学化。穆特休斯的角色虽然是技术专员，但他实际上关心的并不是技术，而是艺术，或者说，他所关注的绝不是纯粹的技术，而是能够为社会发展和国民经济产生真正价值和带来真实意义的东西——那就是文化。

　　对于 20 世纪初的德国来说，穆特休斯关于英国建筑文化的著作就是对当时建筑艺术新观念的总结。当"艺术与手工艺运动"的影响力在英国日渐式微之时，当欧洲建筑陷入历史主义风格的泥沼难以自拔之际，穆特休斯对英国建筑的系统性介绍为德国的建筑与实用艺术的发展注入了新鲜的活力。

　　就在穆特休斯埋头撰写关于"艺术与手工艺运动"的报道和关于英国建筑文化的著作之际，德国国内的革新大潮已蓄势待发。1897 年，在慕尼黑和德累斯顿相继举办了实用艺术展；次年，在慕尼黑和德累斯顿成立了"艺术与手工艺联合工场"（Vereinigte Werkstätte für Kunst und Handwerk）和"德累斯顿手工艺联合工场"（Dresdner Werkstätten für Handwerkskunst）；1900 年，在黑森—达姆斯达特大公爵埃恩斯特·路德维希（Großherzog Ernst Ludwig von Hessen-Darmstadt）的积极推动下，达姆斯达特成立了"艺术家殖民地"（Künstler-Kolonie），一时间，慕尼黑、德累斯顿、达姆斯达特、柏林等地纷纷形成了实用艺术革新运动的中心。在这样的大背景下，德意志民族的知识分子和社会大众对来自先进国家的革新思想兴趣倍增，而穆特休斯的报道和著作恰到好处地踩在了这个时间节点上，为当时德国的建筑与实用艺术的崛起提供了理论支持。

在 1887 年英国国会针对德国制造制定的具有侮辱性的《商品法》后仅十余年，德国制造励精图治，许多产品无论是质量还是造型都开始赶超英国，取得了举世瞩目的成就。建筑领域同样如此，20 世纪初，德国建筑在很多方面已达到甚至超过了英国的水平而领先于世界。在这背后，有穆特休斯的一份功劳。

"风格多元化"背后的美学及社会伦理学问题
与穆特休斯美学纲领框架的形成

　　19 世纪 70 年代前后，德国全面拉开了工业化的序幕，这一时期史称
"奠基时代"（Gründerzeit）。所谓"奠基"，既是指政治意义的建国，
即普鲁士在取得了对丹麦、奥地利、法国等欧洲列强的军事胜利后，于
1871 年建立起统一的德意志帝国，又是指大批德国工业企业的创建。就
是在这一时期，西门子公司研发出实用型发电机，由此拉开了世界电力工
业的发展序幕。紧随其后，尼古拉斯·奥古斯特·奥托（Nikolaus August
Otto）和鲁道夫·迪塞尔（Rudolf Diesel）先后研发出以煤气和柴油为燃料
的内燃机。在此基础之上，卡尔·本茨（Karl Benz）、高特利博·戴姆勒
（Gottlieb Daimler）分别制造出最早的汽车。由此，德国开始引领"第二
次工业革命"。到 19 世纪末，德国已迅速发展成为与英国和美国并驾齐
驱的世界三大工业强国之一。工业的崛起、技术的进步、经济的发展，给
德国社会带来了巨大的物质繁荣。然而，在物质繁荣的背后，德意志民族
却面临着一场前所未有的文化危机，由工业化、城镇化和现代化带来的社
会转型以及由此造成的种种问题，如社会阶层的重新分化、财富差异的不
断加大、生活环境的日益恶化等，冲击着传统文化和原有的社会伦理，也
改变着社会大众的价值取向。

　　这场文化危机首当其冲的表现被德语文化圈的艺术史学界概括为"风
格多元化"（Pluralisierung der Stile）——无论是学院派艺术家不假思索地
沿袭模仿各个历史时期的风格，还是新兴资产阶级暴发户为炫耀财富而热
衷于堆砌不同时代和地域的装饰，抑或是新艺术或青春风格艺术家一味追
求个性化表达，都使得 19 世纪的建筑、手工艺品和工业产品变成了一锅
风格的大杂烩。

　　19 世纪的"风格多元化"现象首先表现为艺术的整体性复古，
这在西方艺术"风格史"（Stilgeschichte）中，被称为"历史主义"
（Historismus）。历史主义风格问题跟艺术科学化和"风格"（Stil）作为
艺术概念的出现直接相关。确切地说，今天艺术史通用的绝大多数风格概
念都是 19 世纪艺术科学领域的"新发现"，它们并非在其形成之时就已
存在，而是艺术科学化的结果。

　　风格作为艺术史概念最早可追溯到温克尔曼（*Johann Joachim Winckelman*）。他在对古希腊艺术品作考古学研究时首先采用了"风格史"（Stilgeschichte）的研究方法。[1] 在温克尔曼的风格史、黑格尔（Georg Wilhelm Friedrich Hegel）的"哲学美学"（Philosophische Ästhetik）和鲁莫尔（Carl Friedrich von Rumohr）的早期艺术科学思想的影响下，学院派艺术研究者通过对古希腊和古罗马时代，即"古典时代"（Antik）的形式语言在"文艺复兴"（Renaissance）、"巴洛克古典主义"（Classicisme）[2] 和"古典主义"（Klassizismus）中重复出现的风格现象的观察，尝试着用一套整体关联的方法进行诠释，同时又将古希腊艺术提升至放之四海皆准的理想美的高度，从而确立了古典主义的绝对审美标准。与此相对，他们将所有其他类型的艺术都划归为"非古典"（nichtklassisch）或"无风格"（stillos）。正是因为对艺术形态进行了这种类型学意义的分类，导致了风格概念的出现。

　　1800 年左右，一直以来被贬低为野蛮文化的中世纪"哥特式"（Gotik）艺术作为民族文化的根源在日耳曼民族的国家和地区[3] 获得了广泛重视。这种追寻历史根源的人文理想最初被"浪漫主义"（Romantik）思想唤醒。从赫尔德（Johann Gottfried Herder）的历史哲学和对民族艺术之源的思考开始，日耳曼民族的文人和艺术家开始赞美中世纪的古代艺术，在意识形态上逐渐形成了浪漫主义与古典主义的抗衡之势。他们有意识地排斥古典主义美学的绝对性和普适性，强调浪漫主义美学的相对性和独特性。他们将历史中各种独特的风格形式如"德意志文艺复兴式"（deutsche Renaissance）、"莱茵浪漫主义"（rheinische Romanik）、"都铎哥特式"（Tudor-Gotik）等与日耳曼民族的"身份认同"（Identität）画上等号。出于民族主义的热情和对文化象征性的考虑，以学院派为代表的主流艺术家和建筑师有选择地将能代表不同文化特质的历史风格在建筑中再现出来。于是，需要体现民族精神的建筑如国会大厦、国家教堂、皇家建筑等被认为最适合采用"新哥特式"（Neogotik）；需要营造文化特质的建筑如剧院、音乐厅、博物馆等被认为最适合采用"新文艺复兴式"（Neorenaissance）；富裕的市民阶层则会选择华丽的"新巴洛克"

1　穆特休斯称温克尔曼为"一种新艺术观的宣告者"。Muthesius 1902q, P.13.

2　亦称为法国古典主义。

3　主要是指今天的德国、奥地利、瑞士、英国、荷兰、比利时、卢森堡。

（Neobarock）和"新洛可可"（Neorokoko）风格来装点他们的住宅或酒店；火车站及其他工程建筑则通常会采用"新罗马式"（Neoromanik）等，一时间所有历史风格被翻旧为"新"，从而导致了历史主义的全面流行。[4]

整整一个 19 世纪，由浪漫主义和古典主义的对抗所引发的美学上的相对主义，最终导致了"风格多元化"问题的产生。而被艺术科学定义了的每一种历史风格都被整个社会恣意地模仿和复制。这种通过模仿和复制产生的建筑和产品用弗德·罗斯的话讲：

> 无一例外地停留于表面形式，原则上走向了与风格理念相反的多元化，并且不可避免地在扩大…… 这种风格观随着（人们）感知的细化陷入了进一步的表面化，从而无法形成一种真正的约束力。[5]

更严重的问题是，历史主义风格在当时不但没有引起人们的批评和反思，还被社会广泛接受，甚至被认为是文化发达的象征。学院派艺术研究者、艺术家和建筑师普遍将历史风格作为衡量审美的标准，甚至认为对各种历史风格的了解、掌握和运用才是一个人受过良好教育的证明。由此导致了所有人只知回望历史、一味重复和效仿历史上的各种元素。对此，尼采在他的文化批判名著《不合时宜的考察》（*Unzeitgemäße Betrachtungen*）提出过非常犀利的批评：

> （拥有）许多知识和所学既不是文化的必要手段，也不是代表有文化，在一定的情况下甚至是文化的反面，即野蛮，这意味着，无风格或者所有的风格乱作一团。[6]

以上只是风格多元化问题的一个方面。从奠基时代开始，受殖民文化和在欧洲"大市民阶层"（Größbürgertum）[7] 中流行的"东方风格"

---

4 参见 Brockhaus (ed), 2001, PP. 479-480.

5 Roth, 2001, PP. 32-33.

6 Nietzsche, 1873-1876, in: Schlechta (Hg.), 1980, Bd. 1, P. 140.

7 指贵族出身的富有阶层。

图 10　莱因哈特（Heinrich Reinhardt）和苏森古斯（Georg Süßenguth）：
　　　　汉堡火车总站，1906 年建成，历史主义风格建筑

（Orientalismus）和"世界主义"（Kosmopolitanismus）影响，大量非欧洲艺术如埃及、摩尔、印度、中国和日本艺术在欧洲社会迅速流行了开来，成为建筑与实用艺术中的时尚装饰风格。到 20 世纪初，又开始流行所谓"原始艺术"（Primitive Kunst），即来自非洲和大洋洲的装饰风格。这些异国的艺术与欧洲传统风格结合后，又形成了各式各样的混搭造型。这种将不同时代和不同地域的艺术样式、装饰元素糅合或堆砌在一起的"风格"即是"折衷主义"（Eklektizismus）。

　　如果说历史主义的初衷是满足民族主义的诉求，那么折衷主义则迎合了奠基时代迅速暴富的社会阶层炫耀财富和追逐时髦的趣味。奠基时代是德国从农业社会向工业社会转型的关键时期。在很短时间内，德国创建了许多工厂和企业。随着资本的迅速积累，产生了一大批新兴的资产阶级暴发户。在突然拥有了大量物质财富后，这些人一方面开始追求物质生活享受；另一方面希望着向社会展示其作为富裕者的身份地位。然而，他们中大多数人的文化素养和审美品位远不如其财产那般殷实，对他们而言，愈

多愈好地堆砌装饰，才能更充分地展示气派和排场。膨胀的物欲和炫富的心态，使他们置真实的生活美学于不顾，而一味追求表面的华丽。

　　历史主义和折衷主义的流行还有其他内在的原因，一方面，工业革命之后，技术发展迅速，导致大量新生事物的出现。新生事物需要新的形式，但人们又来不及设计与之真正相适应的造型，于是，只能从过去的形式中寻找可能性。而这种拿来主义的东西往往不经反思，一般来说非常表面化、空洞和虚假；另一方面的原因则与资本主义发展过程中各行各业为追逐利益而刻意操控商品造型以形成所谓的时尚潮流有着密切的关联。

　　19 世纪末，欧洲大陆兴起了"新艺术"（Art Nouveau）运动，在德语国家，被称为"青春风格"（Jugendstil）[8] 或"分离派风格"（Secessionsstil）。在艺术史通常给人的印象中，"正是青春风格取代了奠基时代的折衷主义。"[9] 相对于折衷主义和历史主义，青春风格具有明显的时代进步性。首先，青春风格艺术家洞察到了历史主义的陈腐和折衷主义的无稽，从动机上 有着强列的革新意愿；其次，青春风格艺术家强调艺术与工艺的高度融合，一定程度上摆脱了之前两者严重分离的状态；再者，青春风格注重形式创新，其装饰也不再是表面的附着物，而有机地成为整体的部分。然而，在这些进步性背后，青春风格也有着显而易见的负面性：首先，尽管它反对历史主义和繁缛的装饰，但事实上还是"新瓶装旧酒"——用新的纹样取代了旧的纹样；其次，青春风格过于注重创作的个性化，因此风格非常杂乱；其三，青春风格的产品大多为手工制作，且用料和工艺十分讲究，这就决定了其受众只可能是富有阶层，而非普通民众；最重要的一点，青春风格的艺术家追求精英主义，他们大多不愿承认自己从事的是手工艺劳动，而是艺术创作。他们自诩为艺术家中的精英，从而在创作中强烈地表现出"为艺术而艺术"（l'art pour l'art），或者说艺术性过度的特质。

　　从历史主义到折衷主义再到青春风格，"风格多元化"现象背后包含了 19 世纪和 20 世纪初建筑、手工艺和工业产品的种种问题。针对这些问题，艺术史学家、后成为德意志制造联盟成员的帕绍莱克（Gustav Edmund Pazaurek）于 1909 年在斯图加特地方手工艺博物馆

---

8 "青春风格"的概念可追溯自 1896 年起由乔治·希尔斯（Georg Hirth）主编的《青年》（Jugend）。

9 Hubrich, 1980, P. 9.

图 11　斯图加特地方手工艺博物馆（Landesgewerbemuseum Stuttgart）

（Landesgewerbemuseum Stuttgart）建立了一个名为"实用艺术中的品位衰
退"（Geschmacksverirrungen im Kunstgewerbe）的特别展区，用超过 900
件极具有代表性的日常生活用品作为反面案例，直观地展现了那个时代
"衰落的商品和家居生活的恐怖景象"（Schundwaren und Hausgreuel）。

　　"品位衰退"展区以"错误"（Fehler）为主题分为三大部分：

　　1）"材料错误"（Materialfehler），包括使用劣质材料、使用受损材
料、将两种在特性上矛盾的材料结合在一起使用、滥用材料和使用替代材
料；

　　2）"目的形式和技术错误"（Fehler gegen Zweckform und Technik），
包括有缺陷的结构、糟糕的比例关系、形式和实用目的之间无关联、结构
上有冲突、虚假的结构和使用替代技术；

　　3）"艺术形式和装饰错误"（Fehler gegen Kunstform und Schmuck），
包括为了"艺术"而破坏目的形式、粗野的装饰、过度的装饰、荒唐的装

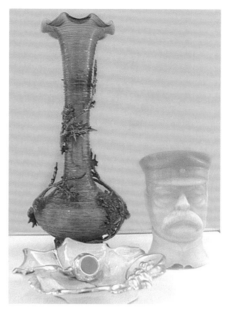

图 12　帕绍莱克（Pazaurek）："实用艺
术中的品位衰退"展的三件展品，现藏于
符腾堡州地方博物馆藏

饰内容、在不正确的位置进行装饰、贴于表面的装饰、使用异时代和异国
的装饰、滥用装饰和使用替代装饰；此外，这一部分还包括跟色彩相关的
"错误"，包括夸张的用色、不和谐的色彩组合、滥用色彩和使用替代色
彩。[10]

　　在这三大类 22 种"错误"之外，帕绍莱克还将"庸俗"（Kitsch）列
为这个时代非常突出的大众审美问题。在展览介绍中，他针对每一种"错
误性"都做了明确的说明，以此为 19 世纪和 20 世纪初"手工艺和工业产
品的衰退"提供直接的证据。

　　作为制造联盟的成员，帕绍莱克和穆特休斯一样，将工作重心放在了
面向社会大众的艺术批判和审美教育上，只是方法和手段不同。类似这样
的工作构成了早期制造联盟的基础工作中极为重要的部分。而现代设计的
革新之路在很大程度上就是源自这样的批判和教育。[11]

10　参见 Pasaurek, 1909, 斯图加特地方手工艺博物馆"实用艺术中的品位衰退"展区导览。

11　柏林制造联盟档案馆——物的博物馆（Das Werkbundarchiv–Museum der Dinge）常设
　　展展示有相似的内容，参见该馆官网关于常设展（Offenes Depot）的介绍：www.
　　museumderdinge.de

　　概括地讲，这种"错误"和"庸俗"的伪艺术品或伪文化物在社会上的泛滥，带来的不只是美学上的危机，还有社会伦理学的危机。因为导致这种"错误性"和"虚假性"被社会广泛地接受或熟视无睹，不仅是前面阐述的文化原因，更是由全社会的模仿抄袭、以次充好、投机取巧、急功近利所造成的，换句话说，这已不再是审美品位低劣的问题，更是道德心理不良的问题。

　　由"风格多元化"带来的品位衰退或者说美学上的不和谐，折射出的是整个民族在文化上的不和谐，其原因主要有以下几点：

　　1）在一个充斥着虚假形式、过度装饰、廉价材料、低劣质量的产品的生活环境中，人们会对生活的真实性产生怀疑，最终麻木于现实或习惯于诈巧；

　　2）在一味追逐风格变化的过程中，人们会沉湎于物质带来的快感和时尚带来的虚荣。而对物质和时尚的过度关心会导致人的欲望不断放大，从而变得虚伪；

　　3）当人们疲于应付层出不穷的新事物或者对此乐此不疲时，不是来不及做好心理准备，就是容易不加反思地盲从，从而导致心理上的失衡。因为个人或社会面对变化着的事物总是会以变化的方式来应对，即在矛盾的力场作用下总会试图去寻找一个相对的立足点，从而会越来越远离原本应该恪守的内在的真实性。

　　4）"多元化"的风格只会在社会上形成一股股此长彼消的时尚潮流，而不会凝结成具有民族文化代表性的真正的风格，久而久之，会导致民族文化认同感的丧失。

　　总而言之，如果社会大众对生活的感受是不真实的、不确定的和失衡的，那么，其社会和文化就不可能和谐。对此，以穆特休斯、帕绍莱克为代表的知识分子感到了深深的担忧，他们迫切希望通过对于现实生活最密切相关的实用艺术进行改革，以此带动整个社会的变革。

　　需要补充的是，"风格多元化"是一种功利主义、重商主义、消费主义助推下产生的文化乱象，它背后反映的是自由资本主义社会在发展过程中为了商业目的和经济利益刻意操控商品的形式不断造成所谓的时尚潮流这一问题。面对"风格多元化"，当时的一批有良知的知识分子试图找到一种有原则、有逻辑、有秩序和统一的形式语言，来还原真实生活和守护民族文化，以避免文化商业化所导致的最糟糕的后果，即社会不稳定和文化不和谐。对此，弗里德里克·施瓦茨（Frederic Schwartz）指出：

> 这是一场理想化的讨论，带着将资本主义的后果在精神或在文化空间中定位和弱化的目的。这场讨论按照马克思主义的阅读方式承认了现代工业社会的危机和人们的不安，但不同的是，它没有动用阶级矛盾而将其在文化的复杂框架中来进行分析。[12]

回归或寻探"和谐文化"，以消除资本主义导致的社会文化的异化，即是当时知识分子认为的一种最理想的反对资本主义的方式，对此，格奥格·卢卡斯（Georg Lukacs）用了"浪漫的反资本主义"（romantischer Antikapitalismus）[13] 来试图进行概括。在"一战"以前，这种思想深深地植根在建筑与实用艺术的土地上。德意志制造联盟的很多成员如穆特休斯、彼得·贝伦斯（Peter Behrens）、弗里兹·舒马赫（Fritz Schumacher）等都是这一思想的代表。

从 1894 年开始，穆特休斯就在普鲁士公共建筑部工作的同时作为专业撰稿人在半官方杂志《建筑管理中央期刊》（*Zentralblatt der Bauverwaltung*）兼职。不久，他就接替了当时身患重病的总编担任了该期刊的执行总编。于是，该杂志便成了他发表言论最重要的平台。而他在英国期间作为一名官方的报道者更是让他有机会在德国的各种期刊上发表文章。从 1894 年到"一战"前的 20 年间，他公开发表了 300 篇左右文章，刊登在 60 种左右的期刊上。

19 世纪末 20 世纪初，正是德国的各种重要的艺术和实用艺术类专业期刊的创刊时代，其中最具有代表性的有 1895 年的《潘》（*Pan*），1896 年的《德意志艺术》（*Die Deutsche Kunst*）和《青年》（*Jugend*）［图 13］，1897 年的《德意志艺术和装饰》（*Deutsche Kunst und Dekoration*）和《装饰艺术》（*Dekorative Kunst*），1898 年的《圣神的春天》（*Ver Sacrum*）、《艺术与手工艺》（*Kunst und Kunsthandwerk*）和《柏林建筑世界》（*Berliner Architekturwelt*），1899 年的《文物建筑保护》（*Denkmalpflege*），1900

12　Schwartz in: Bauhaus-Archiv, Museum für Gestaltung (Hg.), 2009, P. 40.

13　Lukacs, 1962, P. 19.

图 13　聪布歇（Ludwig von Zumbusch）：《青年》
（*Jugend*）杂志封面，1897 年

年的《室内装饰》（*Interieur*），1902 年的《现代建筑形式》（*Moderne
Bauformen*）和《艺术与艺术家》（*Kunst und Künstler*），1903 年的《建筑
师》（*Der Baumeister*）等，正是这些期刊构成了新运动和"浪漫的反资本
主义"思潮的主要阵地。

　　新运动主要承载的就是这一时期的一大批文艺批评家、艺术家和教育
家带着浓厚浪漫主义和理想主义色彩的实用艺术改革和艺术教育改革思
想。他们正是首先通过这些期刊把新思想传达给社会大众，并参与到了现
代生活的重新设计中。在这些期刊中，纲领性的理念、批判性的评述、鼓
舞性的举措、科学性的诠释和社会性的反思等相互碰撞、共同作用，为新
运动烙上了浓重的人文主义印记。

穆特休斯之所以能够成为新运动的核心人物，除了他的曾作为技术专员的特殊工作经历和对英国的"艺术与手工艺运动"以及国民艺术教育的专业认知，还在于他在新运动中长期扮演了一个集理论建构者、组织者、宣传者和领导者的综合角色。而这一角色的定位显然受到了"艺术与手工艺运动"思想的影响，同时也体现出他基于文化普世主义的价值观——希望从改革整个艺术教育体系和向社会普及艺术教育出发来改变德国文化艺术的现状。因此，当他从英国回国后，毅然放弃了达姆斯达特工业大学的教授之职而选择进入普鲁士商业部地方行业管理司主持普鲁士工艺美术学校的教学改革工作。除了政府官员和独立建筑师的双重身份，他在写作上也投入了大量的时间和精力，同时还面向社会各界做了大量的演讲，积极地推动新运动的发展。尽管穆特休斯从来没有说自己是一个理论家，但用胡伯里希的话讲："在他演讲和文章中，为新运动勾画出了道德和理论的框架。"[14] 从 1902 年初开始，穆特休斯逐步梳理清楚了当下实用艺术迫切需要解决的问题，尝试建构现代建筑、设计及艺术教育的基本理念——以"和谐文化"为理想、以"时代风格"为目标，以真实生活为原则，以务实主义为根本，以社会教育为基础。

14　Hubrich, 1980, P. 67.

三、穆特休斯美学纲领的内容与目的

Früher hatte man keine Stile,
sondern nur einen gerade herrschenden
Geschmack,
man bewegte sich in ihm in voller Sicherheit und
ohne den geringsten Zweifel an seiner Richtigkeit.
Aus diesem Paradies künstlerischer Naivität
wurde die Menschheit vertrieben,
nachdem sie von dem Baume
der geschichtlichen Erkenntnis gegessen hatte,
nachdem sie die Kunst nicht mehr natürlich,
sondern mit dem Gesichtswinkel
der historischen Schätzung betrachtete.

过去没有多种风格，
只有一种具有主导性的品位。
人们十分明确地在其中活动，
对其正确性没有丝毫怀疑。
但当他们吞食了历史认知之树的果实之后，
当他们不再是自然地
而是带着历史考量的视角去观察艺术之后，
人类就被逐出了艺术的纯真的伊甸园。

——穆特休斯（Hermann Muthesius）

　　要理解穆特休斯的美学纲领"和谐文化通过艺术风格的统一"，首先需要从"文化"和"风格"这两个关键词着手。在威廉二世时代，"文化"和"风格"是关于建筑与实用艺术的讨论中使用的最为频繁的词汇。但是，对于这两个无法绝对化的概念，穆特休斯并没有轻易给出自己的定义，而是借用了尼采在《不合时宜的考察》（*Unzeitgemäße Betrachtungen*）中提出的"文化概念"："文化首先是一个民族在全部生活表达中的艺术风格的统一"（Kultur ist vor allem Einheit des künstlerischen Stiles in allen Lebensäußerungen eines Volkes）。[1]

　　19 世纪末和 20 世纪初时，尼采哲学已经对德国社会的传统价值观形成了巨大的冲击，并深刻地影响到了艺术领域。尤其是青春风格的艺术家对尼采创作的"查拉图斯特拉"（Zarathustra）这一"超人"形象和"天才美学论"有着强烈的认同感和代入感。然而，穆特休斯对尼采思想的接纳却保持着一种相当谨慎的态度，最主要的原因在于尼采所宣扬的"个人主义"（Individualismus）和他的美学纲领有着显而易见的矛盾。在穆特休斯看来，创作上的个人主义是通往"和谐文化"道路上最根本的障碍。[2]不过，对尼采在奠基时代背景下对德国社会的文化问题所提出的批判，穆特休斯显然是认同的。比如尼采在《不合时宜的考察》的第二篇《论历史对于生活的利与弊》（*Vom Nutzen und Nachteil der Historie für das Leben*）中指出人类生活因历史的重负而患病，因此呼吁民众丢弃历史包袱，去创造新的文化。穆特休斯的反历史主义观点与此完全一致。甚至可以猜测，他在这方面多少接纳了尼采的思想。在尼采和穆特休斯看来，一个民族的文化体现在这个民族所创造的全部精神和物质产品中，并会形成一种能反映真实生活的、具有时代特质的、统一的艺术风格。

　　在尼采的文化概念基础上，穆特休斯对整个 19 世纪和 20 世纪初建筑与实用艺术领域的文化乱象展开了方方面面的批判。在他看来，能否真实反映生活是文艺批评最重要的尺度。而 19 世纪的建筑与实用艺术因缺乏

---

1 Muthesius, 1919b, P. 94.　穆特休斯的原文："'艺术风格在全部生活表达中的统一'是弗里德里希·尼采所指的一个民族真正的文化本质。"　Nietzsche, 1873-1876. in: Schlechta,Karl (ed), 1980. Bd. 1, P. 140.

2 参见 Roth, 2001, P. 10.

与生活的联系，故表现得很不真实，甚至充满着矛盾和混乱。正是由于历史风格的泛滥、青春风格的过度个性化以及快速变化的时尚潮流，导致了文化的各种表达形式之间以及与真实生活之间的普遍性关联彻底断裂，因与过去那些拥有"普遍性的意义的和谐文化时代"[3] 相比差之甚远。

对此，弗德·罗斯将文化乱象的问题总结为"民族集体价值观的病变"[4]。文化是一个民族或社会的传统、习俗、信仰、伦理、知识、艺术等的总和，它的形成总是带有社会化和文明化的目的，比如为了达成某种社会协作，或为实现一个民族的共识，因此，它的塑造既是社会共同化和民族一体化的重要任务，也是通过集体的共同展示去赢得外界认同的过程。在 19 世纪末 20 世纪初各国民族主义思潮高涨的背景下，德国的思想家和艺术家希望创造出这样一种艺术风格：既具有内在的统一性，又能够对外展现德意志民族的身份识别；既能够反映当下的"时代精神"（Zeitgeist），又能在未来保持有效性或具有延续性。在他们看来，只有形成这样的艺术风格，才能对本民族的文化产生实质性的意义，才能够与过去时代和其他民族的优秀文化相抗衡。

穆特休斯的文化理想建立在和谐理论的基础之上，他希望在日常生活的所有物质表现形式中创造出一种能够让人获得"内在的、心灵的和谐"[5] 的文化。具体地说，即通过外在的、文化形质的和谐统一，使内在的、心灵的东西和谐化。他相信，这样的文化才是现代人意识的真实反映和民族集体精神最恰当的表达。

基于这一"和谐文化"理念，穆特休斯在 1900 年至 1914 年间撰写了一系列文章和做了大量的演讲，为德国现代建筑和工业设计的思想大厦打下了最初的基石。限于篇幅，本章节无法将他所有的理论思想逐一介绍和分析，只能选择在笔者看来对德国现代设计核心价值的建立起到不可替代作用的三个部分，也是前后关系非常明确的三个步骤来进行论述：

1）从生活和艺术的"本真性"（Authentizität）出发，对历史主义和青春风格进行批判，以启发艺术家包括普通民众去找寻一种能够体现"现代生活真实性"和"艺术实践真实性"的"时代风格"（Zeitstil）；

2）以"务实主义"（Sachlichkeit）作为艺术实践的原点

---

3 Muthesius, 1907i, P. 26; Muthesius, 1914t, P. 32.

4 Roth in: Ikeda (Hg.), 2002, P. 374.

5 Muthesius, 1907t, P. 53.

（Ursprünglichkeit im Praktischen） 和 现 代 精 神 的 表 达（Ausdruck eines modernen Zeitgeistes），建立一种"新的、务实的、统一的风格"（ein neuer einheitlicher Stil der Sachlichkeit）。在工业化和现代化时代，它表现为一种"机器风格"或"新技术风格"；

3）从德意志民族的"自我身份识别"（Wir-Identität）和"国际化形式"之间对立统一的思考出发，提出以质为本的美学扩张理论。

这三个部分概括起来说，一为"求真"；二为"务实"；三是对民族性和世界性的思考。

真实风格替代对历史的模仿和个性的表达

> 过去没有多种风格，只有一种具有主导性的品位。人们十分
> 明确地在其中活动，对其正确性没有丝毫怀疑。但当他们吞食了
> 历史认知之树的果实之后，当他们不再是自然而是带着历史考
> 量的视角去观察艺术之后，人类就被逐出了艺术的纯真的伊甸
> 园。[1]

这是穆特休斯在 1900 年为柏林建筑家协会举办的纪念建筑大师卡
尔·弗里德里希·辛克尔（Karl Friedrich Schinkel）活动所作的演讲中的
一段话。在这篇名为《建筑的时代观察：环顾世纪之交》（*Architektonische
Zeitbetrachtungen: Ein Umblick an der Jahrhundertwende*）的重要讲话中（以下简称
"纪念辛克尔讲话"），穆特休斯以"逐出伊甸园"作为比喻，对 19 世
纪的历史主义风格问题提出了他最早的美学批判。

在"纪念辛克尔讲话"中，穆特休斯首先对一些重要的历史风格概念
的形成作了回顾。他不但没有把这些概念的出现看作是艺术的进步，反而
认为其导致了 19 世纪文化和实用艺术的危机。联系前一章第三节中的内
容可以理解，"艺术的纯真的伊甸园"即是指"古典主义"时代以前，
即艺术科学化之前的时代。在穆特休斯看来，过去的人们只有一种普遍性
的审美品位，而随着历史风格概念的出现，人们原本浑然一体的审美感知
变得相对化，原本"天真的艺术喜好"（naive Kunstfreude）[2] 也变得不再
"天真"，于是就"被逐出了伊甸园"。

穆特休斯认为，用学院派建立的艺术科学尺度来考量建筑与实用艺术
是一种"错误的观察方式"[3]，如果人们一味追求"历史认知"，那么，
他们对当下生活的真实感知就会被蒙蔽。他接着说道：

> 艺术科学只不过是一种表面趣味……人们满足于区别（不
> 同的历史风格），把自己封闭起来，而不是去喜爱和欣赏（艺

---

1 Muthesius, 1900y, P. 17.

2 Muthesius, 1900y, P. 12.

3 Muthesius, 1900y, P. 17.

术）；人们更多地陶醉于他们的认知，而不是艺术作品本身。由于有了风格概念，这个世界忘记了最为必要的东西：在建筑中，风格之外还有一个核心的存在，风格仅仅只是它的外壳，建筑真正的价值完全与风格问题无关。[4]

穆特休斯进而指出，如果艺术家对当下生活的真实感知被蒙蔽，那么他们作品中的真实性也会随之消失，这会对艺术实践产生巨大的负面影响。因为当历史风格概念变成了权威的艺术科学知识之后，其特征和属性就会由此升级为"诠释范本"（Deutungsmuster）[5]，即变成了判断艺术形式的依据，从而会影响甚至会主导艺术创作。也就是说，这会导致只有当艺术家将他们的创作与历史风格联系起来，才有可能被接受和认可。而这样的创作模式一旦形成，会让人习惯于不假思索地沿袭或模仿历史风格。19 世纪的学院派艺术家的典型做法就是如此。

在"纪念辛克尔讲话"的发表两年后，穆特休斯又在他的重要著作《风格建筑和建筑艺术》（*Stilarchitektur und Baukunst*，1902 年第一版）[图 14] 中对历史主义风格问题展开了更为尖锐的批判。他直指历史主义盛行的 19 世纪"整整一个世纪，艺术的倒退出现在其每一种形式中"。[6]

穆特休斯讽刺学院派艺术家是一群"美学化了的艺术教授"[7]，并指责他们对当下的艺术危机负有不可推卸的责任。是他们导致了艺术中真实性的消亡和历史主义的风格乱象，使整个社会充斥着彼此矛盾和相互对抗的风格标准，而这在文化史中从无先例。对此，穆特休斯呼吁艺术表达要恢复文化史的常态，即回归本真性。

穆特休斯明确指出，历史风格问题给当下的建筑带来了两个根本性的负面影响：首先，建筑因此变成了所谓的"风格建筑"（Stilarchitektur），即被历史风格所左右。对于建筑师而言，一旦被要求

4 Muthesius, 1900y, P. 17.

5 Muthesius, 1900y, P. 17.

6 Muthesius, 1900y, P. 37.

7 Muthesius, 1902q, P. 25..

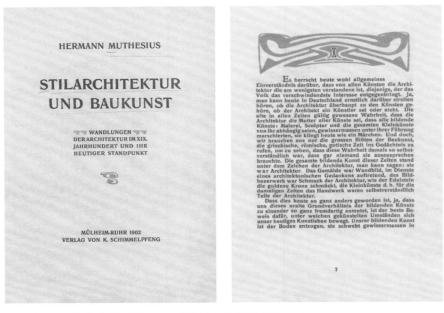

图 14　穆特休斯（著）：《风格建筑和建筑艺术》（*Stilarchitektur und Baukunst*），1902 年第一版，内封页与内页

运用历史风格进行设计，那么他们就会被那些对建筑的实用性而言毫无意义的形式所束缚，于是他们也就成了历史风格的牺牲品；其次，历史风格往往因时过境迁而无法还原本来的面貌，因此，建筑师在运用历史风格时，会有意无意地做一些表面化和随意化的处理，以达到"表面的一致性"（äußere Übereinstimmung），于是，这类"风格建筑"就会变成酝酿虚假形式的温床。[8]

　　穆特休斯认为，建筑风格作为艺术的表达，应该反映当下社会文化的真实面貌。就像他所憧憬的过去的"和谐文化"时代——从中世纪哥特式到"人类被逐出伊甸园"前的洛可可所形成的和谐统一的风格，"不仅完美地反映出这个时代的生活，而且完美地渗透到这个时代的全部生活表达中"，[9] 他接着说道：

　　　　从一个普通市民的烟盒到王侯贵族室内陈设的最精美的工艺

8　参见 Muthesius, 1902q, P. 55.

9　Muthesius, 1902q, P. 12.

家具，从小城市市民的建筑立面到华丽的耶稣会教堂，在我们面前呈现的是完整的、统一的文化图像。绘画、雕塑、建筑呼吸着同样的精神。全部手工艺匠人运用一个时代的形式语言，他们真正地将其作为自然的表达方式，无人怀疑其正确性。这种形式语言被每一个手工艺匠人和无名的艺术家完美地运用着。对我们今天而言，那个时代最平常的手工产品都成了艺术品，它们的价值在我们的博物馆中发生着变化，或者被装点在收藏家的柜子中。[10]

穆特休斯的这段话是对尼采的文化概念"艺术风格在全部生活表现中的统一"高度形象化地描述。穆特休斯饰想表达，艺术风格的统一首先建立在内在的、统一的精神基础之上，然后直观和真实地反映在物质生活中，并由这两方面构成文化的身份识别。依据哲学家博勒诺夫（Otto Friedrich Bollnow）在《德国浪漫主义教育学》（*Die Pädagogik der deutschen Romantik*）一书中的观点，"身份识别"（Identität）分为表面的和深层次的，或者说可见的外部和深藏在内的精神本质。[11] 也就是说，艺术风格既是一个时代的物质生活直观和真实的写照，也能够再现这个时代的内在精神。

穆特休斯在 1904 年发表的文集《文化和艺术》（*Kultur und Kunst*）中指出，现代人对造型的需求无法通过那些已经存在的形式获得满足，必须要在艺术创造力中注入具有生命力和属于这个时代的精神。而要创造一种蕴含着"时代精神"的风格，艺术家必须要从对历史上一次性出现的美好形式的沉湎中清醒过来。比起被历史风格束缚，还不如先主观地自我表达。[12] 从这里可以看出，在穆特休斯批判历史主义的动机，是希望创造一种"时代风格"（*Zeitstil*），体现了他对能够反映当下生活和时代精神的真实风格的追求。

穆特休斯指出：

人们在（古）希腊作品中关注的是对世界和对所有时代普遍

---

10 Muthesius, 1902q, P. 12.

11 参见 Bollnow 1952, P. 17.

12 参见 Muthesius, 1904o, P. 131.

有效的艺术，从而忘记了普遍性的艺术原本只有一种，那就是符合生活的、符合时代文化的艺术。[13]

而在古希腊艺术影响下出现的古典主义风格，在他看来就是历史主义的始作俑者，它导致：

人们把建筑作品理解为外在的形式和抽象的艺术作品，大致如同交响音乐或者装饰画，从而使眼前的实际任务变得仅像是托词。[14]

穆特休斯还认为，古典主义对建筑师还有如下负面影响：

不可抗拒的欲望在驱动着建筑师的创作，他们把希腊神殿立面的复制品置于人间，不管是博物馆、音乐厅还是军营、民居，都带着多立克式或爱奥尼式的柱子以及上方的神殿山墙……只要建有柱廊，人们就会满足了，（建筑师）则会自鸣得意地站在自己的作品前，对理智不视不闻，如同盲聋。[15]

必须补充的是，在穆特休斯对古典主义建筑的批判中，辛克尔的作品是一个特例。他在"纪念辛克尔讲话"中称其为"真正的天才"[16]，他不同于其他只会照搬古典风格的建筑师，"他不拘泥于风格，不是形式统治着他，而是他掌控着形式"。[17]

从艺术史的角度，穆特休斯对古典主义与浪漫主义进行了对比。在他看来，与古典主义表现出来的苍白无血和过于形式化相比，以"新哥特式"（Neogotik）为代表的浪漫主义更符合自然的法则和生活的真实性。如果说古典主义代表的是普遍性的美和放之四海皆准的规则，那么新哥特式所代表的就是独特的文化和地域特质，正因为如此，后者才更能体现民

13　Muthesius, 1902q, P. 24.

14　Muthesius, 1902q, P. 19.

15　Muthesius, 1902q, P. 219..

16　Muthesius, 1902y, P. 14.

17　Muthesius, 1902y, P. 14.

图 15　盖特纳（Edward Gaertner）：　辛克尔设计的柏林建筑学院，布面油画，
藏于柏林新国家画廊（Neue Nationalgalerie）

族文化的真实性。

　　与历史主义的"表面的一致性"相对立，穆特休斯主张建筑要通过形式的自我表达形成"内在的真实性"（innere Wahrheit）。在他看来，真实的风格必须承载着"本源的精神"（ursprüngliches Geist），只有拥有这种精神的建筑才具备"内在的真实性"。这一观点实际上与新哥特式的初衷，也就是浪漫主义最深层的追求"回归本源"完全一致。

　　尽管如此，穆特休斯对新哥特式仍保持着谨慎的批判态度，因为它毕竟还是一种历史主义风格。在他看来，一切历史主义风格都是通过模仿和复制过去的形式来达到表面的相似，即只具备"表面的一致性"（äußere Übereinstimmung），因此，现代人依靠复制的方式无法真正还原哥特式造型中的中世纪精神，以至于所有遵循了哥特式营造法则建成的新哥特式建筑看上去总是显得内容空洞，无真实性可言。对此，他批评道："我们永远不可能在另一层表皮上行进，在另一个时代的精神中创作，然而，整整

一个世纪，我们都在这么做。"[18] 从这一点来看，就不难理解穆特休斯为
什么会评价被绝大多数人高度赞扬的文艺复兴建筑也只不过是模仿了"一
种更好的原创艺术的苍白图像"[19]，只是将本来不可能复原的古典风格竭
尽所能地表现了出来。而在"复兴"的建筑中，原本的古典风格理念其实
是被时代所隔离了，剩下的只有表面形式的还原。

　　穆特休斯坚决反对风格样式上的简单再现。对此，他在《英国新教堂
建筑艺术》（*Die neuere kirchliche Baukunst in England*）中明确指出，人们必须
细致地研究和精确地学习中世纪的手工艺技术，在运用中世纪的技术和形
式时，要具备"意识上的自由"和"生动的创造力"，以区别"考古学的
方法"和"被限制的造型能力"。[20] 他一再强调创作的真实性，甚至认为
相比考古学意义的正确，那种并不完全精准或者说加入了现代元素的新哥
特式风格才更符合中世纪的精神。

　　此时的穆特休斯早已从理论上摆脱了对某种风格的单纯信仰。尽管如
此，他在对历史主义风格的批判中，对新哥特式还是格外留情。他甚至通
过寻找时代进步性因素，为其辩解。追其原由，一方面，因为哥特式本身
代表着日耳曼民族的文化根源。他最早的作品"东京德意志福音教教堂"
正是采用了哥特式的风格。当然，他在此基础上做了因地制宜的调整；另
一方面，他在英国期间就深受拉斐尔前派艺术家所倡导的回归中世纪的影
响。他在《英国现代建筑艺术》（*Die englische Baukunst der Gegenwart*）中，高
度肯定了英国的新哥特式运动，认为那是"一次在材料的真实性、符合结
构要求和符合精神要求意义上的、自我发生的、优秀的学习过程"，并且
没有被哥特式的造型法则所限制。对此，他说道："人们要的是真实的哥
特式的感觉，而不是哥特式的骨架。"[21]

　　穆特休斯将新哥特式看作历史主义风格中唯一具有进步性的风格，这
一点相当耐人寻味。借此，他一方面对艺术的真实性和艺术应具有的精神
提出了要求；另一方也对艺术创作的原创性提出了要求。直到今天，这两
方面的要求无论是对艺术创作还是对设计实践仍具有几乎最重要的指导意
义。

---

18 Muthesius, 1902q, P. 19.

19 Muthesius, 1902q, P. 10. "更好的原创艺术"指古希腊和古罗马艺术。

20 Muthesius, 1901t, P. 28.

21 Muthesius, 1900za, P. IV.

穆特休斯对历史主义的批判，除了上述美学意义外，还涉及社会道德的层面。他在批判古典主义风格时就将它比作"麻醉剂"——"整个世界，连同我们高尚的灵魂都被其麻痹"[22]，在他看来，当时的人们热衷于模仿和复制历史风格的行为，等同于伪造：

> 在一些新的复制品中充斥着假象，它们会使观众同时感到惊奇和惊恐，因为观众看到的是伪造品，即便是行家在第一眼看到它们时也会被欺骗。而这一事实会让复制者带着骄傲去从事这一工作，他们会认为自己通过这一方式达到了复制艺术的巅峰。事实上，那只不过是伪造者的立场。[23]

穆特休斯认为，在现代建筑中运用历史风格，从考古学的角度去考量不正确，从艺术创造的角度去考量也不正确，从道德约束的角度去考量还是不正确。历史主义最终会成为酝酿虚假形式的温床。而虚假形式一旦在社会上流行开来，就会扩大为社会道德的问题。当时的现状是，社会大众对时尚变化的需求驱使建筑师和手工艺者"用勤奋的双手去采集并使用那些丰富的收成——那些由古老艺术贡献出来的形式宝藏"。[24]

历史主义作为一种全民的时髦文化在 19 世纪 70 年代初，即德意志帝国建立后和"奠基时代"达到第一次高潮。随着帝国崛起引发的民族主义热情，加速了从古典主义向以新哥特式、"德意志文艺复兴式"（deutsche Renaissance）为代表的德意志民族风格的过渡。这一类新风格承载着民族主义的内容并带着强烈的帝国政治色彩，但是，穆特休斯认为：

> ……由此开始了毫无尊重可言的风格驱动，在这种驱动之下，文艺复兴、巴洛克、洛可可、辫子风格和帝政风格被同样地宰杀，它们在短时间内被榨干血液后，就被扔到了角落。[25]

---

22 Muthesius, 1902q, P. 25.

23 Muthesius, 1904o, P. 134.

24 Muthesius, 1902q, P. 36.

25 Muthesius, 1902q, P. 36.

如此滥用历史风格的结果，终于导致"在所有这些历史风格中，没有一种还具有生命力"[26]。于是，人们又不得不继续寻找新风格。然而，穆特休斯对学院派艺术家寻找"新风格"的方式深表怀疑。他以慕尼黑的马克西米利安大街（Maximilianstraße）两侧的建筑为例，指出这种将不同的历史风格糅合在一起来构成所谓的新风格的做法，将不可避免地走向失败：

> 为什么所有这类尝试都不成功？因为他们想通过非本质（的方式）来构成本质；因为他们的出发点只是外在的特征，而不是内在的价值；因为他们说的根本不是风格。对于所有构成新风格的尝试，给予的建议是首先要从程序中彻底排除"风格"这个词汇。对一种新风格的要求几乎没有比替代古典风格而采用哥特式风格更理智了。因为"新"意味着诞生在这个时代的同时也造就了这个时代，它不是为了形式，而是为了内容。现代艺术在寻找新的内容时，总是通过各种力量、最好的知识和良知，只有不带偏见地从艺术上去解决（问题），才能让我们拥有现代风格。我们越不提形式和风格，就越能够拥有它。[27]

对当下或未来的风格既要去预见和寻找，又要避免对此妄加言论，这就是穆特休斯美学理论的一个重要特质。通过这种看似矛盾的方式，他希望人们用理智的思考来战胜固化的风格概念。拒绝艺术的形式化，也就等于为艺术的自然表达打开了通道，最终使人们能够对真实的风格做出清晰的判断。

自 1903 年到 1907 年的四年间，即穆特休斯从英国回国到德意志制造联盟成立期间，他在美学理论建构上的工作重点概括起来就是从建筑与实用艺术的本质出发，对未来的风格进行新的定义，同时努力"废止学院派的风格实践"。[28] 虽然由此引发的进一步论证和寻找解决方案的途径有多种，但共同点都是基于对"现代生活真实性"[29] 的思考。

26　Muthesius, 1900y, P. 18.

27　Muthesius, 1900y, P. 18.

28　Muthesius, 1902q, P. 64.

29　Muthesius, 1902q, P. 59.

《风格建筑和建筑艺术》1902 年第一版对学院派历史主义与"风格建筑"的批判和对以"现代生活真实性"为目的的现代建筑艺术的呼唤，构成了穆特休斯的美学思想最早也是最基本的立场。当然，他的批判性观察并没有止步于此。一年后，在该书的第二版中，他大篇幅增加了对青春风格和分离派的批判内容。尽管他肯定了其反学院派和反历史主义的一面，但对青春风格艺术家在创造新的艺术风格之路上所选择的路径和所采取的方法表示出相当大的怀疑。由于当时青春风格和分离派正风靡欧洲，该书的出版，在社会上引起了很大的争议。同样，从今天的视角去看穆特休斯对青春风格和分离派的批判，也依然会有争议。

今天的人们通过艺术史或设计史所了解的青春风格和分离派，是一场反对传统艺术的创新运动。人们似乎习惯于从这一风格的字面含义去理解问题："青春"对抗老朽，"分离派"对抗学院派，"新（艺术）"对抗陈旧——其进步性似乎不言而喻。但实际上，在青春风格流行的 20 世纪初，这一风格概念却充满歧异。在穆特休斯的文章中，它实际上是一个贬义词，就如他在《风格建筑和建筑艺术》中给出的定义："所谓青春风格和分离派风格就是对伟大的表象错误理解后的模仿。"[30]

在穆特休斯的文章中，"青春风格"一词常常会添上"时髦"（Mode）作为后缀，或者称之为"新装饰"（neues Ornament），带有明显的贬义色彩。[31]不仅穆特休斯如此，事实上不少同时代的艺术家包括被后人誉为青春风格领袖的凡·德·威尔德（Henry Van de Velde）在当时也认为"青春风格"是一个贬义的"标签"[32]。而当穆特休斯提到他认为的真正具有进步意义的艺术作品时，一般会称之为"新运动"或"新艺术"。对于新运动、新艺术和青春风格这几个被今天的艺术史和设计史完全混淆了的概念，穆特休斯就像对待"小麦和秕糠"[33]一样将它们明确地加以区别，因为它们代表了 19 世纪末 20 世纪初艺术革新运动的两种截

---

30 Muthesius, 1902q, P. 58..

31 奥地利建筑师阿道夫·罗斯（Adolf Loos）在 1910 年发表的、在设计史上非常著名的文章《装饰和罪恶》（Ornament und Verbrechen）把装饰等同于犯罪。Loos, 1910.

32 参见 Van de Velde, 1901, PP. 2-22.

33 Roth, 2001, P. 42.

然不同的立场。就像他在 1901 年发表的文章《新装饰和新艺术》（*Neues Ornament und neue Kunst*）就是站在新艺术的立场上针对青春风格（新装饰）的批判：

> 因为一种新的时髦的生活在今天短时间就会（让人）习以为常，于是我们现在就要奋力将新艺术从时髦之魔爪中解救出来，并满怀忧虑地去思考，如何将其上升到一个更高的水准。要做到这一点，我们需要理解，新艺术要与青春风格和分离派的装饰保持独立，也就是说，确立目标，绝不与单单的装饰和营造氛围的线条为伍。[34]

在《新装饰和新艺术》中，穆特休斯以"我们"作为主语，似乎有意识地将自己定位为新运动的代言人，坚定地站在了青春风格和分离派的对立面。

在穆特休斯看来，青春风格的问题就在于过于注重装饰纹样和所谓艺术氛围的营造。他将其批评为一种与客体本质没有关联的"氛围艺术"（*Stimmungskunst*），是在"耗费艺术"，不是"过于夸张"，就是"完全错误"。[35] 他还指出："以理性、经济和健康为代价，去营造所谓的氛围，就是过去很多年艺术的主导动机。"[36] 在他看来，青春风格那种完全从艺术家个性出发的艺术表达方式简直荒唐可笑，比如"将一把卧室中的椅子变成一件艺术氛围的倾泻物"或者"将一张洗手间的桌子变成一首田园诗"。[37] 他更无法容忍那些只追求艺术效果，不注重实用功能的设计，比如"人坐上去坚持不了十分钟的椅子"，以及那些完全不考虑材料性的设计，比如"由 26 个木结构黏合在一起的椅子靠背"，对此，他毫不留情地批评其为"误入歧途"和"愚蠢透顶"。[38]

穆特休斯对青春风格的批判态度，同样基于他对风格概念的界定。这一点，他在"纪念辛克尔讲话"中已有指出：

---

34 Muthesius, 1901m, P. 361.

35 Muthesius, 1901m, P. 361.

36 Muthesius, 1901m, P. 361.

37 Muthesius, 1901m, P. 352.

38 Muthesius, 1901m, P. 352.

> 新实用艺术带给我们的只不过是用左右交缠的涡卷形曲线，代替过去的卷叶状纹样；只不过用变形的填充和巨大的浪费带来表面的装饰效果，因此毫无疑问，它不过是瞬息即逝的时髦玩意。[39]

在穆特休斯看来，青春风格不是真正意义上的风格，它局限于表面形式或装饰上的以新换旧，因此不具备持续发展的可能性。

虽然青春风格的出现与新时期的艺术家对历史主义和学院派的厌恶有着直接关联，他们从一开始就带着强烈的革新意愿在探索实用艺术的新形式，他们彻底摒弃了陈腐的历史题材和历史上流传下来的装饰元素，转向从自然界的动植物造型以及从其他优秀文化中去汲取灵感，如日本的浮世绘和手工艺等，在形式创新上取得了一定的成就。然而，这样的艺术创新仍然没有摆脱表面形式或表面装饰，因此，在流行了一段时间之后，其后续发展空间会变得越来越狭窄。历史也证实了穆特休斯的观点，仅短短几年之后，青春风格就迅速过气。

穆特休斯对当时的工业企业借助机器生产复制青春风格的装饰纹样，将其变成所谓的时髦样式在社会上流行，表示出相当大的担忧。他说道："今天，工厂都在压模青春风格的纹样，就如同过去压模洛可可纹样一样。"[40] 对此，他甚至不惜用"青春风格瘟疫"[41]这样的措辞来比喻，他接着批评道：

> 青春风格的工业化能给新运动带来优秀思想的说法，是最令人难堪的讥讽。它的灾难性不仅在于给了落后和不良的东西以机会，使其在整个运动中错误地蔓延开来，而且还给许多不冷不热站在远处观望的人制造了某种印象，似乎新运动的成果就是由此带来的，并且对这样的结果还自鸣得意。就这样，它最大程度地让新运动丢失了声誉。[42]

---

39 Muthesius, 1900y, P. 22.

40 Muthesius, 1903k, P. 63.

41 Muthesius, 1904o, P. 13.

42 Muthesius, 1904o, P. 13.

这段话再次证实了穆特休斯所倡导的新运动与青春风格泾渭分明。通过对青春风格的批判，他希望唤起社会大众清醒的认识，将实用艺术的理想形式与艺术家的个性化表达和商业化的时尚潮流明确地区分开来。

穆特休斯特别指出，对于青春风格在艺术上的偏差，当时的某些知名艺术家负有责任，是他们的作品让人们产生了错误导向。[43] 他提醒人们注意：

> 青春风格时髦所展示的，是当一种艺术家的艺术以众多的数量和广度出现后所变成的样子……是纯粹形式上的耗费和纯粹装饰上的铺张。成也艺术家，败也艺术家。[44]

在穆特休斯看来，青春风格艺术家只是从艺术形式的角度在"对抗旧的风格"或"以新的风格来对抗旧的风格"[45]，这种以一种风格来替代另一种风格的做法与历史主义所犯的错误在本质上没有区别。此外，青春风格是表面化的和个性化的，与这个时代和整个民族的追求没有实质性关联。由此，他提出创造真正的"时代风格"的关键在于"从根本上反对风格"。[46]

之所以要从根本上反对风格，是因为从纯粹个性化的创作方式或为了时髦而去找的新的风格的方法，其发展将难以持久。基于这样的思考，穆特休斯将实用艺术的创新发展与进化论思想以及浪漫主义产生的动机联系在了一起，即从事物发生发展的表面性背后的"本质原力"（essentielle Ursprungskraft）出发去寻找解决风格难题的可能性。从这一点来讲，尽管他拒绝历史主义和反对学院派的固守传统，却绝不是想把过去的文化传统轻易丢弃掉。进化意味着在前一代基因的基础之上继续发展，而浪漫主义的核心价值正在于它植根于民族文化的本源。穆特休斯认为，在寻找新的现代风格的道路上，必须联系传统文化的基因和寻找民族文化的本源，就如他在"纪念辛克尔的讲话"中说的，也许可以采用折衷主义的做法，对

43　参见 Muthesius, 1902q, P. 59.

44　Muthesius, 1903k, P. 62.

45　Muthesius, 1901s, P. 3.

46　Muthesius, 1901s, P. 3.

过去的文化传统不受拘束地按需所取。[47]

从穆特休斯的许多言论中可以看出，他所期待的新艺术"不是由新的装饰和新的形式所构成的"[48]，而是"建立在原本的艺术的时代问题基础上"[49]。当在他强调"原本"（eigentlich）一词时，就已经在理解上超越了纯粹的形式。

仅仅找到某种形式的风格并不是穆特休斯真正的目的，他的理想是找到一种扎根于民族传统的，同时又代表了现代生活的风格。这是一种"真实的"（wirklich）和"生活如实的"（lebenswahr）风格。对此，奥地利建筑大师、被誉为"维也纳现代建筑之父"的奥托·瓦格纳（Otto Wagner）在1896年发表的文章《现代建筑》（*Moderne Architektur*）中也曾有过类似的表达："现代生活构成了我们艺术创作的出发点。"[50]

没有刻意的风格，没有风格的成见，一切只要能满足现代生活真实表达目的的艺术或文化元素都可以构成风格。这种"无风格的风格"就是穆特休斯所构想的、由文化的原动力——现代生活本身所驱动的最真实的风格。

---

47 参见 Muthesius, 1900y, P. 22..

48 Muthesius, 1901m, P. 352.

49 Muthesius, 1902q, P. 57.

50 Wagner, 1896, P. 4.

务实主义作为艺术实践的原点和现代精神的表达

> 如果首先能成功地将风格概念彻底抛弃掉，如果建筑艺术家
> 首先清楚地意识到放弃所有风格，并且不管（设计）任务会有怎
> 样特殊的要求，都能保持这样做，那么我们就走上了现代艺术
> 的正确之路，就离真正的、新的风格不再遥远。他（建筑师）只
> 需要考虑：人们在商店中首先是（为了）买卖，在住宅中首先是
> （为了）居住，在学校中首先是（为了）教学……如此这般，
> 我们就已经走在了严格的务实主义的道路上。我们必须认识到，
> 务实性是现代意识的基本特质。[1]

在 1902 年出版的《风格建筑和建筑艺术》（*Stilarchitektur und Baukunst*）第一版中，穆特休斯就已经明确地提出了他最纲领性的美学思想——"务实主义"（Sachlichkeit）。借助这一概念，他从容地回答了 19 世纪以来德国实用艺术面临的难题，即如何修正材料、造型和装饰上的各种错误，以及如何在艺术实践中保持本真性。通过这一时期的一系列著作和文章，穆特休斯将务实主义诠释为"艺术实践的源头"（Ursprünglichkeit im Praktischen）和"现代精神的表达"（Ausdruck des modernen Zeitgeistes）[2]，将其提升为"创造真实和持久的现代风格的前提条件"和"现代性的决定因素"[3]的高度。

务实主义或务实性这一概念最早出现在 17 世纪的哲学著作中，它在德意志文化中一直是一个带着明显褒义色彩的词汇：作为哲学名词，它等同于客观性和实事求是；作为法学名词，它等同于就事论事和没有偏颇；在艺术和实用艺术领域，它代表客观真实的创作态度和反对形式主义实践方法。在穆特休斯的著作和文章中，这一概念与现实生活和现代精神紧密相连。他经常将它与"日常性"（Alltäglichkeit）、"生活的本质"（Wesen des Lebens）、"当下生活"（Gegenwartsleben）、"现实主义"（Realismus）等词汇并列或交替使用，同时与"真实性"（Echtheit）、

---

1 Muthesius, 1902q, P. 54.

2 参见 Roth in: Ikeda (Hg.), 2002.

3 参见 Hubrich, 1980, P. 133.

"本源性"（Ursprünglichkeit）、"自然性"（Natürlichkeit）、"直接性"（Ummittelbarkeit）等词汇构成概念上的互补。尽管务实性在穆特休斯的表达中有着宽泛的语义，但借助上述近义词和关联词，人们可以基本理解它的含义范围，或者说，它本身就是一个包含了上述含义的整体性概念。

关于务实性作为社会生活和艺术实践中最本源属性的理论可以追溯到前辈建筑大师、艺术理论家高特弗里德·森帕（Gottfried Semper）提出的实用艺术风格和形式的进化发展思想。[4] 这是一种明显受到达尔文进化论影响的艺术发展观，概括地讲，人类最初的艺术活动是基于简单的物质条件和朴素的生活目的，随着物质条件和生活目的的不断变化，艺术的风格和形式也在不断变化。也就是说，实用艺术的造型是由不同历史时期的物质条件、生产方式和现实生活的目的需求所决定的。以此作为前提，艺术风格和装饰就成了附属物。在森帕的风格理论基础上，穆特休斯提出的务实主义原则尤其注重艺术实践与现实生活目的需求的一致性，也就是说，建筑与实用艺术的造型必须首先考虑"目的性"（Zweck）、"实用性"（Benutzbarkeit）和各种现实的"条件"（Bedingungen）。

在穆特休斯所有关于目的性的论述中，最直接的莫过于他在《英国住宅》第二卷内封页上引用的英国哲学家培根（Francis Bacon）的名言："造房子是为了住，而不是为了看。"（Houses are built to live, not to look at）[5] 本小节开头的摘引"人们在一家购物商店中首先是（为了）买卖，在一栋住宅中首先是（为了）居住，在一所学校中首先是（为了）教学……"可看作是这句话的延伸。

在穆特休斯看来，"合目的性"（Zweckmäßigkeit），即是否能够满足目的需求，是建筑与实用艺术最重要和最具有绝对意义的内容，用弗德·罗斯的话讲，这是"与风格的本源最紧密相连，对建筑而言是最无法被相对化的内容"。[6]

---

4 参见 Semper, 1860–1863.

5 Muthesius, 1904q, Bd. 2.

6 Roth, 2001, P. 37.

在构建务实主义理论的过程中，穆特休斯一直在思考"艺术性的本质"（Wensen des Künstlerischen），试图证明日常生活中某些在人们看来最普通、最平常、最无风格，即最无艺术感的造型同样拥有审美的品质。他从建筑工程师的作品中找到了一种"原型式的艺术质量"[7]，因为他们的建筑总是从解决实际需求出发，不带任何风格上的成见。所谓没有风格成见是指不会像学院派艺术家那样自锢于历史风格的范式，以及不会从风格的角度来判断艺术质量。穆特休斯认为，建筑工程师在设计上的近乎功利主义和在美学上的近乎天真无知反而让他们的作品拥有了最务实的一面。尽管一直以来，建筑工程师被建筑艺术家鄙视为只会做纯技术性的设计，他们的作品毫无艺术性和风格可言，但穆特休斯却在此类建筑中找到了一种当时很少有人在意的内在品质，即务实性。这是因为工程师的通常的设计方法是一种纯粹的"目的设计"（Zweckgestaltung），即首先考虑的是合目的性。他甚至认为，应该把合目的性视为衡量建筑与实用艺术造型是否真实和合理的评判标准，只有如此，才能形成所有艺术"共同的（作用）力场"[8]。

除了目的性外，穆特休斯的务实主义理论特别注重建筑与实用艺术造型的实用性。这一点显然与后来的"功能主义"（Funktionalismus）理论如出一辙，尽管在穆特休斯的著作和文章中从未出现过这一概念。

自人类开始建造房子以来，实用性或者说功能性就与造型紧密相关，但建筑中有关功能的说法直到 19 世纪才偶而出现，如英国的新哥特式建筑师、德国的森帕、美国的荷瑞提奥·格林纳夫（Horatio Greenough）和路易·沙利文（Louis Sullivan）。但实际上，他们的理论和实践与后来的功能主义相去甚远，比如沙利文，尽管他在 1896 年提出了"形式追随功能"（Form follows function），被认为是早期功能主义的代表人物，但从他的作品来看，实际上跟今天人们所理解的功能主义毫不相干。直到"一战"后，"功能"作为概念才逐渐被先锋派艺术家和建筑师所使用，如格罗比乌斯（Walter Gropius）、勒·柯布西耶（Le Corbusier），艾·里兹斯基（El Lissitzky）等，然而他们对此的理解和解释也各不相同。"功能主义"的概念则出现得更晚，人们对其的讨论直到"二战"之后才得以展

---

7 Roth, 2001, P. 37.

8 Muthesius, 1902q, P. 66.

开，代表性的理论家包括于尔根·乔艾迪克（Jürgen Joedicke）[9]、尤里乌斯·珀塞纳（Julius Posener）[10]、阿多诺（Theodor Adorno）[11]、塞巴斯第安·穆勒（Sebastian Müller）[12] 等。直到今天，对建筑的功能主义的讨论仍是一个难题，因为建筑是无法完全被功能化的。这是因为每个人对空间都有着不同的经验和需求，于是会对建筑提出不同的功能要求，而满足所有的功能要求显然不可能。此外，技术条件、建造方式和价格成本都会成为影响空间体量、材料、造型等因素，这就从根本上限制了功能主义。[13]

与功能主义理论不同，穆特休斯提出的务实主义更接近一种工作原则，即不会一味地去满足功能需求，而是会根据各种现实条件来寻找合适的材料、造型和（建造）方式。"条件" 就是继"目的性""实用性"之后，第三个最重要的考虑因素。

对于建筑师而言，对现实条件的认知越深刻，就越能够对材料、造型和（建造）方式做出恰当的选择。当然，这就意味着务实主义原则下的建筑设计会在满足功能需求的问题上做出各种折中。而正是这一点，才导致穆特休斯无法将务实主义和任何一种确定的风格结合起来，从而未能开创自己的建筑学派。在这条道路上，直到 20 世纪 20 年代，荷兰风格派、德绍包豪斯以及"新建筑"（Das Neue Bauen）运动的建筑师才勉强算是找到一种相对确定的"风格"。这种风格被称为"新务实主义"（Neue Sachlichkeit）[14]。

穆特休斯认为，务实主义是创造真实和持久的现代风格的前提条件，因为"务实性是现代意识的基本特质"[15]，也就是说，他把务实性定义为一种现代性。现代性是现代社会在过程中形成的必然属性，它能够维系现代人的思想、意识和行为，以此作为基础，就可以解决现代社会的审美问题，因为历史主义的问题不仅仅是学院派在艺术导向上的错误，也是社会大众在审美倾向上的错误所致，这两者相互影响并相互作用，所以穆特休

---

9 Joedicke, 1958, 1965.

10 Posener, 1964, 1972.

11 Adorno, 1967, 1970.

12 Müller, 1974.

13 参见 Hubrich, 1980, P. 133.

14 "新务实主义"与穆特休斯的务实主义在理念上有着明显的差异，故成为穆特休斯晚年设计批判的对象，详见本文第五章第三节。

15 Muthesius, 1902q, P. 54.

斯希望务实主义能够成为整个社会的普遍认知。而要实现这一点，就需要把它变成一项面向全民的教育任务。通过教育，一方面要让学院派风格概念的标准失效；另一方面，要提升日常生活中的务实的造型的审美价值。只有在社会上形成务实主义的共识，才能真正战胜并超越历史主义、青春风格和时尚潮流，从而在根本上解决当下的文化乱象问题，才能迎来"和谐文化"的新开端。

在穆特休斯看来，无论是建筑、实用艺术还是艺术教育，务实主义都是唯一正确的出发点，因为它既是一套实实在在的实践方法，也是一种实实在在的精神，它与形式主义正好相反。如果说形式主义是将固化的艺术形式凑合着去结合实际需求——如历史主义的典型做法，或者是为了"艺术"或"个性表达"而刻意强化某种形式——如青春风格的典型做法，那么务实主义首先考虑的是目的性、实用性和现实条件，以及在此基础之上的"合目的性、材料与结构"[16]。今天看来，穆特休斯倡导的务实主义，实际上就是在当时的历史条件下对现代设计普遍性方法的探索，即将目的性和实用性作为设计的出发点，将结构和材料作为设计的核心内容，而把艺术性，包括风格、形式和装饰都（暂时）变成附加属性。

对于目的性、实用性与艺术性的差异，穆特休斯在 1916 年发表的《制造联盟思想：它的基础》（*Der Werkbundgedanke: Seine Grundlagen*）一文中做了比较客观的解释：

> 这里涉及的是根本不同的两个事物：第一个（指目的性实用性）来自理解，另二个（指艺术性）来自感觉。合目的性是纯实用的问题，如果通过思考和经验得到的实际需求得到了充分的满足，它就得到了解答。而对美的衡量来自韵律、比例、色彩以及和谐度的更高的法则，它深深地植根于人类的大脑中。[17]

尽管目的性、务实性和艺术性之间存在着显而易见的差异甚至矛盾，但穆特休斯并没有否定艺术性。他的观点原本就植根于森帕的理论，即认为建筑即艺术，并且是"所有艺术之母"[18]，也就是说，建筑的艺术性是

---

16 Muthesius, 1902q, P. 58.

17 Muthesius, 1916g, P. 464.

18 Muthesius, 1902q, P. 67.

绝对的，不需要刻意地去表达。另外，他坚信新运动的承载者是艺术家，他们的目标就是要达到艺术和文化的某种高度。[19]

穆特休斯认为，建筑工程师和建筑艺术家虽然在设计方法上不同，但在美的表达上所运用的实际上是同样的法则，而最终呈现的效果也是一致的。对此，他在 1909 年发表的《我们的工程师建筑的审美教育》（*Die ästhetische Ausbildung unserer Ingenieurbauten*）中指出：

> 它（指建筑）尽管是以实用性原则作为造型的出发点，表现出来的结果却是能与人的审美感知产生共鸣的秩序感，这种秩序感将不和谐的东西和谐化，将干扰去除，将缺陷填补。[20]

事实上，只有在需要刻意强调务实性时，或者说在艺术性过度的问题上，穆特休斯才会把艺术性诠释为造物的本质属性外的附加属性。而在他看来，这也只是个步骤问题，即首先要考虑务实性，然后才是艺术性。他尤其反对艺术上的刻意所为，强调艺术性不能有丝毫的勉强。在穆特休斯看来，装饰最具有刻意所为的特点，装饰的运用就是典型的"为艺术而艺术"（l'art pour l'art），正好是务实主义的反面。他在《新装饰和新艺术》（*Neues Ornament und neue Kunst*）中引用艺术史学家罗伯特·都莫（Robert Dohme）[21]1888 年发表的《英国住宅——一幅文化史和建筑史的草图》（*Das englische Haus. Eine kultur- und baugeschichteliche Skizze*）中对装饰的批判："……不要去装饰，因为装饰只是外在的佐料，美应该是自内而外散发出来的。" 穆特休斯赞扬都莫提出的概念"（自内而外的）美化"（verklären）是"一个伟大的、富含内容的词汇"，并强调"在这个词汇中也许隐藏着未来的整个艺术问题（的解决答案）"。[22]

穆特休斯在其代表作《英国住宅》中尽管没有直接提到都莫，但他所探讨的务实性和艺术性的辩证关系却建立在都莫的概念"（自内而外的）美化"基础之上。通过《英国住宅》，穆特休斯将务实性

---

19 参见 Muthesius, 1904e, P. 73.

20 Muthesius, 1909a, P. 1205.

21 罗伯特·都莫曾担任威廉二世皇帝的宫廷图书馆馆长、国家画廊（Nationalgalerie）美术馆馆长、霍亨索伦博物馆馆长、普鲁士皇家艺术藏品总负责人。

22 Muthesius, 1901m, P. 364.

（Sachlichkeit）、"舒适性"（Komfort）、"（自内而外的）美化"
（Verklären）、"精美化"（Verfeinern）[23] 这一系列概念构成了一种美学
上的递进关系。他借助英国田园住宅的实际案例，直观地展示了实用性、
日常性和艺术性在建筑中融合。这种融合的前提是解决住宅本身的实用问
题，进而考虑如果符合居住者的日常生活习惯，即从基本的务实性出发到
满足舒适性。然后才是从形式和结构出发进行"（自内而外的）美化"，
而最后的精美化即是艺术化的另一种说法。在穆特休斯看来，只有"务实
的本质"（sachliches Wesen）之美自内而外散发出来，艺术性才能与实用
性和日常性一样，成为生活的合理属性，才能真正地和那些贴附在表面的
装饰区别开来。

  穆特休斯在思考实用性、日常性与艺术性之间的关系时，并没有采取
后来先锋派、包豪斯那样的极端化方式，而是将其和谐化了。尽管他强调
务实性优先于艺术性或艺术性是务实性附加属性，但艺术性到头来仍是
务实性、舒适性等之后的追求，也就是说，它是文化提升过程中更高的环
节。这其中道理不难理解，穆特休斯是站在反对形式主义的立场上，来强
调务实主义的优先级，而面对建筑艺术本身，以及考虑到社会大众对美的
向往和更高的精神需求，使得他必须在宣扬务实性的同时采用适当的方式
来协调这两者之间的关系。在他看来，务实主义不同于冰冷的唯物主义，
也不同于带有强迫性质的理性主义——对于这些，反而需要人们用艺术性
来加以抗衡。

  穆特休斯提出务实主义，不是反对艺术性，而是反对当时建筑与实用
艺术领域的唯艺术论。艺术性自文艺复兴以来一直被认为高于生活，即高
于实用性和日常性。到了 19 世纪，唯艺术至上甚至变成社会上根深蒂固
的普遍认识。为了消除这种"执念"，穆特休斯采取了从理论上将务实主
义"高尚化"（nobilitieren）[24] 的做法。他还提出了一系列论点，来反驳主
要来自艺术界的对务实主义的质疑和抵触，尤其是反对封建贵族和资产阶
级暴发户所追求的"代表性文化"（Repräsentationskultur）中的"目的自
由"（Zweckfreiheit）。所谓"目的自由"，表现在建筑（宫殿或豪宅）
上就是堆砌装饰，除了炫富外没有其他目的。因此，穆特休斯刻意在其著
作和文章将务实主义提高为一种现代的审美品位，尽量放大其价值，将其

---

23 Muthesius, 1904q, Bd. 3, P. 155, 240.

24 Roth in: Ikeda (Hg.), 2002, P. 378.

等同于一种充满生命力的现代意识和精神，他这样描述道：

> 生活不停地发挥着效应和不断地创造着（新的事物），在（艺术之）母建筑误入歧途之际，出现了一种新的形式，那是一种不去迎合要求的、纯粹的务实主义，它创造了我们的机器、车辆、设备、铁桥和玻璃大厅。它的发生是那样的低调，它是那样的实用，可以说这一过程是纯粹科学性的，它体现的不仅是时代的精神，而且还受到自身也在发生着转变的美学观念的影响，这种美学观念总是更具有决定性，它渴望以符合意义（指当下的理念）的务实主义艺术来替代早先的装饰艺术。[25]

为了使务实主义成为 20 世纪实用艺术的新开端，使之真正为社会大众所接受，特别是为了激励新时代的艺术家走向无装饰的工业批量化生产的产品造型之路，穆特休斯需要将原本不被认同的审美价值，即务实的造型的价值在人们的认知上提升到与艺术同样高度，比如前面提到的工程师建筑，对此。他在 1902 年发表的《我们的审美观的现代重塑》（*Die moderne Umbildung unserer ästhetischen Anschauungen*）[26] 中指出，尽管传统的学院派教育刻意贬低实用性和无装饰性，但务实性和具有合目的性的形式本身就包含着艺术的质量。借助心理学方法，他尝试对日常生活物品和所谓的经艺术加工后的物品之间进行标准化的界定，最终得出的结论是，人们的喜好实际上并不受被刻意强调的艺术思考方法或审美判断力的影响。很多日常生活物品，如果艺术的角度去观察，不会引起关注，却丝毫不会影响人们喜欢它们。这一心理学观察的特别之处就在于，每一个人对形式的感知实际上都有着天真、质朴的和无意识的一面。穆特休斯由此断定，在务实的、纯粹的造型中，蕴含着现代的特殊感知，即便是在最朴实的工程结构中，也能够产生现代意义的审美移情。务实主义无论从创造美学还是接纳美学上来看，都是一种理性的自我约束，因此不需要通过刻意的艺术加工去做补偿，就已经与现代意识或现代精神一致了。

穆特休斯的务实主义美学思想一方面扎根于纯粹的"目的理性"（zweckrational），另一方面充满着对现代化、工业化和科技进步的乐观

---

25 Muthesius, 1902q, P. 64.

26 Muthesius, 1902n.

主义精神。因此，它在原则上不同于拉斯金、莫里斯的思想或"艺术与手
工艺运动"的改革策略，即寄托于复兴传统手工艺和恢复手工生产方式来
对抗当时已经被工业和技术所主导的经济模式。穆特休斯的务实主义美学
思想也不同于青春风格艺术家为满足个人的感性需求而通过添加装饰来对
抗机器生产在造型上表现出来的冷漠感。在务实主义基础之上，他向艺术
家呼吁"思考和尝试现在已经出现了的机器制造（方式），挖掘其艺术趣
味，使其在艺术范畴中得以转化"。[27]

对机器生产和手工生产的差异，穆特休斯这样描述道：

> 机器有着自己的形式。这种形式的产生与和生产过程最接近
> 的方式有关。它有着本质上平滑的形式和光洁的表面，如同细微
> 的不规则感和个体性是手工产品的魅力。[28]

穆特休斯在 1902 年发表的《艺术与机器》（*Kunst und Maschine*）中将
这样一种不同于以往的、在机器生产条件下产生的、没有装饰和简朴的造
型，称为"机器风格"（Maschinenstil）[29]。在他看来，既然物的形式能够
被机器生产出来，那么它就有其存在的合理性；只要将机器生产的产品造
型的合理性挖掘出来，就会让人信服[30]。前面提到，穆特休斯未能将务实
主义与一种确定的风格结合起来，机器风格同样也不是一种确定的风格，
它只是工业化时代现实条件下产物。从设计史的发展来看，对工业化时的
现实条件的适应过程，就是传统实用艺术蜕变的过程，同时也是寻找现代
设计方法的过程。

穆特休斯希望在产品造型上用机器风格来取代当时的人们普遍采取的
模仿手工艺的做法，他说道：

> 对那种古老美学如月桂树（纹样）的追逐就是对手工劳动的
> 模仿，将手工艺（的造型和生产方式）拿来，用（机器）压印的
> 纹样来代替（手工纹样），用其他材料来代替原本的材料，那

---

27 Muthesius, 1900n, P. 509.

28 Muthesius, 1900n, P. 509.

29 Muthesius, 1902i, P. 144.

30 参见 Muthesius, 1902i, P. 144.

是对古老艺术的作假复制。我们要去除这些陋习，这样我们就拥
有了掌控机器能力。我们不应反对（机械制造的产品），即便审
美性还不够，它们也可以通过极为便宜的价格成为造福人类的善
举。[31]

穆特休斯认为，使用机器来制造原来的手工艺造型和模仿原本手工制
作的纹样完全没有必要，这样的模仿从工艺讲非常困难，而当时的实用
艺术行业明知其难，却照样为之的做法是不正常的，这 19 世纪英国实用
艺术改革，即寄希望于回归手工艺传统的试错结果。他指出，"古代手
工艺是从艺术和手工劳动中自然生成的"，因此"它在机体上具有不可
分割性"。[32] 而当下的实用艺术却是在机器生产中强行注入艺术元素或装
饰，这就决定了它们是带有功利性地依附于"实体"（Nutzkörper）[33]，
正如"艺术行业"（Kunstgewerbe）这一由"艺术"（Kunst）和"行业"
（Gewerbe）组成的词汇，从字面上就已经表达了艺术依附于行业。在手
工业时代，这种依附尚且是自然的，但在工业化时代，在艺术与机器生产
方式还没能找到一种有机的结合方式时，艺术强行依附于产品只会导致
产品造型的"错误"。用穆特休斯的话讲，就会变成一种"雌雄同体"
（Zwittergebilde）的怪异状态、一种"后艺术（Afterkunst）"。[34]

为了对抗这种造型上的异化，穆特休斯还提出了一个建立在"物的本
质条件"（Wesensbedingungen des Dinges）[35] 基础上的风格概念——"新技
术风格"（neuer technischer Stil），因为机器生产的产品的本质条件就是
技术。这一风格概念淡化了作为客体的机器，而强调了与主体更具关联性
的技术，从而在理念上与艺术形成了对立统一的关系。他以自行车为例，
来描述这种新技术风格的特质：

我们看到的是一种机器制成品的相对纯粹的形式，这种物的
形式既符合工厂生产，又具有高度的合目的性，其构造从艺术的

31 Muthesius, 1900n, P. 509.

32 Muthesius, 1907r, P. 2.

33 参见 Muthesius, 1907r, P. 5.

34 Muthesius, 1902n, P. 690.

35 Muthesius, 1902i, P. 143.

视角根本不可能出现。……在物的本质条件下呈现出来的特殊
的形式，是最完美的方式。它体现出一种确凿的真实性，它有风
格。这种风格可称为合目的性的风格、机器风格或别的什么，找
不出让人不喜欢自行车的理由。[36]

穆特休斯认为，机器生产的产品造型应该是无装饰的，应保持一种
"干净的、紧凑的美"[37]。新技术风格最重要的特征就是"减少到（只剩
下）实用的形式"[38]。这就是机器制造的本质形态，它将构成未来产品造
型的出发点。穆特休斯在 1907 年发表的《实用艺术和建筑》（*Kunstgewerbe
und Architektur*）中将其提升为面向艺术家和手工艺劳动者的教育纲领，要
求他们去"发现正确的、符合机器（生产）的造型"[39]，从而初步定义了
一个在当时尚不存在的工作领域——工业设计。

在 1905 年发表的《实用艺术之路和最终目标》（*Der Weg und das
Endziel des Kunstgewerbes*）中，穆特休斯将未来的实用艺术描述为工业生
产中不可或缺的特殊环节[40]，而这就是它的最终目标或者说"理想状
态"（Idealzustand），在这种状态下，甚至"没有必要再去谈实用艺术
了"[41]，对此，他解释道：

> 所谓实用艺术，只是普通行业的一种做作的特殊方式，它将
> 失去其意义。我们的愿望——再次拥有一个普通行业，将有可能
> 实现。相比古代的行业，它的艺术性既是那么的少，又是那么的
> 多。[42]

实用艺术的"普通化"意味着从艺术品向产品的转变，而当"机械生
产被提升到了一个高度之后，即使是在艺术家的眼中，它也是无可质疑

36 Muthesius, 1902i, PP. 143-144.

37 Muthesius, 1900n, P. 509.

38 Muthesius, 1904e, P. 66.

39 Muthesius, 1907r, P. 13.

40 Muthesius, 1905e; 1907f.

41 Muthesius, 1907r, P. 13.

42 Muthesius, 1907r, P. 17.

的、充满魅力的和有趣的"[43]。至此,穆特休斯将未来的"工业设计"概念用这样一种方式完整地表述了出来,它的起点是务实主义,终点是其成为工业生产中必不可少的组成部分。

作为商业部官员,穆特休斯是从战略的高度来思考实用艺术的未来发展及其与工业、商业和国民经济的关系。他在 1908 年发表的《艺术与国民经济》(*Kunst und Volkswirtschaft*)中指出,为了让大多数民众负担得起,当下的产品需要首先考虑工业化批量生产。[44] 而所有在实用艺术中的"浪漫主义尝试",那种"艺术与手工艺运动"式的"将手工艺标榜为理想"的产品在他看来,因成本高昂充其量只适合富有阶层把玩[45],而"面对广大民众,只能依靠大工业"。[46] 穆特休斯强调,工业化才是决定因素,工业生产应该成为艺术家最重要的工作领域,工业企业应该成为艺术家最重要的合作伙伴。只有工业化,实用艺术才能超越个体化生产和摆脱单品展示的状态,才能被市场和社会大众广泛接受,最终成为日常文化的真正组成部分。

穆特休斯的美学纲领是从尼采的文化概念,即"全部生活表达"的角度来思考实用艺术的未来,因此在贯彻机器风格或新技术风格时,除了符合机器生产的"物的本质条件"外,还必须考虑其美学意义的普遍有效性,因为只有基于社会大众审美的普遍有效性才是衡量其成功与否的标准,于是,对工业化批量生产方式下典型化的统一风格和标准化的产品美学的宣扬,就必然会成为穆特休斯今后(在德意志制造联盟工作时期的)最重要的任务。

---

43 Muthesius, 1907r, P. 13.

44 参见 Muthesius, 1908f, P. 119.

45 参见 Muthesius, 1902i, P. 141.

46 Muthesius, 1908f, P. 119.

德意志的身份识别与国际化的形式

> 我们要有一种新的形式。新的形式必须是德意志的形式……
> 新的形式本身又是国际的形式，从北极到厄瓜多尔，人们穿同样
> 的服装，吃同样的东西，坐同样的椅子。新的形式将成为国际化
> 的形式。关键在于，是谁为这种国际化的形式打上烙印。那必须
> 是德国，一个奋发向上的国家。这不是为了要去统治世界和为了
> 赚钱而推动德国的出口，这是为了赋予世界新的形式。谁如果做
> 到了这一点，他就将拥有真正伟大的力量，最终甚至会被（其他
> 民族的）人所爱戴。[1]

在穆特休斯的美学理论框架中，务实主义是形成持久有效的"时代风
格"的基础：只要德国民众以务实主义为原则，对建筑和日常生活中的所
有器物从符合机器生产的角度重新造型，就能创造出印着工业化时代特质
的现代风格。同时，务实主义原本又是一种植根于德国市民阶层的传统价
值观。因此，通过务实主义可以把工业化社会的现代文化和德意志民族的
传统文化联系起来。在穆特休斯看来，务实主义可以使德国的文化艺术获
得至少三重"身份识别"：1）市民阶层的文化艺术；2）现代或工业化时
代的文化艺术；3）日耳曼民族的文化艺术。

穆特休斯在 1904 年发表的文集《文化和艺术》（*Kultur und Kunst*）
中，表达了一种非常确凿的民族文化观："德意志艺术的状态"不能从
"我们的普遍性文化的状态"中脱离开来，因为前者只是后者"朝着确定
方向流动的出口"；"一个民族的艺术是其性格的表达，它的变化是这个
民族的精神与时代的声音和色彩共同变化（的结果），它赋予民族性格以
时代精神"。[2]

针对当前实用艺术运动的面临困局，穆特休斯在提出问题的同时做出
了回答，"为什么实用艺术的新运动迄今为止没有对德国的普通住宅产生
更好的影响？" 原因就在于社会大众文化和艺术水平普遍不高。[3]借助这

---

1 Muthesius, 1915k, PP. 41-42.

2 Muthesius, 1904o, P. 14.

3 参见 Muthesius, 1904o, P. 37.

样一个问题，他事实上是在对民族文化的主体做重新定位。他说道：不仅仅艺术家、生产者，也包括消费者、使用者，都要对民族的文化和艺术水平担负起责任。

文化艺术是一个民族或一个社会真实生活的写照，它的内容一方面被历史学所定义，另一方面被社会学所定义。如果说前者的定义更多体现为外在真实性，那么后者的定义更多体现为内在真实性。这两种真实性结合起来，在一个民族的"全部生活表达"中体现出来，就会形成具有强烈识别性的"文化图像"（Kulturbild）[4]。这种"文化图像"能让这个民族每一个人产生"我们的感觉"（Wir–Gefühle），进而产生"我们的身份识别"（Wir-Identität），即对本民族的身份形成共识。

在"纪念辛克尔讲话"中，穆特休斯将代表了日耳曼民族身份识别的浪漫主义表述为"德意志情感的抵抗"（Aufbäumen der deutschen Empfindung）[5]，以之抗衡泛世界化的古典主义。他将浪漫主义中的新哥特式等同于"日耳曼民族艺术"或"祖国的艺术"（vaterländische Kunst）[6]。在他表述中，"祖国"不单是指普鲁士或德国，而是泛指同属日耳曼语系的欧洲北方国家。[7] 他还指出，从浪漫主义开始，"真正的北方特质再次浮现了出来"，[8] 至此以后，浪漫主义便得以与古典主义一起在日耳曼民族的文化土壤中共生。[9]

在穆特休斯看来，浪漫主义寄托着一种北方特有的精神，是"北方观念"（nordische Anschauungen）在艺术上的体现，这是一种由日耳曼民族

4　参见 Muthesius, 1902q, P. 12.

5　Muthesius, 1900y, P. 15.

6　Muthesius, 1900y, P. 15.

7　参见 Muthesius, 1902q, P. 65. 主要是指今天的德国、奥地利、瑞士、英国、荷兰、比利时、卢森堡。

8　Muthesius, 1902q, P. 27.

9　柏林的中轴线菩提树下大道两边同为辛克尔设计的两栋标志性建筑（建造时间也几乎一致）：古典主义的原新博物馆（Neues Musuem, 即今天老博物馆 Altes Museum, 建造时间为 1823－1830 年）和新哥特式的弗里德里希韦尔德教堂（Friedrichswerdersche Kirche, 今辛克尔博物馆，建造时间为 1824－1831 年）就是这种"共生"的体现。辛克尔的艺术作品在很大程度上融和了浪漫主义和古典主义。

文化的本源性引发的特殊的艺术形态。如果说古典主义是普遍性的艺术，
具有普遍有效的形式美，那么浪漫主义就是特殊性的艺术，饱含着明显的
日耳曼民族的特质和情感。由此可以理解，穆特休斯所指的日耳曼民族的
"文化图像"是与那种千百年传承下来不变的、放之四海皆准的、理性的
形式不同，它是依据时代的变化而变化的、有着强烈地域特色的、感性的
形式。而这种适条件变化而变化的特点，正符合了务实主义的原则。

必须指出的是，穆特休斯强调的突出建筑与实用艺术中日耳曼民族的
身份识别与当时德意志帝国官方所支持的"国家或民族艺术"（nationale
Kunst）有着显而易见的差异。用弗德·罗斯的话讲，他选择的"日耳
曼艺术"是一个"更深深地躺仰着的（指更接地气）和更本质的概念框
架"，区别于那种带着强烈政治意识形态的德意志国家或民族艺术。[10] 后
者被穆特休斯批评为只是外在的、表像式的或象征性的国家和民族的东
西，比如德意志文艺复兴风格的市政厅或那种悬挂在政府建筑大厅内的宣
扬爱国主义的历史题材绘画。当然，身为普鲁士政府的官员，穆特休斯对
帝国艺术政治的批判是比较委婉的。

穆特休斯充分借助"日耳曼"这一更为宽泛的民族概念，巧妙地规避
了将英国作为榜样这一可能会伤及德国人民自尊从而引起民众不愿接受的
现实问题，因为昂格鲁—撒克逊人同属日耳曼民族。他这样赞扬英国：

> 在现代的英国世界中，我们看到了一幅建立在日耳曼民族基
> 础之上的文化的完美图像。英国式的观念占领了世界。而日耳曼
> 新文化的另一端，高涨的德意志的力量不可以在这个时候落于旁
> 观者的位置。[11]

但是在纯粹的本国问题上，穆特休斯就有明确的界定，这时候"德意
志"不再等同于"日耳曼"。

早年的穆特休斯非常重视向英国学习。他在英国的工作本身就是为了
让德国能更好地学习其先进的建筑文化和技术。但对于"英国榜样"问
题，他始终是辩证地来看待的。他一方面鼓励德国人学习："没有理由，

---

10 参见 Roth, 2000, P. 86.

11 Muthesius, 1907r, P. 147.

因为英国过去已经做了某事，我们就不可以同样这么做"[12]；另一方面又
提醒德国人：英国的改革模式不应该从形式上去模仿，而应该从方法上来
服务于德国的改革。他在《现代英国建筑艺术》（*Die englische Baukunst der
Gegenwart*）的绪论的结尾部分表达了他的担忧，由于该书附有丰富的图片
资料，可能会让德国读者错误地理解为这是供他们模仿的样板。于是，他
引用歌德的一段话来强调国家和民族的文化独立性：

> 对一个国家和民族有益的事，是源自她自我的核心和她自身
> 的普遍性需求，而不是对其他（国家和民族）的模仿。所有引进
> 国外新事物的尝试，如果不扎根于民族自我最深的核心，都是愚
> 蠢的和不会成功的。[13]

在穆特休斯看来，英国文化包括法国文化既是德国人学习的目标，也
是德国文化的竞争对手，这场竞争涉及的是国家和民族自身价值的问题。
当德国面对这些文化强国时，仅仅依靠模仿或学习不足以与之抗衡。他
因此批评德国"百年之久，意志匮乏地追随着其他民族的品位趣向"，并
且批评德国仿制路易十六时代风格的家具是"躲在别的民族的品位下避
难"。[14]

当然，穆特休斯对文化艺术民族性的观点也会随着德国政治形势的变
化而变化。在 19 世纪和 20 世纪之交时，他的论调还相当节制。那时他的
观察角度更倾向于艺术中体现出来的文化遗传学意义的民族特性和形成民
族艺术的人本主义源头：

> 让我们抓紧在本土生长出来的事物，每个人仅需要跟随着没
> 有受到影响的、他个人的艺术趣向，这样我们很快就会不只拥有
> 一种理性的建筑艺术，还会拥有一种民族的、市民阶层的建筑艺
> 术。艺术中的民族性不需要人为去培养。在教育人成为真正的人
> 的时候，我们就拥有了真正的艺术，这样的艺术在每个人公正地

---

12 Muthesius, 1902q, P. 62.

13 Muthesius, 1900za, P. 36.

14 Muthesius, 1907r, P. 147.

评价中不可能不是民族的。[15]

上面这段话充分反映出穆特休斯在文化艺术的民族性问题上冷静的思考。他相信文化艺术的形态源自最根本的民族性，其发展不受外在的干扰。然而，在 1906 年"第三届德国实用艺术展"之后，他开始有意识地强调国家和民族的身份识别。当然，他所有关于民族身份识别的言论，无论是强调日耳曼的文化艺术，还是强调市民阶层的、现代的文化艺术，都侧面反映了对国家和民族集体表达的强烈诉求。从 1906 年开始，他从对历史主义和青春风格的批判转变为对未来风格的展望，而这种未来风格与国家和民族的身份识别紧密相连。

1906 年 5 月，"第三届德国实用艺术展"在德累斯顿举行。这次展览反映了自新运动开展以来 德国实用艺术的整体发展状况和水平。对此，穆特休斯是一分为二地来看待的。他认为展览只取得了部分成功。尽管不少作品已经摆脱了历史主义和青春风格，已开始接近务实主义，但在更多的展品中，他看到的是艺术家和社会大众对装饰的嗜好和对时髦的盲目追逐。对此，他评论道："在这场实用艺术运动中（产生的作品），根本还算不上是现代风格。如果把这样的作品宣告为现代风格，那就是草率仓促的所为。"[16]

当时的德国社会对本届展览也是"一面谴责诅咒，另一面高声欢呼"。"这种分化的批判"在穆特休斯看来，是因为"每个人都是从个体出发在关注自己最喜欢的事物"，而"每个体仅能对与之趣味相投的事物产生效应"，因此，之所以作品会分化为务实派和装饰派两大阵营，之所以社会大众会分化为两种截然不同的评价立场，原因就在于整个民族"缺乏统一的表达形式"。[17]

从实用艺术创作者的角度，穆特休斯做了如下分析：

> 每个设计者，除了他的思想财富外，还有他的情感生命。如果他愿意，可以将其压制，也可以编织在他的作品中。此外，他还希望他的设计能够讨人喜欢，因此会立即加入所谓的艺术形

---

15 Muthesius, 1902q, P. 62.

16 Muthesius, 1907b, P. 186.

17 Muthesius, 1907r, P. 118.

图 16　古斯曼（Otto Gussmann）："第三届德国实用艺术展"海报，1906 年

式，从而跨越了理智的界限。[18]

穆特休斯显然认为拥有统一的表达形式可以使社会大众的感知和判断一致化。于是，他强调要让务实主义和去装饰化的造型成为新的统一的形式，使之成为社会的共识。当然，要形成这样共识，仅仅将务实主义变成一种创造美学还不够，还要从接纳美学的角度去考虑将其转换为普遍有效的大众审美感知。他指出，借助审美感知创作出来的形式是以人的习惯性和信赖感为依据的，无论什么时代和什么地方，只有习惯的形式才能对人

18　Muthesius, 1907r, P. 116.

的感知产生直接的效应。尽管习惯的形式会因时代的变化而变化，但在当时，它具有主导性。[19] 反过来讲，人们对不习惯的形式往往缺乏信任感。在此，穆特休斯以印度建筑为例来说明其中的道理：当一个德国人站在印度建筑面前时，很有可能根本无法理解其造型。但在印度文化圈中，这样的造型会普遍让人喜爱和受人敬仰。[20] 因此，他指出，新的形式需要有一个习俗化的过程，这样才能与大众的普遍审美感知融为一体。

穆特休斯指出，由于 19 世纪整整一个世纪德国的建筑与实用艺术行业都在模仿表面形式，使得优良传统和习俗都丧失殆尽。因此，德国艺术家必须从头开始，去找到"典型的、具有时代特质的形式"，即使"新形式的出现并不会马上获得认可"。[21] 在他看来，新运动在发展方向上要形成具有德意志身份识别的风格。这种风格应当具备"工程式的构造"，即更多地考虑"材料、合目的性和结构"。它还应当具备"纯粹主义的倾向"，即在形式上倾向于"光滑、完美、干净、紧凑、无装饰、统一的色彩"以及有着"一种积极向上的、结构上的韵律"。[22] 在此基础上，穆特休斯再次展望了属于德意志民族的、统一的时代风格：

> ……尽管今天还表现为个性的差异化，但我们将会实现统一的外在形式。也许会像拥有古老风格的那些时代一样，赋予我们的时代特殊的面貌。[23]
>
> ……严格的统一，就像所有伟大时代都曾有过的统一风格……对此，人们可以抱有希望，在表达上逐渐实现清晰的、能够被认可的统一形式。这一会赋予我们时代面貌的风格，已经在发展中了。[24]

在穆特休斯看来，时代面貌或时代风格现象的发生和发展过程往往具有匿名性，是社会的无意识创造的结果，或产生于时代潮流的推动，它与

---

19 参见 Muthesius, 1907r, P. 117.

20 参见 Muthesius, 1907r, P. 116.

21 Muthesius, 1907r, P. 117.

22 Muthesius, 1907r, P. 120.

23 Muthesius, 1907r, P. 119.

24 Muthesius, 1907r, P. 124.

所有当下的时髦元素和一切世俗流传的形式无关。对此，他说道：

> 将风格从这个时代强行挖掘出来，不是我们的任务。我们应
> 该全心全意地和真诚地去造型，如同我们面对知识和良心所需要
> 承担的责任那样……发现我们的时代拥有怎样的风格，将是未来
> 世界的任务。[25]

与此同时，穆特休斯有意识地强调实用艺术中的民族身份识别，并希望它能够引导具体的造型工作。他在文章中反复使用了"面貌"（Gesicht）一词，这一文化"面相学"（Physiognomie）的概念指的就是能够赋予民族文化高度识别性的时代风格。而当穆特休斯强调"我们的面貌"之时，所表达的已不只是文化史意义的与过去时代的比较，而是与其他国家和民族的竞争。

这一时期，德国知识分子在文化艺术上的竞争意识日益高涨，这自然与德国对外政治局势的不断紧张和民族主义的不断升级有着直接的关联。所谓的文化面相学问题和实用艺术的民族主义化很大程度上是为了增强国家和民族的自信。因此，艺术的民族主义化绝不是穆特休斯的个人观点，许多同时代的知识分子也发表了类似的言论，比如柏林工艺美术博物馆首任馆长、艺术史学家尤里乌斯·莱辛（Julius Lessing）在《实用艺术的工作领域》（*Das Arbeitsgebiet des Kunstgewerbe*）中就说过：

> 如果有人认为我们现在的实用艺术已经有了和法国同样的话
> 语权，那就犯了彻底和致命的错误。我们尽管在这个领域通过集
> 体的手段击败了对手法国，但很遗憾，那只是依靠廉价的劳动
> 力、在造型上最低限度地使用材料，并通过大批量生产构成低价
> （才取得的胜利）……这里所指的真正的竞争，是围绕着工作的
> 优质性展开的……如同政治一样，我们的艺术要获得别人的尊
> 重，需要强制性地提高我们实力。[26]

又比如史学家、艺术评论家阿尔伯特·德累斯顿纳（Albert

---

25 Muthesius, 1907b, P. 186.

26 Lessing, 1888, PP. 308-310.

Dresdner）在《艺术之道》（*Der Weg der Kunst*）中所表达的那种希望德国艺术能够超越法国印象主义的论调：

> 德意志的艺术想要占领一片独立的世界，就必须超越印象主
> 义，如同中世纪德意志的宫廷叙事诗超越法国榜样那样。德意志
> 的艺术必须取得成功，将德意志的精神和德意志的生活联系在一
> 起，使之如水晶般纯净、强大和尊贵，如同德意志的音乐一样。
> 在这层意义上，我们可以将超越印象主义视作一个国家和民族的
> 重大主题。[27]

与 1900 年"纪念辛克尔讲话"中那种委婉的表达方式——"提高德意志的审美品位以加强实用艺术的民族性"[28] 明显不同，穆特休斯在 1906年之后格外强调通过整个民族的共同努力发展出"统一的民族艺术"，进而获得世界的认可，他说道：

> 对我们而言极为重要的是，发展一种统一的民族艺术观。只
> 有这样，我们才能找到民族文化的凭证。就像古老风格赋予古老
> 时代大众文化的面貌一样，只有民族的艺术才能赋予今天的德意
> 志文化的面貌……仅靠一种民族的艺术观就能使我们再次在艺术
> 上获得外界的认可，每一次认可，从经济利益上讲，我们都迫切
> 需要。[29]

穆特休斯对德国实用艺术的对外贸易和经济利益的关注，除了他作为商业部官员本身的职责外，还与他和卡尔·施密特（Karl Schmidt）的长期交流有关。施密特是德累斯顿手工艺联合工场（Dresdner Werkstätte für Handwerkskunst）的创建者，在推动德累斯顿地区的手工艺产品质量的全面提升做出了非常突出的贡献。从 1905 年起，穆特休斯又与政客家弗里德里希·诺伊曼（Fridrich Naumann）建立了私人交往的关系，尽管他俩在很多方面并不投合，但在德国制造的美学扩张理念上却志同道合。他们

---

27 Dresdner, 1904, P. 224.

28 Muthesius, 1900y, P. 36.

29 Muthesius, 1907r, P. 146.

一致认为：德国企业现阶段必须全面提升产品的艺术质量，直至取得最高的水平，同时要让这种新的产品美学对外产生影响力，最终占领世界市场。这一"以质为本的美学扩张"的思想，成为他们共同创建德意志制造联盟最重要的动机。

实用艺术和工业产品在国际商业竞争上的成功在穆特休斯看来，是衡量一个民族文化威望值的尺度。对外贸易的成功，不仅代表了一个国家和民族的经济实力，也是其文化强大的标志。对此，这样描述的：

> 民族间的竞争已从过去在战争中依靠身体的力量，发展成依靠智慧和特质来赢得胜利。在工业领域，未来属于拥有受到最好教育的眼睛和拥有对工作有着最高尚理解的民族。当下的德国，在整个国家范围内，都在寻找生产领域中工作的精致性。只有当产品在技术、艺术和经济的每一种关联上都上升至最高程度的完美，德国才有能力取得世界经济的领先地位。[30]

在接下来的时间里，穆特休斯更加重视德国手工业和工业产品在国际竞争中的地位，确保其成为未来的国际化的形式，于是就有了本小节开头的内容表达。他显然也认识到，对于创造新的形式，仅强调民族文化的发展和提升是不够的，因为新的形式极少能够从遗传学意义的民族性中自我发展出来，在绝大多数情况下，需要依靠创新才能够产生，尤其是需要通过掌握新的技术。于是，穆特休斯再次采取了一种折中的表达方式，即把所有因素联系起来，包括精神和物质、技术与艺术、民族性和国际性等，强调在提高整体的审美品位的基础上要通过掌握新技术来确定德国产品的国际竞争优势，进而确保德意志的风格能够成为国际化风格。对此，他在1914年的《未来制造联盟的工作》（*Die Werkbundarbeit der Zukunft*）中大胆预言道：

> 相比过去的时代，我们所处的时代所有的生活方式都发生了彻底的改变。精神和物质的联系通过国际交流从地域的边界中解脱出来，技术超越了时间和空间的界限，我们的外在生活条件通过闻所未闻的发明而彻底转变。在这样一个时代，艺术也必须要

---

30 Muthesius, 1908g, P. 31.

拥有自己的表达形式。而首先发现这种表达形式的民族，将对整个未来的发展起到主导作用。这个民族将在风格构成上成为领导者，赢得面向世界的胜利。通过将我们的生活国际化，就会使同质化的建构形式遍及整个地球。这种同质化已经体现在我们的套装和我们周边的地表形态上了，今天的人们从北极到南极都穿着同样的（英式）西装和同样的衬衫。面对这种形式的国际化，那些企图拯救民族服装的组织、个别国家和地区的故乡保护措施几乎无能为力。[31]

　　穆特休斯发表上述讲话时已是 1914 年，即"一战"爆发前夕。此时他的论调已走向了民族主义的极端，比如"通过工业和艺术的现代化优势取得德意志文化超越世界的胜利。"[32] 类似的表达显示出他对当时德国的文化实力感到无比的骄傲，对迅速崛起的科技与工业拥有高度的自信，同时也可以看出他明显受到了空前高涨的民族主义和文化对抗的极端意识形态的影响。

　　穆特休斯美学纲领中关于德意志身份识别和国际化的形式的内容，是现代设计思想史中"浪漫民族主义"（romantischer Nationalismus）的代表性观点。所谓"民族的就是世界的"，或是说将一个国家和民族的文化等同于整个世界文化的意识形态的源头就是以费希特（Johann Gottlieb Fichte）为代表的德国浪漫民族主义思想。[33] 早在百年前，费希特就将德意志的存在和人类的存在作了等同化论证。在这种鼓吹德意志民族优越性的意识形态推动下，德意志帝国在 1914 年的战争总动员获得了广大知识分子的盲目支持，对他们而言，这不只是一场德意志帝国对外的军事战争，更是德意志民族对外的文化战争。当然，如果不谈政治意识形态，那么，穆特休斯美学纲领中对民族的形式和国际化的形式之间的思考，事实上也构成了国际现代主义设计思想的源头之一。

31　Muthesius, 1914t, P. 46.

32　Muthesius, 1914t, P. 46.

33　比如费希特在他著名的演说"对德意志民族的讲话"（Reden an die deutsche Nation）中说过"世界因德意志的存在而存在"。这句话后来成为德国殖民政治的口号之一。Fichte, 1807, Bd. 7, P. 259.

四、穆特休斯与德意志制造联盟

Wir wollen nicht ein Kunstgewerbe
im Gegensatz zum gewöhnlichen Gewerbe,
wir wollen eine Veredlung
der gesamten gewerblichen Produktion.

我们需要的不是那种
与通常的手工艺不同的实用艺术，
而是全部制造行业生产的精致化。

——穆特休斯（Hermann Muthesius）

"穆特休斯事件"与德意志制造联盟的创建

> 我们需要的不是那种与通常的手工艺不同的实用艺术，而是
> 全部制造行业生产的精致化。[1]

在 1906 年"第三届德国实用艺术展"举办前夕，穆特休斯在《世界经济》（*Weltwirtschaft*）杂志上发表了《实用艺术》（*Kunstgewerbe*）一文，指出当下的实用艺术运动已经到了该结束的时候，但这并不意味着不再需要继续革新，而是到了该反思的阶段。因为在工业化的时代背景下，实用艺术的革新不应局限于手工艺，而是需要拓展到整个行业，尤其是机器生产的产品领域。对此，他通过本小节开头的文字从战略的高度提出了新运动的下一步目标——"全部制造行业生产的精致化"（Veredelung der gesamten gewerblichen Produktion）。

在穆特休斯的美学纲领中，"精致化"（Veredelung）是又一个重要的概念。这是继"务实性"（Sachlichkeit）、"舒适性"（Komfort）、"（自内而外的）美化 (Verklären)"、"精美化"（Verfeinern）之后对实用艺术提出的更高要求。如果说"务实性"是最基本的要求，那么"舒适性"是满足了基本需求后在实用功能上的提升，而"（自内而外的）美化"和"精美化"就是美学意义上的递进式发展，最后的"精致化"则是从技术到审美对产品的高品质和高附加值的终极追求。因此，从"精美化"到"精致化"是以质为本的美学扩张的关键步骤。这也是为什么"制造行业工作的精致化"（Veredelung der gewerblichen Arbeit）会成为早期制造联盟工作目标的主要原因。

对于"第三届德国实用艺术展"，穆特休斯有着非常独到的观点。在他看来，如果不强调工业批量化生产的大势所趋，那么本次展览的展品无论在审美上还是在工艺质量上都不能说不好。但问题就在于大多数展品仍然没有摆脱手工制作的方式，既不可能形成规模化生产，也不可能获得大批量订单。而这种建立在艺术家个人喜好基础上制作出来的产品，往往不

---

1 Muthesius, 1906b, P. 325.　　译注：原文的 gesamte gewerbliche Produktion 指包括手工业和工业在内的"全部行业工作的生产制造"，这里翻译为"制造行业的生产"（更符合穆特休斯强调工业批量化生产的本意）。

会成为大众化的畅销商品。因此，他认为艺术家、企业家、政治家包括整个社会都需要进行反思。也就是说，要扩大新运动的成果，需要将革新精神和艺术的跨界力量从手工业转换到工业生产中去。但摆在面前的问题是，如何在艺术与工业之间建立一种有组织的联系？[2] 对此，穆特休斯指出，艺术家在从事手工艺创作时和工业生产所面对的问题在本质上是相同的，两者在过去那种各行其道、毫不相干的状况本不应该。[3] 也就是说，只有打破艺术和工业的界限，只有让艺术家和工业企业协同工作，整个制造行业才有可能实现精致化。[4] 以此为目标，穆特休斯在"等待着一个正确的时间点，将原本漫无目的前行的新运动引向一条崭新的轨道"。[5]

穆特休斯等待的那个时间点很快就随着德意志制造联盟（Deutscher Werkbund）的创建而到来。促成联盟成立的主要原因是一个以他的名字命名的事件——"穆特休斯事件"（Der Fall Muthesius），而该事件的导火线是他在柏林商学院的一场演讲。

1907 年初，为了进一步推进实用艺术的教育改革，当时已是商业部枢密大臣的穆特休斯亲自担任了刚刚成立的柏林商学院（Handelshochschule Berlin）的首位教师之职。在开学典礼上，他作了《实用艺术的意义》（*Die Bedeutung des Kunstgewerbes*）的演讲。[6] 该演讲从内容上大致分四个部分。第一部分，联系不久前刚结束的"第三届德国实用艺术展"，他肯定了当前德国实用艺术所取得的进步，比如很多艺术家对材料的本质属性已经有了更多的理解，对结构也有了更多的考虑，尤其是他们已经充分意识到了历史主义风格问题，开始从装饰的歧途中走了出来；第二部分，穆特休斯直指德国实用艺术的落后现状，并阐述了实用艺术改革所面临的种种问题和阻碍，比如广大民众被那些用机器大量生产出来的伪"奢侈品"误导而不辨是非；第三部分，主要讨论实用艺术改革的目的，希望当下的社会能够找回过去的"和谐文化"时代的特质。对此，生产者和企业家需要充分认识到他们对民族文化所承担的责任和义务。如果他们能觉悟到生产仿造的、质次价廉和品位低下的所谓"时髦"产品会对社会文化造成污

---

2 参见 Muthesius, 1907o, P. 320, 1907r, P. 127.

3 参见 Muthesius, 1907o, P. 315.

4 参见 Muthesius, 1908f, P. 120.

5 Hubrich, 1980, P. 166.

6 Muthesius, 1907b.

染，那么他们也许会放弃过去那种一味贪图利益的行为而走上正途。穆特休斯特别指出，实用艺术改革的目的是创造"德意志家园"（Deutsche Heimstätte），在那里生活的居民，性格纯真而简单。而"德意志家园"不单只是建筑问题，更是室内空间的问题。在他看来，室内陈设和家具是实用艺术改革最后的阵地，最终会影响所有的艺术门类。在演讲的最后部分中，穆特休斯表达了对未来德国制造的期望。尽管许多企业家和商人对实用艺术改革的成果——新设计或新产品的市场流通性表示怀疑，但他相信，那些追求质量理念的企业在与保守派的竞争中将获得优势，德累斯顿手工艺联合工场的成功经验就是一个良好的开端。在他看来，工业企业停止生产低值产品，不但会从道德上获得社会的认可，从经济上也会获得良好的收益，同时还会帮助德国改善国外市场的声誉。与其白费心机地去迎合国外市场的品位和习惯，宁可将德国制造向正确的方向上去推进。只有这样，德国制造才终有一天会引领世界。[7]

该演讲随后在《装饰艺术》（Dekorative Kunst）杂志上发表，引起了德国行业协会——"实用艺术行业经济利益协会"（Wirtschaftlicher Interessenverband des Kunstgewerbes）的强烈不满，将其定性为"穆特休斯事件"。1907年3月，该协会向普鲁士商业部部长冯·德尔布吕克（Clemens von Delbrück）和政府商会（Handelskammer）同时提出抗议，谴责穆特休斯诋毁德国制造和侮辱了整个行业，要求官方"禁止他对高校学生作这样的演说"。[8] 该协会的名称"经济利益"，很大程度上已经说明了反对穆特休斯言论的原因。这一点，穆特休斯在演讲中也予以指明：

> 实用艺术运动产生自这个时代的精神生活和来自内在的迫切性……而反对者的抗议纯粹为金钱所驱动。[9]

事实上，实用艺术行业经济利益协会所代表的就是实用艺术改革所面对的最大阻力。

行业协会内部对"穆特休斯事件"也存在着巨大的意见分歧。1907

---

7 参见 Campbell, 1981, PP. 20-21.

8 Bruckmann 1932, in: Die Neue Sammlung, Staatliches Museum für angewandte Kunst (Hg.), 1975, P. 26.

9 Muthesius, 1907b, P. 184.

年 6 月，在杜塞尔多夫召开的行业协会大会上，穆特休斯的反对者和支持者之间发生了激烈的冲突。占该协会绝大多数席位的反对者"诅咒穆特休斯为害虫，是德意志艺术的敌人"。[10] 而支持者主要有彼得·布鲁克曼（Peter Bruckmann）、沃尔夫·多恩（Wolf Dohrn）和约瑟夫·奥古斯都·卢克斯（Joseph August Lux）。根据彼得·布鲁克曼的回忆，他们是"当时维护穆特休斯并同样从内心相信艺术可以促进工业"[11] 的少数派企业家代表。布鲁克曼在大会发言中慷慨陈词：

> 如果行业协会想逼迫穆特休斯先生改变他的立场，那就如同是用箭去射太阳。不，我不是说穆特休斯先生是太阳。太阳是指年轻的、现代的实用艺术，它不满足于时髦，而是想成为文化工作的一部分。[12]

沃尔夫·多恩更是言辞激烈：

> 行业协会（针对穆特休斯）的策略错得离谱……新运动是被民族精神所引领和支持的，这种抗议让协会丧尽了荣誉。[13]

多恩当场代表德累斯顿手工艺联合工场宣布退出该协会，并对与会成员预言一个新的行业协会的诞生：

> 你们将会看到，现代化的推进会诞生另一个实用艺术的行业代言者，它会更好和更有用地服务你们，更好和更有尊严地代表你们。[14]

---

10 Bruckmann 1932, in: Die Neue Sammlung, Staatliches Museum für angewandte Kunst (Hg.), 1975, P. 26.

11 Bruckmann, 1914, P. 9.

12 Bruckmann 1932, in: Die Neue Sammlung, Staatliches Museum für angewandte Kunst (Hg.), 1975, P. 26.

13 Bruckmann 1932, in: Die Neue Sammlung, Staatliches Museum für angewandte Kunst (Hg.), 1975, P. 26.

14 Bruckmann 1932, in: Die Neue Sammlung, Staatliches Museum für angewandte Kunst (Hg.), 1975, P. 27.

约瑟夫·奥古斯都·卢克斯也指责行业协会反对穆特休斯的立场表明其在保护德国实用艺术行业的利益上没有作为。为此，他代表慕尼黑卡尔·拜尔齐公司（Karl Bertsch）和宁芬堡皇家手工工场（Königliche Manufaktur Nymphenburg）退出该协会。他最后说道：

> 公众会判断什么是落后的趋势。在这个会议厅中，我们和我们的价值（观）不会被评判，只在实践中才会被指出（对错），在那里，我们会再见的，而且不断会有可能再见。[15]

布鲁克曼接下去回忆道："在巨大的喧闹声中，多恩博士、约·奥·卢克斯和我退出了大会。"[16] 不久之后，他们很快就开始着手建立制造联盟。[17]

实用艺术行业经济利益协会对穆特休斯的抗议，使得一批受他影响或与他理念相近的、有志于改革德国实用艺术的有识之士有了建立属于自己联盟的想法。除了布鲁克曼、多恩和奥卢克斯，还有卡尔·施密特（Karl Schmidt），他高度认同穆特休斯的观点，并率领整个德累斯顿手工艺联合工场支持穆特休斯。早在1903年，施密特就曾写信给穆特休斯，称其《风格建筑和建筑艺术》是该领域"第一部和最好的一部著作"。同时他也提出了自己的意见，认为书中缺少了对质量问题的思考，他希望就这些问题与穆特休斯进行交流。[18] 前面也提到过，正是在与卡尔·施密特以及弗里德里希·诺伊曼（Friedrich Naumann）等社会精英的沟通过程中，穆特休斯才逐步形成了"制造行业工作精致化"的思想。

其实在一年前举行的"第三届德国实用艺术展"期间，穆特休斯就已经和卡尔·施密特、沃尔夫·多恩、雅克布·尤里乌斯·夏尔福格尔（Jakob Julius Scharvogel）一起讨论过建立一个新的联盟的可能性。他在《实用艺术的意义》中也指出，为了实现"和谐文化"，要联合社会精

15 Bruckmann 1932, in: Die Neue Sammlung, Staatliches Museum für angewandte Kunst (Hg.), 1975, P. 27.

16 Bruckmann 1932, in: Die Neue Sammlung, Staatliches Museum für angewandte Kunst (Hg.), 1975, P. 27.

17 彼得·布鲁克曼餐具工厂后成为制造联盟的十二家创建企业之一。彼得·布鲁克曼本人于1909－1919年和1926－1932年，长达16年之久担任了制造联盟的第一主席。

18 参见 Thiekötter in: Werkbundarchiv (Hg.), 1990, P. 24.

英，组成强而有力的团体。从"穆特休斯事件"的结果来看，似乎从各个方面都没有对他形成负面作用。尽管实用艺术行业经济利益协会把状告到了商业部，也没有动摇他的政治地位。在 1908 年 2 月的第 23 届帝国国会的协商会议上，商业部部长冯·德尔布吕克公开表达了对穆特休斯的支持：

> 穆特休斯先生是我高度重视的同事，他对他所承担的工作是用兴趣、热情和专业去完成的，我可不愿意缺少了他。靠那些市侩庸人不可能提升实用艺术的高度。[19]

可以说，正是在与以行业协会为代表的保守派利益集团的冲突中，穆特休斯成就了自己的理想。1907 年 10 月 5 日，一大批志同道合的艺术家、建筑师、手工业和工业企业家、政治家和商人，[20] 聚集在慕尼黑的四季酒店（Hotel Vier Jahreszeiten），他们一边交流思想，一边商讨成立新的联盟的各项具体事宜。会议首先确定了联盟创建者和创建企业的名单：[21]

十二位创建者：

彼得·贝伦斯（Peter Behrens）

特奥多·费舍尔（Theodor Fischer）[22]

约瑟夫·霍夫曼（Josef Hoffmann）

威廉海姆·克莱斯（Wilhelm Kreis）

马科斯·劳格（Max Läuger）

阿德尔伯特·尼梅耶（Adelbert Niemeyer）

约瑟夫·马利亚·欧伯里希（Joseph Maria Olbrich）

---

19 转引自 Hubrich, 1980, P. 277.

20 被邀请出席制造联盟成立大会的共计 293 人，答应前来的有 120 人，正式出席会议的有 109 人。详见德意志制造联盟（北莱茵·西法伦州）官网：www.deutscherwerkbund-nw.de/index.php?id=186

21 Junghanns, 1980, P. 140
   在创建者名单外，还有一份成员名单，包括 Hermann Billing, Martin Dülfer, Alfred Grenander, Alfred Messel, Bruno Möhring, Koloman Moser, Hans Poelzig, Julius de Praetere, Paul Troost, Heinrich Tscharmann, Henry van de Velde, Heinrich Vogeler, Wolf Dohrn（制造联盟第一任运营主管）, Georg Kerschensteiner, Harry Graf Kessler, A. Kippenberg, Friedrich Naumann, Walter Riezler, Werner Sombart, Rudolf Bosselt, Fritz Helmuth Ehmke, Wilhelm Thiele, Hugo Kükelhaussen, Bernhard Stadler, Friedrich Deneken, Karl Ernst Osthaus.

22 特奥多·费舍尔是联盟的第一届主席，任期为 1908 - 1909。

布鲁诺·保尔（Bruno Paul）

理查德·里梅施米特（Richard Riemerschmid）

雅克布·尤里乌斯·夏尔福格尔（Jakob Julius Scharvogel）

保尔·舒尔茨—瑙姆布格（Paul Schultze-Naumburg）

弗里兹·舒马赫（Fritz Schumacher）

十二家创建企业：

海尔布鲁恩的布鲁克曼餐具工厂（Besteckfabrik Peter Bruckmann & Söhne, Heilbronn）

德累斯顿手工艺联合工场（Dresdener Werkstätten für Handwerkskunst）

耶纳奥根·迪德里希出版社（Verlag Eugen Diederichs, Jena）

美因河边奥芬巴赫格波尔·克林斯波字体铸造厂（Schriftgießerei Gebr. Klingspor, Offenbach am Main）

卡尔斯鲁厄艺术家联盟印刷厂（Druckerei „Künstlerbund Karlsruhe, 坡谢尔与特莱普特印刷厂 (Poeschel & Trepte Buchdruckerei)

萨莱克手工工场（Saalecker Werkstätten）

慕尼黑艺术与手工艺联合工场（Vereinigte Werkstätten für Kunst und Handwerk, München）

德累斯顿特奥菲·穆勒德意志家具工场（Werkstätten für deutschen Hausrat Theophil Müller, Dresden）

维也纳手工工场（Wiener Werkstätte）

威廉海姆金属工场（Metallwerkstatt Wilhelm & Co.,）

哥特罗伯·温德里希纺织厂（Weberei Gottlob Wunderlich）

　　在这份名单中，没有出现穆特休斯的名字，因为当时商业部为避免他与实用艺术行业经济利益协会之间矛盾的激化而要求他低调行事。于是，他以"生病"为由没有出席制造联盟成立大会。在会议召开前夕，穆特休斯给他非常信赖的朋友、德累斯顿工业大学建筑教授和"第三届德国实用艺术展"的组织者之一弗里兹·舒马赫（Fritz Schumacher）写信，请他代替自己做联盟成立发言。[23]舒马赫欣然接受了委托，他在发言中呼吁，新

23 参见 Junghanns 1982, P. 21.

的联盟要将艺术家的实践和企业家的理想结合在一起，形成一种共同的作用力。他说道：

> 只有让创作者和生产者的力量更为紧密地结合起来和（共同）成长，只有当艺术与民众的工作更为紧密地连接起来，我们的实用艺术才能从根本上走向健康化……[24]

舒马赫还强调，尽管工业化时代之前的民族文化已备受创伤，但工业化和现代化的脚步不可阻挡。新的联盟需要担负起对抗现代性的弊病，比如唯物质主义和理性至上的思想，但同时不能放弃现代性的优点。作为代言人，舒马赫的观点与穆特休斯的美学纲领保持了相当高的一致性。他将实用艺术表述为一种融合了审美、道德和经济的力量。在这种力量的作用下，艺术家和生产者的价值就都会得到提升。只有这样，才能重新赢得"已失去的道德和审美上的和谐"，才能实现"重新获得和谐文化"的目标。[25]

成立大会还制定了制造联盟的工作目标：

> 在艺术、工业和手工业的共同作用下，通过教育和宣传形成一致的观点，使制造行业工作的精致化成为（联盟工作的）针对性问题。[26]

这一工作目标正是在穆特休斯提出的"全部制造行业生产的精致化"或者说以卡尔·施密特和弗里德里希·诺伊曼、穆特休斯等为代表的推动德国制造质量进步的思想基础之上建立的。联系本小节的开头可以理解，"制造行业工作的精致化"即是提升产品质量的一种更为精巧的表述，并且包含了更具普适性的含义——既是指技术质量，也是指艺术质量，这使得无论是艺术家还是工业企业，都能够理解与接受。

该工作目标把制造联盟定位成工业化时代背景下以质为本理念的代言者，德国实用艺术在过去所犯的各种"错误"从此将在工业生产的内部环

---

24 Schumacher, 1908, P. 135.

25 参见 Schumacher, 1908, PP. 135-138.

26 Deutscher Werkbund (Hg.), 1908. 原文为 Veredelung der gewerblichen Arbeit im Zusammenwirken von Kunst, Industrie und Handwerk, durch Erziehung, Propaganda und geschlossene Stellungnahme zu einschlägigen Fragen.

节中去克服。具体地说，制造联盟的工作就是要通过联合艺术家和生产企业，在从设计到生产的全过程中，共同推进质量概念，包括材料的正确性、造型的合目的性、产品的可靠性和使用的持久性等。

　　穆特休斯被后人誉为"德意志制造联盟之父"[27]，尽管联盟的创建不能完全归功于他一人，缔造者名单和创建成员名单中的所有人都起到了或多或少的作用，尤其是政治家弗里德里希·诺伊曼，作为德国国会议员和左翼自由党的创建者[28]，他通过自己的巨大的政治影响力对联盟创建起到的推动作用丝毫不亚于穆特休斯。也正是诺伊曼，为制造联盟"找到了正确的组织形式，首次赋予德国的改革运动一个统一的、民族的框架"。[29]但也不可否认，没有穆特休斯在实用艺术改革问题上多年的理论构建和在社会上的长期宣传，没有他在工艺美术教育改革上所做的广泛的铺垫工作，制造联盟的创建不会如此这般水到渠成。

　　制造联盟的建立让一批和穆特休斯一样有着类似理想的艺术家、建筑师、教育家、手工艺者、工业企业家、政治家和商人在很短的时间内走到了一起。正如布鲁克曼在回忆中所讲的，联盟聚集了"最好的创造者、最好的生产者和最好的商人"。[30]他们的共同之处就在于都有着强烈的革新意愿，都希望开创符合新时代特质的新文化，用更好的物质产品提高德意志民族乃至整个人类的生活品质。

　　制造联盟的成立，标志着德国新运动从原先的艺术家个体或小团体的努力，向有组织、有规模和有巨大社会影响力的行业组织转变。如果说英国的"艺术与手工艺运动"从头至尾都是由少数艺术家，如约翰·拉斯金和威廉·莫里斯等的个人影响力所推动并赢得了历史性的意义，那么制造联盟的成立使德国新运动成为一场具有广泛社会性的运动。此外，如果说前者更注重艺术和美学价值，那么后者更强调文化、经济、政治和社会的价值，因此艺术和美学价值被放到了相对次要的位置，或者说只是在有限的范围内被讨论。[31]尽管包括穆特休斯在内的新运动的主将和联盟缔造者

---

27 Campbell, 1981, P. 17.

28 1918 年重组为德国民主党（Deutsche Demokratische Partei），弗里德里希·诺伊曼任党主席。

29 Campbell, 1981, P. 23.

30 Bruckmann 1932, in: Die Neue Sammlung, Staatliches Museum für angewandte Kunst (Hg.), 1975, P. 33.

31 参见 Hubrich, 1980, P. 166.

们对艺术作为跨界力量的思考从未中断过，但以质为本的务实主义思想却逐渐占据了上风。也正是如此，尽管制造联盟缺少了某种艺术的光环，但是与工业化大生产方式形成了真正意义上的联系，使之从现代文明的发展来看，超越了英国的革新运动。

穆特休斯的"制造联盟理念"——"从沙发靠枕到城市建设"

> 刚开始纯粹的实用艺术运动已经转变成一场普遍性的运动，这场运动以改革我们的整个'表达文化'（Ausdruckskultur）为目的。被点燃的艺术精神，已蔓延到了相邻的领域，它在寻找着革新的舞台……所有的地方今天都出现了新的生活（方式），并且开始推动新的建筑精神。如工程师建筑和工业建筑，如住宅区和城市设施，它们在证明其力量，同时在寻找更为广阔的影响范围。从沙发靠枕到城市建设，标志着过去十五年实用艺术和建筑运动之路。[1]

这是穆特休斯在 1911 年制造联盟第四届年会上的发言《我们立足何处？》（*Wo stehen Wir?*）中的一段话。正如他所说，制造联盟的成立标志着新运动从实用艺术运动转化为一场普遍性的、涉及生活方方面面的文化运动。为进一步推动实用艺术改革，创造新的生活美学，提高民族文化的水平，以穆特休斯、弗里德里希·诺伊曼、弗里兹·舒马赫、特奥多·费舍尔等为代表的知识分子和艺术家，可以说巧妙地利用了当时手工业和工业存在的种种问题，从而促成了制造联盟这样一个在他们看来能够实现社会理想的组织的建立。

从制造联盟的基本规划层面来说，它首先是一个提供各行各业的社会精英交流思想的平台。从 1908 年"慕尼黑首届年会"到 1914 年"科隆大会"，联盟成员之间对文化、艺术、教育、工业生产、商品美学等方方面面的问题展开了讨论。然而，交流平台的形式本身就有局限性，这使得制造联盟更像是一个交流经验或交换意见的地方，而不是一个制订具体计划和落实实际工作的组织。奥根·卡尔克施密特（Eugen Kalkschmidt）撰写的一篇关于联盟第四届年会的报道就指出了这一问题："制造联盟的成员苦恼于其规划的漫无边际。"[2]

从早期联盟的工作内容来看，主要是教育和宣传。之所以如此，是因为绝大多数联盟成员来自教育界，尽管他们同时又是建筑师或艺术家，但

---

1 Muthesius, 1912v, P. 15.

2 Kalkschmidt, 1911, P. 522.

教师是其主要职务。对此，实用艺术行业经济利益协会就提出过强烈的质疑：

> （制造联盟的成员）除了会玩写写文章的把戏，没有一个人
> 有能力剥去外壳去找到（问题的）核心所在或清楚地认识到目
> 标，然后朝着它去努力……我们的政府部门将公众的钱交托给
> 像'制造联盟'这种除了会在报刊上的吹嘘而没有任何实际措施
> 的私人团体，这样的做法正确吗？[3]

　　早期的制造联盟，除了创建之初确定的"制造行业工作精致化"的大方向，就联盟本身的发展而言，并没有明确的目标。从政治角度来观察，这一时期的联盟成员大多带有民族主义的政治倾向，突出的例子是他们会在生产实践中甚至在学校教学中贯彻所谓的"德意志的工作精神"（Durchgeistigung der deutschen Arbeit）。[4] 于是，从产品纹样的选择到建筑方案的决策，他们都会刻意添加一些意识形态的元素。但这样做并没有给制造联盟带来更大的影响力。从经济角度来观察，同样存在着问题。联盟成员中有不少本身就是资本家或来自"大市民阶层"[5]，他们宣称提高工业化产品的质量和附加值，同时提高工人的劳动价值以及他们的个人价值，并希望解决不断加速的工业化带来的各种社会问题，比如改善底层民众的工作和生活，缓解资本家和工人之间的紧张局面，这也是为什么联盟成员普遍支持为普通工人解决居住问题的社区建设项目的原因。但怀疑者却认为制造联盟实际上是被这些资本家在幕后操纵着，其表面光鲜的理念只不过是一个资产阶级社会组织为自己戴的面具。比如君特·波拉（Gunter Pollak）就认为：

> 来自小市民阶层的力量支撑着他们（指制造联盟）的社会改
> 善理念并为其带来资本……而资本家的真正企图隐藏在背后，用
> 此类小市民的意识形态进行着装饰。[6]

---

3 Verband für die wirtschaftlichen Interessen des Kunstgewerbes (Hg.), 1915, P. 10.

4 Deutscher Werkbund (Hg.), 1911.

5 指贵族出身和富裕阶层。

6 Pollak, 1971, PP. 46-47.

　　1908 年 7 月，制造联盟在慕尼黑举办了第一届年会。在会议上，联盟成员间关于艺术、风格、美学和社会责任之类话题远多于关于工业生产或制造行业的讨论。现实的状况也是如此，当时绝大多数的德国企业除了产品的表面化装饰，对艺术质量的重要性还没有正确的认识，甚至他们把艺术家完全排除在企业之外。联盟成员的企业家代表、德尔蒙霍斯特油毡工厂厂长古斯塔法·格里克（Gustav Gericke）在会议发言中提道："某些工业分支根本不需要或只是偶尔需要艺术家的帮助，比如麻纺织厂或钢铁工业领域。"[7] 他还一语道破了制造联盟与工商业的实际状况之间的距离："整个工厂系统无法轻而易举就能转变，对此，工厂设施和生产量都过大，而消费者和中间商对于优质产品的理解又过弱。"[8]

　　上述状况从 1909 年开始逐渐得到改善。随着一批新的工业企业的加入，联盟结构开始发生变化，[9] 尤其是联盟重要成员彼得·贝伦斯与柏林通用电气公司（AEG）的合作获得了初步成功之后，艺术家和工业企业之间的联系便逐渐多了起来。1913 年出版的制造联盟年鉴《工业和商业中的艺术》（Die Kunst in Industrie und Handel）就提到了这种良好的合作态势："企业在寻找艺术家力量加入其部门，艺术家也在寻找相关的企业。"[10]

　　与此同时，制造联盟陆续推出了一批出版物，包括 1908 年的《在艺术、工业和手工业共同影响下的制造行业工作的精致化》（Veredelung der gewerblichen Arbeit im Zusammenwirken von Kunst, Industrie und Handwerk），1910 年的《制造行业材料学》第一卷（Gewerbliche Materialkunde Bd. 1），1912 年的《制造行业材料学》第二卷（Gewerbliche Materialkunde Bd. 2）等。此外，从 1912 年开始，联盟每年出版一部年鉴 [图 17]，并组织公开展览，其社会影响力得以逐渐扩大。

　　从前面提到的一些问题以及最初的几届年会上联盟重要成员的发言中可以发现，早期的制造联盟就像是一个由各种意图构成的混合体。联盟成员对于联盟工作的诠释和理解往往显得过于个人化，以至于无法形成一致的力量。只有极少数成员真正能够提出一些具有建设性和前瞻性的意见，穆特休斯就是这少数者中的代表。

7　Deutscher Werkbund (Hg.), 1908, P. 21.

8　Deutscher Werkbund (Hg.), 1908, P. 23.

9　参见 Pollak, 1971, P.46.

10　Deutscher Werkbund (Hg.), 1913, P. 100.

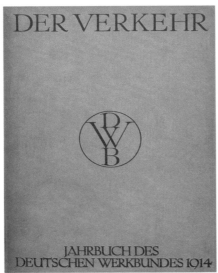

图 17　《德意志制造联盟年鉴》1912-1915 年

　　虽然穆特休斯没有出席制造联盟的成立大会，但他从一开始就积极参与到联盟的工作中。他对联盟的作用和影响是多方面的。对于其他成员而言，他既是英国"艺术与手工艺运动"和英国现代建筑的代言人，又是德国实用艺术运动、艺术教育运动以及田园城市运动的主导者。同时，他又是商业部官员，主持着普鲁士工艺美术学校的教学改革。尽管穆特休斯在后来历届联盟年会上的发言中没有提出新的理论，大部分内容都是他早期思想的提取或是换一种方式的表达，但不可否认，他的美学纲领通过不断地强调，逐渐在联盟内部形成了一些共识，或至少为联盟提供了发展方向上选择和参考。

　　在 1908 年的慕尼黑第一届年会上，穆特休斯针对许多联盟成员提出的"以手工生产对抗机器生产"（Handwerk contra Maschinenherstellung）的观点，呼吁人们不要把实用艺术运动的目标当成制造联盟的目标，而是要"超越手工艺"。[11] 由于这些艺术家们普遍受到了拉斯金和莫里斯的影响，因此希望为联盟的工作也烙上类似"艺术与手工艺运动"的印记。他们的普遍观点是，机器生产是导致传统手工艺衰落的罪魁祸首，因此，只有复兴手工艺，才能对抗工业化和消除机器生产对传统文化的伤害。对此，珀塞纳分析道：

　　　　回归？回或不回：因为（艺术家）反对工业，反对富有的市民阶级，反对与工业企业缔结联盟的冒失结果，反对折衷主义和反对工业资本主义。[12]

　　然而，这种无视社会发展趋势的反工业化立场正是穆特休斯最大的担忧。尽管他是拉斯金、莫里斯思想在德国的主要传播者，但自始至终对此保持着批判的态度。他在慕尼黑年会上的发言重复了六年前在《艺术和机器》（*Kunst und Maschine*）中就已经提出的观点：拉斯金和莫里斯反对机器生产的立场是错误的，因为它的前提就是错误的，即将机器的用途放在了廉价地复制手工艺形式上。机器本身没有错，只是被人为地错误使用了。如果人们仅仅只是要求机器给出符合其特性的适当的形式，那么就会从机

11　Deutscher Werkbund (Hg.), 1908, P. 39.

12　Posener in: Deutscher Werkbund Nordrhein-Westfalen (Hg.), 1974, P. 23.

器那里获得美学上无可争辩的产品。[13]

为了实现改革实用艺术的理想，穆特休斯对制造联盟寄托了很大的希望。他在 1914 年发表的《德意志制造联盟的愿景》（*Was will der Deutsche Werkbund*）中提到，联盟"联合了新实用艺术和新建筑运动的力量，宣传了驱动这场运动的理念，启动了由这些理念引发的工作程序。"[14] 这段话精确地阐述了制造联盟的社会角色和工作范畴。前面介绍过，联盟的工作目标"制造行业工作精致化"背后承载的实际上就是穆特休斯以质为本的新产品美学的理念，最终的目的是要让德国制造在国际竞争中取得胜利。而要实现这一目的，他认为联盟必须要帮助工业企业"提升艺术和技术的质量"[15]，也就是说，联盟的艺术家要与工业企业达成一种合作关系。只有这样才可能帮助工业企业解决它们的产品从外观审美到内在质量的水平低下问题。此外，他还在《艺术和国民经济》（*Kunst und Volkswirtschaft*）一文中补充道：工业企业在艺术家的帮助下，能够获得多重好处：首先能够提高产品的品质和价值，其次能够提升工人的劳动价值，从而也就能够改善工人的生存状况，进而还可以遏制经济上的浪费，甚至降低剥削。这种合作，无论从经济学还是从社会伦理学的角度去看都有百利而无一害。[16]

穆特休斯理解的制造联盟是一个"由专业人事构成的组织"，其成员有责任"对站在外围的观众进行启蒙，劝导和进行质量概念的教育"。[17] 作为一个主管工艺美术教育改革的政府官员，他对联盟所承担的教育意义的理解明显高于大多数联盟成员。在他看来，新生活拓展和新文化普及需要在工业化大生产的支持下才可能实现。但是，如果得不到市场认可和消费者的支持，那么所有的新设计和新产品都没有意义。而对于工业企业来说，先要将消费意愿提升到能够把控的程度，才值得为之生产相应的新产品。穆特休斯指出，只有"公共的艺术理解力"（öffentliche Kunstsinn）[18]，才能有效地连接生产者和消费者。而要让社会大众获得真正的理解力，必须要采取教育的手段。他进而认为，面向社会大众的艺术

13 参见 Muthesius, 1908k, P. 40, 1902i, P. 144.

14 Muthesius, 1914r, P. 969.

15 Muthesius, 1908j, P. 297.

16 参见 Muthesius, 1908f, P. 115.

17 Muthesius, 1908l, P. 144.

18 Muthesius, 1908f, P. 120.

教育并不是去教他们某种手工技艺或是去恢复民间手工艺传统，而是要教育和引导他们与时俱进地去接受这个时代的物质形式，去理解机器生产的产品的形式感和材质感，即前一章节介绍过的"机器美学"和"新技术风格"，从而逐步去除根深蒂固的旧习俗的影响。如果这种普及性的艺术教育做好了，那么"消费者的需求就会有质的提升"。[19]

　　基于以上观点，穆特休斯为制造联盟确立了三个方面的工作任务：1）建立新的"商品学启蒙"（Warenkundliche Aufklärung）；2）推广新的实用艺术理念；3）创造新的德意志文化。[20] 其中，前两项任务实际上是一体的，而商品学启蒙作为连接生产者和消费者的环节，其重要性尤其突出。对此，穆特休斯在《协作的制造联盟工作》（*Werkbundarbeit der Handlungsgehilfen*）中解释道："启蒙"意味着既要对社会大众进行"专业化地引导"，又要对生产方和销售方从"不同的商品价格和质量层级"的角度进行教育，从而让他们在采购和销售商品时能够"远劣而近优"。[21] 对于创造新的德意志文化，穆特休斯认为工业企业不应该像过去那样习惯于"用时髦的换季新品进行投机"[22]，而应该曾担起责任和义务，致力于民族文化的建设。只有让德意志文化获得更高的国际声望，德国企业才能通过对外贸易持久地获得盈利。对此，他把英国和法国视作德国的榜样并指出，正因为这两个国家的工业企业长期致力于提高自身的文化塑造，所以直到今天还能从"国际市场获取丰厚的'养老金'"。[23]

　　在 1911 年德累斯顿召开的联盟第四届年会上，穆特休斯作了《我们立足何处？》（*Wo stehen Wir?*）的重要发言。就如标题所示，该发言是为了帮助制造联盟寻找立足点和明确工作目标。从整体上看，其内容由"形式的意义"和"整体化建筑"两个主题构成。[24] 在关于形式的主题中，穆特休斯有意识地强调"形式"，以替代"风格"或"造型"之类倾向于艺

19　Muthesius, 1908k, P. 46.

20　参见 Roth 2001, P. 203.

21　Muthesius, 1916b, P. 98.

22　Muthesius, 1908j, P. 297.Muthesius, 1907t, P. 57.

23　Muthesius, 1908l, P. 52.

24　Muthesius, 1912v, PP. 11-19.
　　该发言后在《建筑环顾》（Architektonische Rundschau）杂志中发表，标题为"建筑的形式感对我们这个时代文化的意义"（Die Bedeutung des architektonischen Formgefühls für die Kultur unserer Zeit) Muthesius, 1911n, PP. 121-125.

术表现的概念，并呼吁人们"对形式重新理解"。[25] 在他看来，"形式不是通过计算确定的，不是符合目的就能满足的，也与理解无关。"[26] 形式需要满足建筑和产品的全部任务，必须至少考虑结构、材料、目的、工具等因素，此外，还需要依托于超越物质层面的精神力量。在此，他超越了造型的评判标准去强调"精神"的作用，体现了他作为新运动的理念建构者唯心主义的一面。当然，在制订联盟工作目标时，穆特休斯表现出来的是高度的理性。他认为，联盟工作的主要对象是工业企业，要给予工业企业明确的造型发展指导。同时，联盟要巩固新的产品文化，将其转化为一种新的传统。他之所强调"传统化"的重要性，是因为人们对事物的接受度，往往取决于自身的经验和习惯，任何形式上的东西如果不能变成某种传统，就无法引起社会大众的普遍的兴趣，同样也无法获得国际的认可。

作为发言的第二个主题，穆特休斯通过本小节开头的那段话，提出了"从沙发靠枕到城市建设"（Vom Sofakissen zum Städtebau）这一著名的"制造联盟理念"（Werkbund-Idee）。这句话从字面含义上有一种双关性，一方面表达了实用艺术运动从小到大的发展趋势——从家具到建筑、从手工艺到城市建设；另一方面体现了一种基于"和谐文化"或文化统一论的大设计理想。早在 1908 年的慕尼黑年会上，他就已为此做好了理论铺垫：

> 我们今天不再是站在实用艺术运动的面前，而是要重新塑造我们整个人类的表达形式，因为我们的全部可视化创造隶属于一个统一的观察角度。我们要付诸努力的是，对所有需要人来设计的事物，有节奏地、和谐地去设计。我们由实用艺术运动而来，当下已进入到了另一场运动，它需要我们用最高和最普适性的词汇——"建筑运动"来命名。[27]

可以说，"从沙发靠枕到城市建设"是穆特休斯"整体化建筑理念"（Architektonische Gesamtidee）的一种形象化的表述。所谓"整体化建筑"，是指把所有相关事物看作建筑的整体表达的部分。这一理念最早起

---

25 Muthesius, 1912v, P. 19.

26 Muthesius, 1912v, P. 12.

27 Muthesius, 1908l, P. 42.

源于中世纪的"建筑行会"（Bauhütte）组织——为建造哥特式教堂，建筑行会会将所有艺术门类，包括雕塑、绘画和各种手工艺都在建筑的大框架下统一在一起。随着19世纪的英国新哥特式风格建筑的崛起，这一理念遂成为"艺术与手工艺运动"思想的组成部分。在德国，整体化建筑理念通过文化政治组织"丢勒联盟"（Dürerbund）[28]和以《艺术卫士》（Der Kunstwart）[29]杂志为中心的知识分子圈内转化成为德意志的"整体艺术"（Gesamtkunstwerk）。其实早在1908年慕尼黑年会上，穆特休斯就已将制造联盟定义为一个"超越实用艺术的组织"和实现"整体化建筑理念的组织"，[30]并与两个美学目标联系在了一起：其一，所有的生活空间和日常用品都需要经过整体和彻底地设计——既不接受未经设计的事物，也不接受仅考虑外在审美的设计；其二，强调所有事物在风格或形式上的整体关联性。[31]

穆特休斯构想的"整体化建筑理念"即是要对生活中的每一个空间——小到家居产品大到城市环境——都进行设计与再设计，使其形成风格上的统一，并与工业化时代的特质或者说现代精神相符合。当然，这一思想从今天来看显然过于理想化，甚至可以说是反功能主义，因为它并不是建立在建筑或产品的必要功能基础之上，而是出于文化统一的考虑。实际上工业制造的特质决定了产品之间必须在形式上形成某种统一，或者说必需建立某种标准化体系，穆特休斯本来无须用风格的统一来表述其关联性，而他这么做的真正目的是为了将原本格格不入的现代工业和民族文化融和在一起。

对此，弗德·罗斯指出：

> 穆特休斯的雄心从来不是个案式的个人成就，而是在统一性

---

28 丢勒联盟是一个以德国文艺复兴画家丢勒之名命名的、在德语文化圈有着领袖地位的、主张革新的文化政治联盟，1902年由出版商和作家斐迪南·阿弗纳留斯（Ferdinand Avenarius）和艺术史学家保尔·舒曼（Paul Schumann）成立于德累斯顿。该联盟后来和德意志制造联盟以及家园保护联盟有着紧密的联系，其目的是对民众进行审美教育以及对传统文化的保护。联盟于1935年解散。

29 《艺术卫士》杂志是德国生活改革运动的重要媒体之一。该杂志的主要内容涉及诗歌、喜剧、音乐、造型艺术和实用艺术。1887年至1894年由德累斯顿艺术卫士出版社发行，1894年至1937年由慕尼黑的卡尔维出版社发行。该杂志和丢勒联盟意志一直保持着紧密地合作关系，在"一战"前对德国的文化教育起到了重要的推动作用。

30 Muthesius, 1908l, P. 43.

31 参见 Roth 2001, P. 205.

中寻找文化的图像。他对文化高度的衡量标准总是包涵了对具体
事物在量的扩大度上的提问。[32]

在穆特休斯看来，制造联盟担负着统一德意志民族"文化
图像"（Kulturbild）[33] 的责任。尽管同时代的"家乡保护运动"
（Heimatschutzbewegung）组织也在推行类似的理念，但本质上却不一
样。因为"家乡保护运动"是站在反对工业化的立场上来谈城市与乡村的
文化建设，而制造联盟的核心理念是顺应工业化的发展。正如穆特休斯
在 1912 年维也纳联盟年会上所讲的：制造联盟之所以超越了实用艺术运
动，在于它接受了工业化生产和技术化产品的特质。[34]

"从沙发靠枕到城市建设"标志着实用艺术运动开始向"新建筑"
（Das Neue Bauen）运动发展。从整个文化史来看，德国新建筑运动正是
萌发于这一时期的制造联盟，尽管其间被"一战"打断，但它最终在 20
世纪 20 年代，通过斯图加特魏森豪夫居住区（Weißenhofsiedlung）达到其
发展的高峰，并与德绍包豪斯、"新法兰克福"（das Neue Frankfurt）城
市住宅规划项目等一起拉开了现代主义建筑运动的历史帷幕。[35]

---

32 Roth, 2001, P. 197.

33 Muthesius, 1902q, P. 12.

34 参见 Hubrich, 1980, PP. 176-177.
    本届年会穆特休斯的发言没有正式发表。发言内容主要围绕着田园城市。他提出的
    六条指导性意见从内容上看没有新的，尤其是在德国田园城市运动组织已经面向公
    众做了充分的工作前提下。此外，他发言的重点依然是联盟与工业企业的联系，即
    强调田园城市的建设必须和新时代的工业大生产方式结合起来。

35 参见维基百科词条 "Neues Bauen": de.wikipedia.org/wiki/Neues_Bauen

"型式化"作为"统一文化图像"的手段

在穆特休斯的美学纲领中，"型式化"（Typisierung）是最后的、涵盖内容最广的和最具实践性的一个概念。通过型式化，他把早期制造联盟所需要面对的各种问题，包括如何实现"制造行业工作的精致化"，如何让批量生产的产品达到普遍的审美水平，如何让德国产品在对外贸易中获取最大的商业利益，乃至如何通过建筑和产品的形式表达统一的的德意志民族的"文化图像"和如何"创造新的和谐文化"[1]，用一个"答案"做出了回答。

在穆特休斯看来，型式化作为手段，首先可以让建筑和工业产品的"品位"（Geschmack）达到一个普遍性的高度。也就是说，通过艺术家设计的型式，可以确保批量化生产的产品的造型质量；其次，可以有效地约束艺术家的个性化表达，从而遏制造型中的不确定因素；其三，不同于时髦商品的变化特性，型式具有稳定性以及可持续开发和进化发展的潜力。对此，弗德·罗斯分析道："这种为了反对（艺术家的）主观的真实性要求和反对（产品）造型上的变化而建立的标准化诉求……笔直地通向了一条新的巩固化的试验之路。"[2]

作为"工业理性主义"（Industrielle Rationalismus）和理想主义美学的结合，型式化在含义上具有一种双关性，它既可指工业企业采用的"型式"（der Typus）——能满足批量化生产的需求和在产品样式上形成统一，又可延伸为美学意义的"典型"（das Typische）。借助这一概念，穆特休斯希望在工业生产的客观条件下，把产品质量上的提升（精致化）与文化上的提升（典型化）结合在一起。

"型式化""型式"和"典型"的词根都是"Typ"，是"类型学"（Typologie）的基本概念。要注意的是，这里说的"类型学"严格区别于自然科学中的"分类学"（Taxonomie），它是研究"人为分类"（künstliche Klassifizierung）的学科。19 世纪末，威廉海姆·狄尔泰（Wilhelm Dilthey）在寻找唯灵论和实证论之间的关系时首先运用了"类型"的概念，将哲学的世界观进行了"类型化"。随后，马克斯·韦伯

1　Muthesius, 1908r, P. 63.

2　Roth, 2001, P. 228.

（Max Weber）和恩斯特·特罗尔奇（Ernst Troeltsch）也在经济史和宗教史的研究中导入了"类型"概念。在他们的理论影响下，这几个词成为了极具时代意义的人文科学概念。[3]

　　艺术科学中的型式概念和务实性一样，同样可以追溯到哥特弗里德·森帕（Gottfried Semper）。森帕提出了"物质风格学"（Materialstillehre）的理论，以此来假设在建筑与实用艺术中建立一套系统和恒定的次序的可能性。他是这样定义"型式"的：

> 　　我们所看到的型式，原本来自确定形式的需要，不过在它们的生产过程中，因物质材料的不同而发生了改变。[4]

　　森帕基于达尔文进化论和浪漫主义本源思想的风格理论将丰富多样的风格现象解释为由少数"源型式"（Urtype）或"源形式"（Urformen）进化而来。借助这一理论，他建议人们有意识地去甄别在历史上最早出现的形式并在创作实践中与之产生联系，通过回归源形式的设计来反对当下艺术家和建筑师任意而为的造型。对于森帕而言，判断建筑和产品是否具有现代性，很重要的根据就在于他是否体现源形式。也就是说，新的造型应该在源形式的基础上随着文化的发展而发展，随着材料和技术的变化而变化。实用艺术和工业生产中的型式化，意味着统一的造型或样式在生产中的系列化运用，然后随着时代的前行、材料和技术的更新而迭代发展。

　　早在 1903 年，德国青春风格的开创者之一赫尔曼·欧伯里斯特（Hermann Obrist）在《造型艺术的新可能》（*Neue Möglichkeien in der bildenden Kunst*）演讲中就已经将型式的解释得非常透彻，同时提出了建立型式化设计试验工场的建议：

> 　　为什么不是我们创造了欧洲的餐具型式，而是从英国来到我们这里？为什么不是我们创造了装饰壁挂的型式，而是从瑞典来

---

3 当时许多学者都在尝试通过"类型"来构成新的理论，如亚斯帕的"灵魂类型"（Seelische Typen）、那德勒德"族源类型"（Stammestypen）、奥拓的"神秘主义类型"（Typen des Mystizismus）、沃林根的"人性类型"（Humanitättzpen）、史班格勒的"文化类型"（Kulturtzpen）、克拉格斯的"性格类型"（Charaktertzpen）等，也包括人类学家提出的"种族类型"（Rassetzpem）。

4 Semper, 1884, P. 282.

到我们这里？为什么不是我们创造了舒适的扶手椅型式，而又是英国带给了我们？因为我们的力量完全是分散的。每家工厂，每家手工场，每个画家都拉着自己的小推车，只是想着追上自己的邻居。现在为什么就不可能在行业中投入一种新的、属于我们的、从方法上不一样的、能够将德意志精神变得更有价值的可能性。您会怎么说？建议您走和我们的电气技术以及和我们的海军所走的同样的路。这条路，即是将知识、认知理论、假设、谨慎、能量、实践见解和自由创造引向真实又不可思议的结果，即建立试验场所——国立的试验工场，对实用艺术中所有主要对象，比如对真正舒适和实用的椅子的不同型式，进行实际应用的尝试，首先针对基本形式，即所谓的制造型式……如此产生的型式将会构成因艺术品位的不同而（需要）个性变化的造型的基础。[5]

在 1906 年“第三届德国实用艺术展”中，展出了一批机器生产的家具和日用品。其设计师、也是制造联盟的缔造者之一布鲁诺·保尔（Bruno Paul）当时就已经在从事型式的开发。从 1907 年开始，彼得·贝伦斯（Peter Behrens）作为德国通用电气公司（AEG）的艺术顾问，其主要工作也是开发各种可批量化生产的型式——从样板化的厂房建筑到不同型号的电风扇。在海勒劳田园城市的住宅设计中，穆特休斯和理查德·里梅施米特（Richard Riemerschmid）同样也在做着型式化的尝试。对此，沃尔夫·多恩（Wolf Dohrn）在 1908 年写的报道《田园城市海勒劳》（*Die Gartenstadt Hellgrau - ein Bericht*）中预言其将成为实用艺术运动的新工作领域：

> ……在经历了过去十年所有不成功的试验之后，实用艺术根据我们新的生活需求在寻求创造一种可应用的型式：花园、住宅和家具将成为一项共同的建筑艺术的任务。[6]

正是在海勒劳田园城市的建设过程中，穆特休斯和里梅施米特等联盟

5 Obrist, 1903, PP. 142-143.

6 Dorhn, 1908, P. 6.

成员借助型式化走出了"整体化建筑"的第一步。而正因为德累斯顿联合工场在海勒劳住宅项目中的投入，使工业制造的型式化理论在实用艺术改革的框架中获得了最初的实践经验。

穆特休斯对型式化的倡议，最早出现在 1908 年初为柏林艺术联合会所作的《建筑的统一：关于建筑艺术、工程师建筑与实用艺术的观察》（*Die Einheit der Architektur. Betrachtungen über Baukunst, Ingenieurbau und Kunstgewerbe*）的演讲中：

> 只有怀着对新的和谐文化的期望，才能对新的建筑有所期望。它不可能无条件地从某个消失的文化形式中诞生出来。正是对此类形式的随意采纳，使我们失去了立场。即便是在今天这样勇猛前行的时代，它也无法通过艺术的独特性来达成。它只可能是小心翼翼的发展结果，需要用爱来维护，在今天的生活基础上建立起新的传统。这不能依靠个人的能力去追求，而是需要整个民族协同工作，通过构建良好的型式。[7]

同年，他在柏林国民经济协会所作的演讲《实用艺术的经济形式》（*Wirtschaftsformen im Kunstgewerbe*）中也谈道："（实用艺术）实验的贯彻不能指望时尚变化，而是要依靠不断优化的、富有艺术价值的型式。"[8]在 1911 年德累斯顿的制造联盟年会上，穆特休斯的发言《我们立足何处？》（*Wo Stehen Wir?*）从反对个性化和对当时一度广泛流行的"印象派"的怀疑立场出发，对建筑的型式化发展再一次提出了要求，他说道：

> 从确切的意义上讲，它（指建筑）包括其他艺术种类今天都被印象派的观点所统治。在绘画中、在文学中、部分也在雕塑中，也许在音乐中，印象派都还是可以理解的……（但）印象派建筑的想法是很可怕的。我们切不能这样去思考。单单建筑中的个性化尝试，就已经让我们感到了惊恐，难道还要以印象派的方式去设计建筑？如果某一种艺术（应该首先）向典型化去努力，那就是建筑。只有这样，它才能找到属于它的完美。只有通过对

7　Muthesius, 1908r, P. 63.

8　Muthesius, 1908g, P. 28.

同一目标全方位地、不断地追随，才能够再次获得那种优越性和不加怀疑的肯定性，那就是让我们所惊叹的过去那种在统一轨道上行进的时代的成就。[9]

从 1908 年开始，穆特休斯便在制造联盟中致力于型式化的推广。在他的影响下，其他联盟成员也从各自的视角对此展开了讨论，比如罗伯特·布劳尔（Robert Breuer），他在《实用艺术》（*Das Kunstgewerbe*）一文中，表达了型式化的必要性：

> 只有当人们知足于不要求更多的别的什么，懂得作为一个物品只是为了它特殊的目的而存在，在它的各种关联中有意义地、好好地去造型，那么，其发展就进入了型式化的航道。型式概念将变成一种力量，用不可抗拒的威严战胜所有的任意而为……从最终的意义上讲，就是要超越实用艺术，致力于新的产品造型、机器（生产）和（为）大型企业（服务），以赢得古老的生产形式——手工艺繁荣时代的、神圣传统下才有的保障和优质。[10]

其他联盟重要成员如汉斯·珀尔茨希（Hans Poelzig）在同时期也提出了"通过构建型式化的外观……坚定不移地开发可拓展的结构"[11]，以对抗历史流传下来的符号化的造型和反对个性化与随意性的设计；彼得·贝伦斯（Peter Behrens）则认为，型式是当下"从普遍性的艺术到城市建设的目标"，并认为新时代建筑的三大特质就是"节奏、比例和型式"[12]；格罗皮乌斯也认为，型式是新技术和新建筑条件下的产物，是这个时代的"最终表达形式"（endgültige Ausdrucksformen）[13]；威廉海姆·奥斯瓦尔德（*Wilhelm Ostwald*）则认为，型式化在很大程度上就是"标准化"（Normierung），而建立"标准"（Normen）是"唯一通向文化的道

---

9 Muthesius, 1912v, P. 24.

10 Breuer, 1908, P. 203.

11 Deutscher Werkbund (Hg.), 1908, P. 26.

12 Deutscher Werkbund (Hg.), 1914, P. 4.

13 Deutscher Werkbund (Hg.), 1914, P. 30.

路"。[14] 他定义的标准所包含的内容非常宽泛，不只是某种工业标准，还包括了"一致性的惯例"（Übereinstimmende Konventionen）。[15]

　　穆特休斯对型式与型式化的阐述，在 1914 年科隆举行的制造联盟第七届年会上他所作的报告《未来制造联盟的工作》（Die Werkbundarbeit der Zukunft）中最为详尽。另外，这篇报告也最能体现他对联盟工作的深思熟虑。在会议报告前，穆特休斯颁布了制造联盟历史上著名的《十条纲领》（Zehn Leitsätze）[16]，明确将型式化定义为制造联盟未来工作的核心任务：

1）建筑以及整个制造联盟与之相关的工作领域要向型式化推进，只有如此才能重新获得和谐文化时代的普遍性意义。

2）只有通过型式化——将其理解为专注于最有益的结果，才能重新找到通向普遍有效的、有保障的品位的入口。

3）只要还没有达到品位的普遍性高度，德国的实用艺术就别想对他国产生有效的辐射力。

4）只有当我们的产品拥有令人信服的风格表现，才会获得世界的关注。对此，德国（的实用艺术）迄今为止已经打下了基础。

5）当下最重要的任务是对已取得的成绩创造性地去扩大。这关系到（实用艺术）运动最终的成果，而每一次因为模仿导致的退步和堕落，在今天都意味着浪费了宝贵财富。

6）（让我们）怀着信念，使德国的产品不断走向精致化，对于德国而言，这是一个生存问题。德意志制造联盟作为一个艺术家、工业和商业的联盟，要为艺术工业的出口创造良好的先决条件。

7）德国在实用艺术和建筑领域所取得的进步应通过有效的宣传让他国了解到。除了展会外，作为最有可能的手段，建议阶段性地推出出版物。

8）只有做出原则性的限制，让最好的和最具榜样性的展品能够展出，德意志制造联盟的展会才有意义。我们要把在国外举

---

14 Deutscher Werkbund (Hg.), 1914, P. 80.

15 Deutscher Werkbund (Hg.), 1914, P. 85.

16 Muthesius, 1914t, P. 32.

办的实用艺术展看作是国家事务，对此要给予公开支持。

9）要实现出口的可能，强大和有品位保障的大型公司是前提条件。而由艺术家设计出来的个案式的东西连国内的需求都满足不了。

10）在（实用艺术）运动展示了它的成果之后，在国外工作的大型销售和运输公司，应从国家的根本出发，继续加入到新的运动中并有意识地把德国艺术推向世界。

在《十条纲领》中，前四条相对比较重要，重点强调了联盟工作的目的性。在第一条中，穆特休斯用"重新获得和谐文化时代的普遍性意义"作为"创造新的和谐文化"的另一种表述，高度概括了他美学纲领的最终理想，同时，开门见山地强调了型式化是这一目标的有效手段；第二条纲领可以理解为制造联盟的教育目标。通过型式化，可以为工业、手工业企业和社会大众树立"普遍有效的、有保障的品位"参照。"专注于最有益的结果"意味着限制产品造型，强化最必要的部分，排除无意义的形式，从而让企业致力于追求更高的质量。第三和第四条在内容上是一致的，都表达了一种商业实用主义的立场，即通过型式化提高德国产品的品位，以获得对外贸易的主动权，进而让德国制造拥有世界范围的影响力。

通过《十条纲领》，穆特休斯将型式化明确定义为优化产品、统一文化和推动贸易的有效手段，并从整体上构成了一种非常清晰的递进关系：只有通过型式化，德国的产品才有可能形成持续有效的优化机制，从而实现"精致化"；只有实现"全部制造行业工作的精致化"，才能建立起新的、统一的"文化图像"；只有拥有统一的"文化图像"，德国才有可能赢得其他国家的尊重，德国制造最终才有可能成为畅销世界的商品，。

结合穆特休斯工作报告，可以进一步理解型式化及背后的思想。他的报告从内容和结构上看，是《十条纲领》的反推。作为铺垫，或者说为了引导联盟成员去理解工业化时代艺术的价值以及艺术家在制造联盟中合作者的角色，他首先强调了制造联盟的工作目标：

作为艺术家、行业推动者、生产者和商人的联盟，其努力的方向首先是把我们过去15年来已经习惯的目标，即我们所称的艺术，朝着普通化和从实践上去拓展。如果单独只是为了艺术，那么我们当时只需成立一个艺术家联盟就够了，而让那些工厂主待在外面。但是，我们实际上想把艺术应用化，把艺术的目标与工业和商业的目标一致化，从而使艺术、工业和商业的力量在工作中联合起来。[17]

这里提到了"艺术的普通化"，言外之意就是要弱化艺术，或者说在一定程度上让艺术贬值，这是因为穆特开始认识到艺术的"自命不凡"已经变成了当下实用艺术改革道路上阻碍，于是，他指出：

> ……艺术这个词对于我们工作的许多方面而言太过自命不凡，它经常讲的只是品位、优良和得体的形式、体面之类的问题。过去十年的关键词"家庭艺术""街头艺术""橱窗艺术""大学生宿舍艺术""男装艺术"等，几乎没有一个词不和艺术粘连在一起……在过去的时代，当所有的生活承载着充满品位的统一性的印记时，没有人会想起要将艺术一词塞满小市民阶层和商业生活的所有角落。[18]

在穆特休斯看来，从 19 世纪后半叶开始，艺术概念被使用得越来越频繁。这一现象本身就是艺术缺失或者说对审美品位不确定的体现。而在人们对美有着充分把握的时代，根本无须使用艺术一词。他接着说道：

> 当所有的物品都拥有良好的造型，当手工劳动者、购买者和商人都拥有良好的品位，一切都是那么的不言而喻，人们不需要去刻意而为。[19]

通过对艺术概念的历史发展逻辑的重新梳理，穆特休斯尝试着重新定义联盟艺术家当下的使命，使他们从认识上进入到下一个阶段，以另一种形式继续艺术创作，即从数量和广度上鼓励其创造新的文化。在他看来，

---

17 Muthesius, 1914t, P. 36.

18 Muthesius, 1914t, P. 36.

19 Muthesius, 1914t, P. 36.

艺术家不应该仅仅满足于展览，而应该从创造民族文化的高度去从事工作。他甚至认为，艺术家在当下要做一项"清理工作"，要把"在普通德国人住宅内的一切无品位的东西、自以为是的废品、数十年来瞎了眼才积存起来的喜好物清除掉"[20]，只有如此，才能实现新文化的转变。他说道：

> 尽管（实用艺术）运动已经收获了成果……尽管通过艺术家的帮助已经改革了几乎所有行业领域的产品，尽管我们的建筑已经开始蓬勃发展——这些在十年前没有人预料到，但是实践的结果还需要延伸到日常生活中去……新的已经来了，但是老的还未被排除。[21]

在穆特休斯看来，"除旧"是一项教育工作，一方面要面向消费者，另一方面要面向生产者。而要完成这项工作，首先需要新的"实用艺术生产组织"从商业角度出发实现真正的拓展，即不再以成为博物馆藏品为目的，而是以获取商业订单作为其生产的基础。对此，他明确定义了制造联盟工作的下一个步骤：主动接受来自工商业的委托，从增强工业批量生产产能的角度进行造型上的创新。同时，为了加强工业企业必要的主动性，他通过一种民族主义的立场来强调对外贸易和占领世界市场的重要性。也就是说，德国工业要首先达到一个理想的高度，即建立起统一的"文化图像"，只有如此，德意志民族才能确保在世界范围获得认可，而德意志民族的声誉是德国制造成为有利可图的出口商品的保障。[22] 他接着指出：

> 实用艺术运动迄今为止是由艺术家所承载的，这导致了有艺术鉴赏力的观众希望在他们想拥有的每把椅子上都看到艺术家的名字……因为事实上没有艺术家的帮助，今天的好椅子不可能变成这样。但是靠这样一套系统，我们无法继续走下去。这套系统在出口领域首先会失效。[23]

---

20   Muthesius, 1914t, P. 37.

21   Muthesius, 1914t, P. 38.

22   参见 Muthesius, 1914t, P. 39.

23   Muthesius, 1914t, P. 41.

　　穆特休斯在报告中举了一个例子请与会者想象：如果有一份150个房间家具陈设的订单摆在面前，哪一位艺术家或哪一个手工工场有能力在限定的时间内能完成生产？他因此建议联盟成员首先要有"商业思维"，需要考虑"预先存货"，从而改变过去实用艺术那种单件作品订购和销售的习惯性思维方式。[24] 穆特休斯鼓励一种预先的市场策略，要求商人不仅要"研究需求"，还要共同建设商品质量上的"声誉"（Prestige），希望商人"不要被购买者的无品位所动摇"，因为只有肯定自我品位，才能在国际市场上取得成功，才能"把由我们发展出来的方式贯彻下去"，他说道：

> 不管世界认同或不认同这样一种风格，其实都一样，重要的是，它是一种能够烙下印记的方式。[25]

　　在表达了一系列具有商业功利主义色彩的观点之后，穆特休斯给出了他真正想达到的文化目的：实现"从个性到典型的转变"（Überführung aus dem Individualistischen ins Typische）。[26] 在此，他有意识地模糊了"型式"（der Typus）和"典型"（das Typische）的概念，把型式化和"整体文化"（Gesamtkultur）的典型性联系在了一起。在他看来，型式化既是未来商业成功的手段，也是通向"整体文化"之路的重要台阶。他说道：

> 在有效的统一的道路上，（实用艺术）运动从此向前行进……因为这种统一意味着力量。从个性到典型的转变是一个有机的发展过程，它不仅会导向普遍有效化的拓展，还会导向内在化和精致化。在所有伟大文化的时代，尤其是在建筑艺术的繁荣时代，我们都会看到充满着统一力量的潮流在均匀地流动。一代又一代人从事着同样的工作，每个艺术家都在为整体效果的提升贡献自己的力量，这和今天工厂和企业中的情况很相似，一切都

24　参见 Muthesius, 1914t, P. 41.

25　Muthesius, 1914t, PP. 41-42.

26　Muthesius, 1914t, P. 42.

是为了产品的不断优化和不断完善。通过走向典型化的发展，能够赋予所有建筑艺术充满特性的标志。[27]

由此，穆特休斯把物质手段的型式和美学概念的典型巧妙地融合在了一起，从而将工业批量化生产的前提条件转换成了超越个性化艺术的论据，并把商业实用主义的原则转换成了日常生活文化的美学原则，这就从理论上疏通了原本极为不同的两条道路，同时又与制造联盟的最初任务——"制造行业工作的精致化"联系了起来，即通过优化和完善产品，形成具有普遍接受度的质量标准，以此确保其普遍的适用性和持久的有效性。而型式化作为手段正好符合了这种进化发展观，因为型式的开发和改良总是递进式的——一个新的型式建立在一个旧的型式基础之上。

在穆特休斯看来，形成典型性等同于形成了"统一的文化图像"，拥有典型性等同于拥有了集体的身份认同。而典型化是文化"普遍有效化"（Verallgemeinerung）的过程，也是实现"和谐文化"的过程。从文化史的意义来讲，只有"典型化"才能结束风格史并催生出新文化，它可以让推动了文化艺术改革的艺术家在完成了使命后顺理成章地退出历史的舞台。从对制造联盟的实际意义来讲，它还可以解决了制造联盟内部的创作导向问题：新的造型从此可以不再由艺术家的个性所决定，而是以满足广大消费者的需求和以商业的成功作为目标。

穆特休斯之所以在科隆年会这个时间点上大力宣传"型式化"，是因为自 1910 年以来，随着越来越多的工业企业加入制造联盟，他感到原先的实用艺术运动终于可以进行质的改变，同时，也感到让工业企业参与民族文化建设的理想不再遥远。新的目标不是发展"艺术手工业"，而是"艺术工业"（Kunstindustrie），从而实现"为大众服务的艺术"（Kunst für alle）。站在这样一个理想化的制高点上，他号召联盟的艺术家放弃个性化的艺术创作，把工作重心转向型式化建设。[28]

尽管型式化高度符合德国社会工业化和现代化的发展需求，尽管型式化作为未来制造联盟最重要的工作任务的理由非常充分，穆特休斯的主张

27　Muthesius, 1914t, PP. 42-43.

28　作为反面例证，穆特休斯认为 1900 年的巴黎万国博览会是艺术家个人主义的高潮。同样，1904 年的"圣路易斯万国博览会"，尽管德国企业获得了不少订单，但德国的实用艺术却没有因此取得令人瞩目的经济成就，因为大部分展品都只是艺术家个人化的创作，批量化生产的产品极少。

图 18（左）　厄姆克（Fritz H. Ehmcke）：制造联盟科隆大展海报，1914 年
图 19（右）　贝伦斯（Peter Behrens）：制造联盟科隆大展海报，1914 年

却遭到了联盟内部占主导地位的艺术家派系的质疑和反对，并由此引发了
"制造联盟之争"。

"制造联盟之争"

在穆特休斯宣布制造联盟未来工作的《十条纲领》后，联盟的艺术家代表亨利·凡·德·威尔德（Henry Van de Velde）针锋相对地提出了《十条反对纲领》（*Zehn Gegenleitsätze*）：

> 只要制造联盟中还有艺术家存在，只要他们对联盟的命运仍有影响力，就会反对规则或者说反对型式化的建议。艺术家从内在本质上讲是怀着热烈情感的个人主义者、自由和发自本能的创造者；来自自由之域的他们绝不屈服于某种型式和绝不服从某种规则的束缚。他们直觉地不相信一切会使其行为失去生命力的东西，也直觉地不相信阻碍其自由思想或想要他们勉强接受一种普遍有效的形式规则的说教者，在这样的形式中，他们看到的只是一个因道德无能而不得不戴上的面具……[1]

"制造联盟之争"（Werkbund-Streit）的导火线是穆特休斯在1914年科隆联盟年会上做的报告《未来制造联盟的工作》和他提出的《十条纲领》；争论的双方是联盟的两位最重要的领导者：穆特休斯和凡·德·威尔德；争论的问题是型式化与个性化——所有这些说法似乎早已成了设计史的定论。然而，如果对科隆会议召开前后制造联盟的工作进行整体的观察，就会发现联盟内部的矛盾用"型式化与个性化之争"来解释显然过于简单化了。

凡·德·威尔德的"十条反对纲领"是联盟之争中反穆特休斯最具代表性的言论。从整体上看，他强调了艺术家的个体性、艺术创作的自由性和反对型式化。作为实用艺术运动的领袖人物，凡·德·威尔德实际上并没有脱离约翰·拉斯金和威廉·莫里斯的思想以及德国实用艺术运动初期的观点：艺术家是天赋才华的创造者，艺术创作需要保持个性和独创性，注重手工劳动的艺术质量，崇尚艺术的精神与道德的价值等。他的"十条反对纲领"，如果单纯从艺术创作的角度去理解，似乎并没有问题，然而

---

1 Van de Velde wider Muthesius. Tägliche Rundschau vom 06. 07. 1914, Karl Ernst Osthaus-Archiv Z 100/17.

图 20　阿诺德（Karl Arnold）：制造联盟之争，讽刺漫画，发表于 *Simplicissimus*，1914　左：凡·德·威尔德；中：穆特休斯；右：传统的木匠师傅）

一旦将其放入制造联盟的工作范畴中，即放在工业批量化生产和创造日常生活美学的框架中，问题就会立刻浮现。因为艺术家可以全凭一己之念完成某个作品，即使不成功，也可以弃之角落，但产品的造型和功能如果未做好充分的规划和设计，一旦投入生产，就会给工业企业带来巨大的经济损失。因此，具有普遍有效性的型式就顺理成章地成为工业企业决定是否投入财力、物力和人力进行批量化生产的重要依据，同时也成为商品是否能够获利的关键因素。这也是为什么在凡·德·威尔德为代表的反对者看来，型式只不过是商业目的驱动下唯利是图的东西的原因。

　　导致"制造联盟之争"的原因有多方面，首先，联盟成员对制造联盟的性质在认识上有着巨大的差异。在以穆特休斯派系看来，制造联盟应该是一个对德国工业、商业和文化负有责任的政治组织，但在很多艺术家看来，它只是一个宣传新的艺术理念、教育社会大众的文化机构，他们更关心现实的问题自己需要承担的义务。此外，制造联盟从整体上讲是由艺术家和企业团体两大派系所组成，其关注点和兴趣点本身就截然不同；其次，成员们对联盟的工作范围在认识上也各不相同。弗莱海尔·冯·恩格尔哈特（Freiherr von Engelhard）在会议上很形象地指明了这一点。他列举了三个不同的工作任务：1）设计十千米的铁路线；2）为军方设计武器或车辆的外观造型；3）为一座音乐厅的墙面作装饰画。他接着指出，当联盟的艺术家面对这三项任务时，普遍会认为最后一项最具吸引力或会认为最具文化价值，而觉得第一件毫无意思，甚至不清楚艺术家在其中能起到什么作用。[2] 对此，恩格尔哈特提醒大家不要忘记在 1908 年的慕尼黑联盟年会上，弗里德里希·诺伊曼（Friedrich Naumann）和古斯塔法·格里克（Gustav Gericke）划定的制造联盟的工作范围实际上包含了所有的产品。[3] 在他看来，制造联盟必须服从"真实的独裁"（Diktatur der Wirklichkeit），即满足各种实际需求，而不是一味追求"以自我为中心的艺术家的愿望"[4]；其三，也是最为重要原因，包括凡·德·威尔德在内的绝大多数联盟成员对穆特休斯为制造联盟未来工作制订的总体战略和从类型到典型的整体逻辑没有真正理解，因此也就无法理解他对制造联盟未来发展的思考。对此，弗德·罗斯分析道：

> （穆特休斯）以经验为依据的迫切要求和更高的含义仅通过云蒸雾绕般的关联表达了出来，这种不清晰性是有意识的，可以看作是其和谐化战略（Harmonisierungsstrategie）的一部分或结果，即尝试着将差异化和两极化思想（在独立的经济目的和独立的艺术目的之间）通过暗示性的关联不断以新的表达方式结合在一起…… 但是这种由承载着如此不同含义的概念所导致的不清晰性，事实上对寻求共识不能产生作用，反而会因其具有不同诠释的可能而让对立方产生误解。[5]

对"制造联盟之争"，穆特休斯是有所预见的。早在制造联盟科隆大

2 参见 Deutscher Werkbund (Hg.), 1914, P. 87.

3 参见 Deutscher Werkbund (Hg.), 1908, PP. 11-18.

4 Deutscher Werkbund (Hg.), 1914, P. 88.

5 Roth, 2001, P. 237.

展的准备阶段，联盟内部就已经积累了足够多的矛盾。由于穆特休斯对此次展览从一开始就提出了和谐统一的整体化设计要求，明确反对个性化作品的参展，使联盟的艺术家感到其创作的自由受到了他的限制。加上他在联盟内部和外部的政治影响力——即是联盟掌握实权的执行主席（第二主席），又是主管行业和商业的政府官员，于是让不少联盟的艺术家感到在项目分配、经济利益、公平性等问题上都受到了他的直接干涉或间接制约，例如，凡·德·威尔德的参展作品"剧院"［图21］的设计方案历经磨难，前后修改了七稿才获得认可。[6] 又因为他是比利时人，所以在年会上的发言被安排在最后出场；布鲁诺·陶特（Bruno Taut）的参展作品"玻璃馆"［图23］的建设经费尽管通过联盟获得了工业企业的部分捐助，但余下的部分仍须他自己承担，对此他深感不满；格罗皮乌斯是在汉斯·珀尔茨希（Hans Poelzig）退出后才获得了参展的机会，又因其"办公楼与厂房"［图24］的设计方案与展览的整体风格不符而遭到质疑。而他对穆特休斯的敌意的种子在竞争"汉堡——美国航线"展馆项目时就已经埋下，因为合同最终被穆特休斯拿到。[7] 此外，穆特休斯坚决反对联盟艺术家的表现主义倾向，比如他要求去除由阿道夫·候尔采尔（Adolf Hölzel）[8] 设计的展会主大厅柱廊具有早期表现主义特质的湿壁画，因为"该壁画的形式语言与建筑根本没有形成任何联系，从而干扰了原本希望刻意表达的整体性。它就如同一个不和谐音，与穆特休斯所重视的所有造型的和谐共鸣相背。"[9] 科隆年会前发生的这些林林总总的事件让许多联盟的艺术家对穆特休斯怀有不满情绪，而他显然清楚这一切，因此，他在工作报告中不时会对艺术创作的自由性和艺术家的作用做一些弥补性的表达，希望艺术家们不要"过度敏感"[10]，这其实就是对已经产生的矛盾所做的平衡之举。比如他说道：

> 当我把向典型的过度视作必然并强调其优点时，我希望（艺术家们）从一开始就不要产生误解，这里只是对从事创造劳动的

6 最终还是因为当时的科隆市长的康拉德·阿登奥尔（Konrad Adenauer, 1876 – 1967，"二战"后担任联邦德国总理兼外交部长）的拍板才得以建造。

7 参见 Campbell 1981, PP. 95-96, Schwatz 1999, P. 187, Thiekötter, 1990, PP. 77-79.

8 候尔采尔是早期包豪斯重要导师约翰内斯·伊腾（Johannes Itten）的老师。

9 Thiekötter in: Werkbundarchiv (Hg.), 1990, P. 77.

10 Muthesius, 1914t, P. 101.

图 21（上）　凡·德·威尔德：Theater，"制造联盟科隆大展"参展建筑，1914 年
图 22（下）　穆特休斯：Die Farbenschau，"制造联盟科隆大展"参展建筑，1914 年

图 23（上）　陶特：Glashaus，"制造联盟科隆大展"参展建筑，1914 年
图 24（下）　格罗皮乌斯和梅耶：Büro- und Fabrikgebäude，"制造联盟科隆大展"
　　　　　　　参展建筑，1914 年

艺术家提出要求，尽可能致力于形式的统一。如果对他们不加以提醒或他们错失了对自己的提醒，那么他们产生作用的可能性就会减小。艺术家享有充分的自由，因为只有源自这种自由性，他们才能产生作用。[11]

尽管如此，此类妥协性的言论远不足以让凡·德·威尔德、格罗皮乌斯、陶特等人平复对穆特休斯的抵触情绪。因此，当穆特休斯将型式化确定为制造联盟未来的工作纲领时，立刻遭到了他们的反对，型式化被认为从根本上限制了艺术家的个性和艺术创作的自由。而当穆特休斯提出艺术创作应该与工业批量化生产、商业目的、日常生活联系在一起成为提升整体文化品位的常态时，他们同样无法接受，因为他们更看重的是作为艺术家的独立地位、影响力和荣誉感。在经历了实用艺术改革之后，他们终于让"每把椅子都拥有了艺术家的名字"[12]，即把日常生活用品提升到了艺术品的高度，又怎会愿意通过型式化和批量生产，让它们回归普通且匿名之物？

从这层意义上讲，"制造联盟之争"反映了工业化时代背景下"应用艺术"与"自由艺术"面临着彻底分离的局面。对此，罗伯特·布劳尔（Robert Breuer）早在1908年就已指出：

如果（艺术在）一开始的叛逆是有目的的，是为了突出实用艺术和造型艺术的自由性，那么现在更多的是要明确这两者之间的根本区别，即什么是满足生活必需的事物和什么是不屈服于个人表达目的的创造物。绝大多数实用艺术范畴的事物和真正的艺术没有关系，也不应和艺术有什么关系。这种自我限制意味着在真实中进步。实用艺术需对自身的本质有清晰地洞察，才能战胜其躁动不安的状态。只要艺术家相信通过日常生活用品可以把他的灵魂表达出来，那么上述状态就不可避免。只有当人们知足于不要求更多的别的什么，懂得作为一个物品只是因它的特殊目的而存在，在它的各种关联中有意义地、好好地去造型，那么，其

---

11 Muthesius, 1914t, P. 44.

12 Muthesius, 1914t, P. 41.

发展就进入了型式化的航道。[13]

对于"应用艺术"与"自由艺术"的区别，穆特休斯在《未来制造联盟的工作》中这样描述道：

> 在所谓的自由艺术之间 —— 一面是诗歌、音乐、绘画、雕塑，另一面是建筑，存在着根本的区别，前面这些自由艺术自身满足了它们的目的，然而建筑服务于实际生活。自由艺术是日常生活的例外，当我们想从日常生活中解放出来时，才会求助于它们。与此相反，建筑作为我们日常生活需求的旋律应成为安静的背景，在此基础上，生活才得以构建其不同寻常之处。对此有一种著名的观点：建筑的怪异会比任何其他艺术更易产生恶果。那些被冠以"现代"之名的艺术作品大多数在五年之后就不见其踪……我们身处建筑领域尤其要敏感地面对一切不同寻常之物从发展的安宁之床上出现。力求典型是建筑所独有的。型式化即拒绝不同寻常而寻求寻常。[14]

从这段文字中可以看出，穆特休斯非常清楚地意识到，现代社会对艺术的要求越来越明显地体现为两面性：一面是追求典型、便利、平常的日常生活艺术；另一面是追求个性、自由、特殊的纯粹艺术。如果说强调"个体性"是自由艺术的原则，那么追求"典型性"就是应用艺术和日常生活文化原则。穆特休斯在他的务实主义理论早就指出过，在日常生活物品的造型中，如果强调艺术性，就会对日常性和实用性形成干扰[15]，日常生活艺术必须内敛和节制[16]，它不适合也不必要去展示艺术的卓越，它的审美应该是生活常态的写照。它应该以相对缓慢的步伐向"精致化"进化。因此，自由艺术与应用艺术之间不得不建立更为严格的界限，艺术家的意义和作用也不得不加以限制。如果制造联盟内部不能够对此达成一

---

13 Breuer, 1908, P. 203.

14 Muthesius, 1914t, P. 43.

15 参见第三章第二节

16 在西方现代文化的普遍理解中，内敛与节制就是"品位"的最重要的属性。这也是为什么在穆特休斯的表达中总是强调"品位"（Geschamck），比如，他认为艺术家需要贯彻一种明确而肯定的品位，以确保文化的进步。参见 Muthesius 1915k, P. 34.

致，就不可能在工业化的大趋势中有所作为，甚至艺术家对个体性的过分强调还会阻碍其发展，就如同他在科隆会议上所说的"制造联盟的工作，成也艺术家，败也艺术家。"[17] 当然，穆特休斯也强调，这并不意味着艺术家就成了多余之人，在限制艺术家的个体性之后，需要将他们的创作更多地与现实生活包括工业和商业的实际需求联系起来。换句话说，如果艺术家以解决日常生活中的实际问题为创作动机，并能把商业的目的与艺术的目标结合起来，也就完成了向现代意义的"工业设计师"的转型。

然而，联盟的艺术家们看到的是当下涉及切身利益的现实问题：如果艺术家从事型式的开发，即去设计满足日常生活需求的、普通和匿名的产品，那么他们的创作就可能因此而普通化，他们就可能因此而匿名化，他们的影响力和荣誉感也就可能不复存在。这便是"制造联盟之争"真正的原因。

也就是说，联盟大会的分歧背后是艺术家的"效用战略"（Wirkungsstrategie）[18] 问题，即艺术家作为在现代社会的文化生活中扮演怎样的角色并发挥怎样的作用。这也是为什么凡·德·威尔德、陶特、卡尔·恩斯特·欧斯特豪斯（Karl Ernst Osthaus）等艺术家在会议上不断强调"个体性""理念""（艺术）水平""感觉"等概念以突出艺术家的个人能力和重要性的原因。比如欧斯特豪斯在会议的辩论阶段充满激情地说道："只有理念才是每一件真正的艺术作品真实和唯一的源泉，""只要世界存在，艺术家的个人能力就会发展成为时代的创造力，只有依赖艺术家的能力，型式才能逐渐产生。"[19]

同样，凡·德·威尔德在发言中强调，艺术的高度只能通过艺术家的个人能力才能实现；理念的光芒只能通过艺术家独立创作的作品才能体现；个性化的艺术是文化变迁的前提条件；未来风格只可能是个体形式。[20] 所有这一切完全符合他在 1907 年发表《新风格》（*Vom neuen Stil*）中从自我的角度对风格的表述方式："我的新风格"（mein neuer Stil）。[21] 在本小节开头所摘引的"十条反对纲领"的第一条中，凡·德·威尔德想

---

17 Muthesius, 1914t, P. 103.

18 参见 Roth, 2001, PP. 246-258.

19 Deutscher Werkbund (Hg.), 1914, P. 66.

20 Deutscher Werkbund (Hg.), 1914, P. 50.

21 Van de Velde, 1907.

表达的就是艺术家所追求的个体的自我实现：他们的创作动机来源于对美的神秘信仰、无拘无束的自我表达和天马行空的创造力，他们不希望被设定的任务所束缚，也不希望将艺术创作和工业、商业及对外贸易捆绑在一起，他们甚至视为工商业服务为"艺术的堕落"。凡·德·威尔德在发言中甚至强调，如果艺术"仅仅考虑出口"，那就是对它的"诅咒"，因为这意味着"再也不会创造出优良的和绝妙的东西"。[22]

陶特在发言中也认为穆特休斯的联盟未来的工作纲领与艺术创作的自由性无法统一。因为"知性"建立在"艺术家的个人感觉"基础之上，"没有这种感觉的人，要么只能相信它，要么只能咒骂它"，[23] 因为美只能是轻巧地、即兴地在摆脱了所有严肃问题后才能获得。在他看来，制造联盟的主要任务应该是推动艺术成为先锋；艺术家的领导作用就是"普及重要的理念"；"艺术就像是一座金字塔，越到下边越宽阔。在塔尖上站立的最优秀者，是拥有理念的艺术家。越来越宽阔的基座意味着理念变得越来越肤浅。"[24] 陶特还指出，鼓吹型式化就是对"塔尖"缺少信任。与前面提到的恩格尔哈特认为艺术家要接受"现实的独裁"完全相反，陶特认为制造联盟应该选择如凡·德·威尔德或汉斯·珀尔策希那样为世人认可的艺术家，作为"独裁者"（Diktatur）来领导这个组织。[25]

陶特主张的艺术家作为独裁者和穆特休斯主张的艺术家应为日常生活文化而创作正好体现了"自由艺术"与"应用艺术"的对立立场。对此，鲁道夫·波塞尔特（Rudolf Bosselt）在会议中指出，自由艺术的创造不为任何人，而应用艺术则是为了六千万德国人民，而后者对德意志民族才具有决定性的意义，因此联盟的艺术家应该成为应用艺术的生产者。他说道：

> 我们只拥有少数生产者式的艺术家从事着应用艺术的工作，根本没用能力胜任大量的工作，来满足整个民族的需求。纯艺术所涉及的只是那个唯一的东西，而应用艺术则是为了满足需

---

22 Deutscher Werkbund (Hg.), 1914, P. 51.

23 Deutscher Werkbund (Hg.), 1914, P. 74.

24 Deutscher Werkbund (Hg.), 1914, P. 74.

25 Deutscher Werkbund (Hg.), 1914, P. 76. 彼得·贝伦斯在前面的发言也表达了与陶特类似的观点，他认为"文化发展是自上而下的"。Deutscher Werkbund (Hg.), 1914, P. 57.

求。[26]

波塞尔特还认为,艺术家创造出来的造型拥有"最大穿透力",应该被反复地应用于生产,即作为型式加以普及。他强调,艺术家在一个阶段是型式的创造者,而在新的时代又需要变成型式的破坏者。打破固有的型式即是创新。[27] 从这一点来看,波塞尔特既认同型式化,在观念上又比穆特休斯更为先进。但是,尽管他认为艺术家应该成为型式的创造者,但对日常生活文化的理解与穆特休斯仍有很大的差异。他所理解的日常生活文化是艺术家个体创造形式蜕变和调整后的产物。他也认同艺术家的"塔尖地位",这一点与陶特的观点一致。

在型式化问题上,其他联盟重要成员也在发言中列举了它的负面性。奥古斯特·恩德尔(August Endell)认为,型式跟艺术没有关系。所有按照型式生产出来的东西只能算是"平均化的商品"。他甚至用"普通化的大杂烩"(allgemeiner Mischmasch)[28] 来形容型式化的产品;欧斯特豪斯则以型式化的工人宿舍为例指出此类建筑完全与艺术无关。在他看来,型式化会让建筑变成唯实用主义的工程师建筑。[29]

当支持穆特休斯的瓦尔特·利茨勒(Walter Riezler)在他的发言中再次以型式化作为主题时,会场上抗议的嘘声、赞同的掌声以及没有立场的起哄声混作了一团。[30] 至此,制造联盟科隆年会在型式化问题上已没有形成共识的可能。而当年在柏林商业学院以一场革命性的演讲而成为制造联盟缔造者的穆特休斯,此时此刻在自己阵营中被看作是一个对立者。

这种来自联盟内部强烈的敌意,让穆特休斯完全不知如何应对。他在会议上无奈地称制造联盟是一个"由最亲密的敌人组成的联盟"[31],最终不得不做出最大程度的妥协。根据柏林《每日环顾报》(*Tägliche Rundschau*)的报道,面对联盟内部的反对,穆特休斯强调他的工作报告"并不是联盟领导层的硬性规划,而只是个人观点的表达,至于让联盟的艺术家们必须

---

26 Deutscher Werkbund (Hg.), 1914, P. 84.

27 参见 Deutscher Werkbund (Hg.), 1914, P. 85.

28 Deutscher Werkbund (Hg.), 1914, P. 59.

29 参见 Deutscher Werkbund (Hg.), 1914, P. 63.

30 参见 Deutscher Werkbund (Hg.), 1914, P. 79.

31 Muthesius, 1914t, P. 35.

接受型式化的工作纲领的说法，更是一种误解"。[32] 即便如此，因为"制造联盟之争"是由他的工作报告和《十条纲领》所引发，所以他最终成了矛盾的牺牲品。

科隆年会之后，穆特休斯受到了凡·德·威尔德、格罗皮乌斯、陶特等联盟核心成员的集体排斥，被视作"不受欢迎的人"（Persona non grata）[33]，一个希望借助型式化的商品美学来达到商业扩张目的的政客。在瓦尔特·库特·本雷特（Walter Curt Behrendt）的后来的回忆中，穆斯休斯是在商业政治的压力下，通过发展型式推行工业制造的平均化，由此让实用艺术运动和制造联盟付出了代价。[34]

随着"一战"的爆发和战争形势的急转直下，反帝国政治的情绪不断高涨，他在科隆会议上的其他言论如"德意志建筑精神的胜利"[35]"德意志形式即是世界的形式"[36]被解读成了为帝国主义对外扩张添柴加薪的政治意识形态的口号。他的商业部官员的身份也使得他在人们的眼里变成了帝国主义的专制形象。直到 1962 年，凡·德·威尔德还在回忆录中谴责"围绕着穆特休斯的党派"只是在"追逐利益"和附庸"帝国主义的商业政治"。[37]

"制造联盟之争"过后不久，穆特休斯便辞去了联盟第二主席之职，并于 1916 年正式退出联盟。尽管他本人在制造联盟内部遭到了排斥，但实际上他的型式化主张却并没有真正受到抵制。1915 年，德累斯顿海勒劳的丢勒联盟和制造联盟协作组织（Dürerbund-Werkbund-Genossenschaft）出版了一部在德国工业设计史上具有里程碑意义的产品目录《德国商品录》（*Das Deutsche Warenbuch*）［图 25］。该目录编辑所遵循的正是型式化原则，正如约瑟夫·波普（Josef Popp）在前言中所说的："我们的目标是（编辑）一本有着丰富图片的目录，收录当下最实用的、最纯粹的和最

---

32 Van de Velde wider Muthesius. Tägliche Rundschau vom 06. 07. 1914, Karl Ernst Osthaus-Archiv Z 100/17.

33 Campbell, 1981, P. 85.

34 参见 Behrendt, 1920, P. 148.

35 Muthesius, 1914t, P. 42.

36 Muthesius, 1914t, P. 46.

37 Van de Velde, 1962, P. 368.

图 25　《德国商品录》（*Das Deutsche Warenbuch*）1915 年

美的批量生产的商品。"[38] 该目录用 258 页的篇幅收录了 1660 件符合工业批量化生产条件的、具有典型性和样板式的日常生活用品，以餐桌和厨房用具为主，包括小型家具；主要的材料为玻璃、陶瓷、金属。作为《德意志商品录》顾问委员会主要成员，穆特休斯亲自参与了商品的甄选。[39] 该目录的出版某种程度上证明了 1914 年的"制造联盟之争"实际上并不是型式化理论本身有什么问题。

　　1916 年，在庞堡举办的联盟年会上，经穆特休斯提议，建筑师汉斯·珀尔策希（Hans Polzig）接替他担任了联盟第二主席之职。尽管珀尔策希属于凡·德·威尔德派系，却没有阻碍型式化的贯彻实施。在当年联盟制订的工作规划中，推广型式化建筑被明确地提上了议程；"（联盟）致力于为批量化建造的建筑塑造良好的型式，并将出版发表此类型

38　Dürerbund-Werkbund-Genossenschaft (Hg.), 1915, P. XVII.

39　《德意志商品录》顾问委员会的成员除穆特休斯外，还有 Peter Behrens, Theodor Fischer, Bruno Paul, Hans Poelzig, Richard Riemerschmid, Josef Hoffmann, Adelbert Niemeyer, Gertrud Kleinhempel, Margarete von Brauchitsch, Alfred Roller, Otto Gußmann, Ferdinand Avenarius.

式"。[40]

在联盟成员中，自 1918 年起担任德累斯顿萨克森地方手工业部主管的艾尔瑟·迈思纳（Else Meißner）是把型式化从理论到实践全面推进的最重要的人物。她在 1917 年和 1918 年间发表的著作和文章中分析了"制造联盟之争"的问题，并坚定地站在了穆特休斯的立场上。她的代表作《型式的意志：德国文化和经济的进步之路》（*Der Wille zum Typus: Ein Weg zum Fortschritt deutscher Kultur und Wirtschaft*）清晰地延续穆特休斯的思路，把型式化理解为提高批量化生产质量水平和创造新的"和谐文化"的有效手段。她是这样定义"型式"的：

> 首先是解决偶然性问题的方法，或者，更普遍性地讲，是一种文化现象（或者一种自然现象）的特性表达。型式在它的有效范围内代表了由此源发的文化的理念。[41]

在迈思纳看来，型式化既是提高生产力的手段，也是实现"价值化工作思想"（Wertarbeitsgedanken）的手段和承托"劳动对象"（Arbeitsgegenstand）与"劳动过程"（Arbeitsvorgang）的商品制造载体。[42] 联系达尔文的进化论思想，她认为型式是"择优而选"的结果，一件能称之为型式的东西，必须"克服童年疾病，即开始发育前的偶然因素"。至于型式的单调性问题，她认为可以通过艺术家的设计来解决，而"艺术家只有将个性的东西升级成为型式，才能让艺术品超越个人和时代。"[43] 在她看来，通过艺术家的创造产生出来的真正的型式还能够消除工业企业和艺术家之间的矛盾。

与穆特休斯最为志同道合的弗里兹·舒马赫（Fritz Schumacher），自 1908 年担任汉堡城市建设总设计师起，也在文化政治的框架中不断推进型式化的思想。他认为大众文化应该由一种拥有新形式的文化成长而来，型式化在大城市文化建设中将起到重要的作用，他在 1920 年发表的著作《文化政治——建筑的新巡察》（Kulturpolitik - Neue Streifzüge eines

40 Karl Ernst Osthaus-Archiv Deutscher Werkbund 1/240, P. 2.

41 Meißner, 1918, P. 3.

42 Meißner, 1918, P. 19.

43 Meißner, 1918, P. 19.

Architekten）中指出：

> 由典型的需求产生典型的组织，由典型的组织产生典型的建筑组织。要在文化上胜任大城市的（建设）任务，其每一次进步都必须把建筑艺术带向与型式相关的领域。[44]

可以说，被"制造联盟之争"扑熄的型式化之火，不久就由珀尔策希、迈思纳、舒马赫等人再度点燃。"一战"结束后，型式化和标准化建设已经成为德国工业界的共识。制造联盟内部也对此重新展开了讨论并对外进行宣传。同时，型式化理论通过工业化进程中所积累的经验，包括受战争期间由军事工业所推动的标准化建设的影响，得到了充分的发展。

受型式化思想的影响，1917 年 5 月，机器制造标准委员会（Normenausschuß für Maschinenbau）在柏林成立。该委员会的目的起初是为了统一机器的部件。同年 12 月，该委员会更名为德国工业标准委员会（Normenausschuß der deutschen Industrie），其工作任务扩大到建立"德国工业标准"（Deutsche Industrie-Normen），即著名的 DIN 标准体系。[45] 不久，德国又成立了经济产业委员会（Ausschuß für wirtschaftlich Fertigung），同样致力于型式化和标准化的建设。同一时期，彼得·贝伦斯作为制造联盟的代表和穆特休斯一起在柏林的建筑工作委员会（Arbeitsausschuß für Bauwesen）任职。此时已进入"一战"的尾声，战争导致德国各地大量建筑被毁，型式化于是变成了紧急状态下解决重建问题的最有效的手段。穆特休斯在此期间撰写了许多关于战后重建问题的文章，都涉及型式化的推广。他还就东普鲁士的再建问题多次对德意志家园保护联盟（Deutscher Bund für Haumatschutz）提出采取型式化建造方式的建议。1923 年，第一部关于建筑批量化建造的专著《优良造型的工程建筑》（*Die Ingenieurbauten in ihrer guten Gestaltung*）[46] 正式发表，该书的作者魏纳·林德纳（Werner Lindner）正是穆特休斯的挚友卡尔·施密特（Karl Schmidt）委托的专门从事型式化建筑研究的博士。该书通过对具体建筑项目的分析，表达了建筑形式的统一论的思想和型式化的建设方法。

---

44 Schumacher, 1920, P. 135.

45 该委员会于 1975 年更名为 DIN Deutsches Institut für Normung e. V.

46 Lindner, 1923.

图 26　德国工业标准局（DIN）总部，柏林蒂尔加腾区

　　穆特休斯作为威廉二世时代先进知识分子的代表，通过他的著作、文章、演讲和一系列革新理念，把当时的建筑、手工艺和工业领域方方面面的问题剖析了个遍。然而，他最终聚焦的问题解决手段——型式化，却成为他与制造联盟艺术家形成敌对局面的导火线。而当型式化和标准化终于在"一战"后成为整个工商业包括联盟内部的共识时，穆特休斯已被人们遗忘。所幸的是，正如卡尔·罗斯沃（Karl Rossow）在 1964 年回顾科隆"制造联盟之争"时说道："时间证明了穆特休斯是正确的。"[47]

---

47 转引自 Hubrich, 1980, P. 186.

五、从穆特休斯的理念到包豪斯的实践

Muthesius, as superintendent to
the Prussian schools of this kind,
could do much...
He was at the same time one of the founders
of the German Werkbund,
and has been instrumental above all
in popularizing the principles
of the Werkbund first in the schools,
then through them in the small workshops,
and in end in the average middle-class house.

穆特休斯作为普鲁士工艺美术学校的
管理者，毫无疑问能够做很多事……
同时他又是德国制造联盟的创始人之一，
他所掌握的手段能够将制造联盟的原则
首先通过学校的小型工坊，
最终在中产阶级的住宅中推广。

——尼古拉斯·佩夫斯纳（Nikolaus Pevsner）

穆特休斯与普鲁士工艺美术教育改革

1906 年在德累斯顿举办的"第三届德国实用艺术展"所具有的里程碑意义在于它全方位地展示了当时德国实用艺术现代化改革的成果。展览期间，穆特休斯参与了面向社会的教育工作，并通过展览理事会主编的刊物发表了《普鲁士工艺美术教育的发展和现状》（*Entwicklung und heutiger Stand des kunstgewerblichen Schulwesen in Preußen*）。[1] 同年，他又发表了《实用艺术运动的民族意义》（*Über die nationale Bedeutung der kunstgewerblichen Bewegung*）[2] 和一系列关于艺术教育的文章。作为普鲁士商业部主管工艺美术教育改革的官员，穆特休斯的视野并没有局限于学校，而是拓展到了整个社会。这一点，结合他的美学纲领能够更好的理解，因为他的立足点就是整个社会的审美品位提升和整个民族的文化艺术发展。在上述文章中，他不断强调艺术教育是一项重要的社会任务，其意义超越了人们对它的普遍看法，因为它将改变的不仅仅是德国人的住宅，还会对一代又一代德国人的品格产生影响。穆特休斯的这种社会伦理学的观点可以上溯到拉斯金。拉斯金认为，良好的品位是一种道德的属性，它不仅仅是道德的一部分，而且还是美德的核心。[3] 在穆特休斯看来，提升实用艺术的质量和提高社会大众的品位能够阻止因物质生活的"异化"（*Entfremdung*）而导致的文化衰落和社会堕落，而艺术教育的普及就是对当下各个社会阶层的再教育，其目的是为了让民众回归"纯粹性"（*Gediegenheit*）、"真实性"（*Wahrhaftigkeit*）和"简单性"（Einfachheit）。

作为"第三届德国实用艺术展"的一个重要组成部分，德国各地的工艺美术学校和手工艺职业技术学校以特展的形式向社会展示了工艺美术教育的发展现状。其中，走在改革前沿的是普鲁士的学校，又以杜塞尔多夫工艺美术学校（Kunstgewerbeschule Düsseldorf）最为突出。在这背后，有两个人功不可没：彼得·贝伦斯（Peter Behrens）和穆特休斯。如果说前者把原本落后保守的杜塞尔多夫工艺美术学校从教学实践层面带上了一个崭新的台阶，那么后者就是整个工艺美术教育改革理论建设上的主导者和

1　Muthesius, 1906e.

2　Muthesius, 1906i, 1907e.

3　参见 Die Neue Sammlung, Staatliches Museum für angewandte Kunst (Hg.), 1975, P. 11.

行政推广上的组织者。

　　普鲁士工艺美术教育改革的源头可以追溯到 1851 年伦敦"第一届万国博览会"。通过此次展览，英国的知识分子开始反思当时实用艺术的低劣质量和庸俗审美问题，并对断裂的手工业传统和与之相关的教育问题表示担忧。作为随后兴起的一系列改革措施之一，伦敦于 1852 年成立了南肯辛顿博物馆和隶属于该馆的国家艺术训练学校（Nationl Art Training School），开启了最早的工艺美术教育。1863 年，维也纳成立了欧洲大陆第一所工艺美术博物馆——奥地利艺术与工业博物馆（Österreichisches Museum für Kunst und Industrie）。1867 年，该博物馆设立了一所学校——维也纳工艺美术学校（Kunstgewerbeschule Wien）。1900 年，冯·梅巴赫（Felician Freiherr von Myrbach）担任该校校长并发起了一系列现代化的教学改革，比如开设了以自然形态作为造型对象的"自然研究"（Naturstudium）课程，以及最早设立了以工艺实践为导向的"教学工坊"（Lehrwerkstatt）[4]，这些改革措施使维也纳工艺美术学校成为 20 世纪初欧洲最优秀的实用艺术家的摇篮，也成为普鲁士工艺美术学校教学改革最重要的参照。[5]

　　普鲁士工艺美术学校的发展相对晚一些，并带有相对更为浓厚的政治经济色彩。从 19 世纪后半叶起，德国政府开始意识到，要解决手工业和工业产品的审美质量问题并提高其商业价值和对外贸易的竞争力，需要从学校的基础教育开始抓起。尽管美术学院对国家的艺术繁荣担有责任，但面对实用艺术行业的各种需求尤其是技术问题，实际上无能为力。而当时的手工艺技术学校、（职业）继续教育学校等又缺少明确的目标和合格的师资。只有建立工艺美术博物馆和配套的工艺美术学校才可能从商品美学的高度促进整个经济的发展。[6] 于是，普鲁士于 1867 年在柏林建立了第一所工艺美术博物馆，次年，该博物馆开办了一所工艺图案学校。随后，1876 年在布莱斯劳，1879 年在法兰克福，1882 年在卡塞尔，1883 年在杜塞尔多夫相继建立了此类学校。从 1890 年起，这些学校被重组为工艺美术学校。但问题是，这些隶属于博物馆的学校起初只是为手工艺行业从业人员提供学习和临摹博物馆历史藏品的机会，教学内容单一而空洞。特别

---

4 参见 Buchholz & Theinert, 2007, P. 27.

5 参见 Mundt, 1974, PP. 35-40, Fliedl & Oberhuber, 1986, PP. 67-110.

6 参见 Hubrich 1980, P. 194.

是历史遗留下来的艺术形式对现代产品的造型而言没有意义，因此这些学校的实际作用非常有限。对此，穆特休斯在英国期间就通过他报道提出过建议，希望德国的学校放弃对历史样式和纹样的临摹。他认为这种教学形式对学生而言完全无益，会把他们的创造力关在课堂之外。[7]

　　从 19 世纪 90 年代起，英国商品大量涌入德国市场。这些商品用穆特休斯 1906 年在《皇家普鲁士地方行业管理报告》（*Verwaltungsberichte des Königlich Preußischen Landesgewerbeamtes*）中的话讲"突出的是简约和务实的造型、结构与材料"。[8] 以此为榜样，普鲁士的工艺美术学校确立了新的目标，学习英国，放弃临摹历史样式和纹样，"带着开发独立装饰纹样的目的，去研究植物造型"。[9] 尽管如此，穆特休斯还是认为在日常生活用品上贴附装饰，原则上仍然存在着问题。而普鲁士的工艺美术学校"虽然在从历史造型向新的形式过渡，但本质上依然是工艺图案学校"。[10] 在他看来，工艺美术学校的课程应该更多地围绕"材料、结构和技术知识"，但目前绝大多数学校都非常欠缺这方面的教学。[11]

　　1903 年秋，刚从英国回国的穆特休斯便进入了普鲁士商业与行业部（Ministerium für Handel und Gewerbe）地方行业管理司。凭借着对英国国民美术教育的认识和理解，[12] 他很快就开始着手工艺美术教育改革。穆特休斯的职能范围其实并不限于工艺美术学校，还包括手工艺技术学校、（职业）继续教育学校、建筑技术学校等，管理面相当之广。然而从商业部公布的有关教育改革的文件中却几乎看不出穆特休斯的个人作为。这其中的原因主要在各类学校和公众的眼中，一个普通官员的改革方案无关轻重，所以下发的文件一般都由在任的部长亲自签发。但根据穆特休斯自己的记录和同时代人的回忆，很多涉及改革规划的报告和文件实际上都是由他起草的。[13] 这也是为什么他的同事、担任过商业部副部长的阿尔弗雷德·库讷（Alfred Kühne）评价他为"自世纪初以来工艺美术教育领域的

7　参见 Muthesius 1900x, P. 8.

8　Verwaltungsberichte des Königlich Preußischen Landesgewerbeamtes, Berlin, 1906, P. 102.

9　Verwaltungsberichte des Königlich Preußischen Landesgewerbeamtes, Berlin, 1906, P. 102.

10　Verwaltungsberichte des Königlich Preußischen Landesgewerbeamtes, Berlin, 1906, P. 103.

11　Verwaltungsberichte des Königlich Preußischen Landesgewerbeamtes, Berlin, 1906, P. 104.

12　穆特休斯在英国期间对工艺美术教育方面的关注在他对伦敦国民学校的报道中已有充分的体现。详见第二章第二节。

13　参见 Hubrich 1980, P. 198.

领袖人物"[14] 的主要原因。

　　穆特休斯针对工艺美术学校的改革举措首先从人事选拔开始。在他看来，艺术家是否积极投入工作是工艺美术学校的价值的决定性批判标准。[15] 为此，他选拔了一批才华出众并具有革新精神的艺术家和建筑师安排到各地的学校。正是在他的组织下，彼得·贝伦斯成为了杜塞尔多夫工艺美术学校校长；布鲁诺·保尔（Bruno Paul）成为了柏林工艺美术学校校长；汉斯·珀尔茨希（Hans Poelzig）成为了布莱斯劳工艺美术学校校长，这些人后来都成了制造联盟的核心成员。[16] 穆特休斯本人也多次拜访过这些学校，亲自参与指导教学大纲和课程计划的修改或重新制订。在空缺教师岗位的人事安排上，他倾向于聘用那些具有较强现代意识的艺术家。仅此一点，他的作用就不能低估。[17]

　　根据吉瑟拉·莫艾勒（Gisela Moeller）和胡伯里希的分析，在普鲁士工艺美术学校的课程改革中，以维也纳模式（Winner Modell）为榜样引入"记忆绘画"（Gedächtniszeichnen）[18]、"动态速写"（Auffassungzeichnen）[19]、"艺术字体"（Künstlerische Schrift）等现代艺术课程很可能就出自穆特休斯的建议。[20] 他还提出将柏林美术学院（今柏林艺术大学）作为改革的历史性的榜样。从 1790 年建校起，该校就与传统的美术学院只关注纯粹的造型艺术不同，设立了手工艺领域的几乎所有专业，并且由艺术家来领导，把艺术的高度提升为手工艺的目标。对此，穆特休斯在 1906 年的《地方行业管理报告》中写道：

> 在这样的规则下，美术学院的目的一方面是为艺术的繁荣做贡献，另一方面是在唤醒和促进祖国的艺术工作，以影响本土实用艺术家朝着品位的方向去工作。[21]

---

14 Kühne, 1928, Zeitschrift für Berufs- und Fachwesen, P. 18. 转引自 Hubrich, 1980, P. 198.

15 参见 Hubrich, 1980, P. 200.

16 参见 Pevsner, 1940, P. 267.

17 参见 Moeller, 1982, Bd. 2, P. 124.

18 借助记忆和想象力进行自由的绘画。

19 写生对象为活的动物和运动中的人体。

20 参见 Moeller, 1982, Bd. 2, P. 124.

21 Verwaltungsberichte des Königlich Preußischen Landesgewerbeamtes, Berlin, 1906, P. 89.

穆特休斯的革新理念还体现在对课程名称的更改上，比如将"建筑绘图"改成了"建筑艺术"；将"家具绘图"改成了"空间艺术"或"室内空间艺术造型"；将"模型"改成了"雕塑艺术"课等；将"平面绘图"改成了"平面图形艺术"。从总体上看，他改变课程名称的目的是为了强调艺术性。因为他意识到，工艺美术教学应基于艺术的专业训练，即从视觉感知、想象力和创造力的角度来训练和培养学生，在这一点上，应用艺术和自由艺术之间没有严格意义的区别。这也是为什么他从务实主义的原则上反对艺术性，但在艺术教育的立场上强调艺术性的原因。[22]

穆特休斯还为工艺美术学校中引入了"技术制图"课程。他认为，工艺美术学校的教学目的不应只是为了绘制出漂亮的图案和表面的效果，而更应该与实际生产联系起来，而技术图纸可以直接服务于生产。

穆特休斯最重要的改革措施是在工艺美术学校中全面推行"教学工坊"。他认为，学生应该在学习过程中尝试将设计转换为产品并理解其生产方式。而要贯彻这种新的教学理念，教师必须既是艺术家又是技术师傅。而学校必须为这种实践性的教学提供空间。[23]

1904 年 12 月 15 日，在普鲁士各地方工艺美术学校设立"教学工坊"的公告由商业部部长莫勒（Möller）签字生效，并通过"商业与行业管理文件"（Ministerialblatt der Handes- und Gewerbe-Verwaltung）正式下达：

> 教学工坊课程，是手把手教学的手段，它让学生对材料和形式的必要关联形成持久的意识，并培养他们把设计向更务实、更经济和更符合目的的目标去发展……工坊也能够从纯粹艺术的角度给予（学生）新的和富有价值的启发，取代外在形式，而通过自己的实际工作在材料的造型可能性中获得认知。[24]

教学工坊不同于为了实际生产的"制造工坊"（Ausführungs-werkstatt），"它的作用在于检验设计，它的存在是艺术价值的前提条

---

22 参见第三章第二小节

23 参见 Verwaltungsberichte des Königlich Preußischen Landesgewerbeamtes, Berlin, 1906, P. 122.

24 Ministerialblatt der Handels- und Gewerbe-Verwaltung 4 (1904), P. 494.

件"。[25] 在穆特休斯看来，艺术工作者需要学习技术，艺术需要与技术和生产统一起来，只有这样，艺术工作者才能"由结构出发符合逻辑地开发造型"，才能"将设计转化为产品"。[26] 教学工坊尤其强调实验性，它提供学生认识真实材料、正确结构和实际生产方式的可能性。它不仅是手工制作的操作场所，也为机械化生产提供了试验的可能，即把艺术教学和机器生产结合在了一起，从而在根本上"化解"了艺术与技术、手工艺与机器之间的矛盾。在这一点上，穆特休斯的改革策略显然超越试图回归中世纪手工艺传统的"艺术的手工艺运动"。[27]

此外，穆特休斯还主张课程计划和教学工坊的设置要因校制宜，不宜制订得过于精确，因为学校和学校之间存在着很大的差异，各地的行业状况也不尽相同。[28] 在普鲁士的工艺美术学校中，常设的教学工坊有"装饰绘画工坊""石版画工坊""金工工坊""书籍印刷工坊"等，在某些学校会专门设置一些特殊的工坊，如弗兰斯堡和阿尔托纳的"木工工坊"、马格德堡的"陶艺工坊"和"纺织工坊"、克莱菲尔德的"石雕工坊"、汉诺威和赫尔德海姆的"摄影工坊"等。自1905年在各地方学校设立"教学工坊"起，它便成为普鲁士工艺美术学校中最重要的教学模块。

在普鲁士的所有学校中，杜塞尔多夫工艺美术学校的教学改革尤为成功。1903年，彼得·贝伦斯被商业部地方行业管理司（穆特休斯）任命为该校校长，至1907年成为德国通用电气公司（AEG）艺术顾问前，他一直在这所学校工作。其间，穆特休斯多次来到杜塞尔多夫，正是在这两位教育家和改革者的努力下，这所原本被历史主义弄得彻底僵化的学校得以焕然一新。

在杜塞尔多夫工艺美术学校1903 – 1904冬季学期公布的新教学大纲中，贝伦斯提出了教学改革的目的：

> 工艺美术学校追随着如下目的：为手工艺和艺术工业的需求
> 培养人才，对促进和支持本土的实用艺术产生影响。要达到这一

---

25 Muthesius, 1906e, P. 45.

26 Verwaltungsberichte des Königlich Preußischen Landesgewerbeamtes, Berlin, 1906, P. 160.

27 参见 Hubrich, 1980, P. 199.

28 参见 Hubrich, 1980, P. 200.

图 27　威斯特豪芬（Eberhard Westhofen）设计：杜塞尔多夫工艺美术学校，杜塞尔多夫市民广场 1 号，1883 年

目的，需要对学生进行系统的教育，使之拥有良好的品位和获得对构造和次序的有机性的感觉；通过对学生进行绘图和造型表现的引导，并与手工劳动紧密结合，探究结构的本质与材料的特性，教育其成为艺术上独立的人。[29]

贝伦斯的具体改革措施同样是从人事选拔开始。他从维也纳工艺美术学校聘请了建筑师马科斯·本涅西克（Max Benirschke）和画家约瑟夫·布鲁克穆勒（Josef Bruckmüller）担任预科导师；从达姆斯达特"艺术家殖民地"聘请了鲁道夫·波塞特（Rudolf Bosselt）担任雕塑专业导师；还聘请了书籍和字体艺术家弗里茨·赫尔穆斯·艾姆克（Fritz Helmuth Ehmcke）担任平面图形艺术专业导师；建筑艺术专业起初由贝伦斯亲自执教，从 1904–1905 年冬季学期起，他聘请了荷兰建筑师约翰内斯·劳维利克斯（Johannes Lauweriks）指导该专业。同期还聘请了艺术史学家威

29　Programm für das Wintersemester 1903-1904. Hauptstaatsarchiv Düsseldorf 21829: Kunstgewerbeschule Düsseldorf: 1.

廉海姆·尼梅耶（Wilhelm Niemeyer）执教艺术风格学课程。[30]

　　杜塞尔多夫工艺美术学校课程改革的核心是"预科"（Vorschule）。学生在为期两年的预科阶段接受艺术和技术的普通教育，为后面的"专业学习"（Fachschule）建立基础。[31]通过本涅西克和布鲁克穆勒，贝伦斯成功地引进了维也纳教学模式。他将预科分成 A 和 B 两个系统，预科 A 由本涅西克负责，专门针对具有结构天赋的学生，学习内容包括技术结构训练课、结构专业绘图课以及一门家具细节制作的工坊课程；预科 B 由布鲁克穆勒负责，专门针对具有绘画天赋的学生，学习内容包括速写课、轮廓绘画课、构图课以及模型制作课程。当然，有些课程所有学生都必须学习，如自然研究、记忆绘画、几何绘图、透视学等。其中自然研究作为反历史主义课程改革最重要的组成部分尤其为贝伦斯所重视。该课程的学习内容包括植物绘画、动物绘画、人体绘画和人体解剖知识。

　　学生在完成预科学习后，将进入两年制的专业学习阶段。对此，贝伦斯的改革同样基于不同学生的能力和兴趣，以确定其艺术或结构与技术的专业倾向。专业学习阶段的重点是将艺术设计在实践中的进行应用。学校常设有五个专业：建筑艺术、雕塑、平面图形艺术、装饰绘画和金属塑形与压花。其中建筑艺术专业的学生需要学习与建筑和室内空间相关的所有设计和细节制图；雕塑专业（波塞特班）的学生主要学习形体雕塑、装饰纹样的模型塑造、石材雕刻、木材雕刻、石膏和水泥材料的加工；平面图形艺术专业（艾姆克班）的教学范围被设置得非常宽泛，涉及该领域的许多技术及工艺，包括书籍装帧、石版印刷、木刻印刷、印染、手工镀金、海报设计，以及皮革、纺织、金属、陶土等材料工艺。[32]

　　早在普鲁士官方要求所有工艺美术学校设立"教学工坊"之前，贝伦斯就已经在专业学习阶段设置了一系列小型工坊。仅平面图形艺术专业就有书籍装帧、海报、印刷版画、纺织、陶土、金属六个小工坊。为此，贝伦斯专门聘请了"工坊师傅"（Werkmeister），他们和专业教师共同指导学生。[33]此外，贝伦斯对建筑艺术专业的拓展性改革规划由他的接班人威

---

30 参见 Moeller, 1991, PP. 36-49. 在贝伦斯的改革规划中，还包括聘请康定斯基（Wassili Kandinsky）担任装饰绘画课程教师，亨德利克·彼图鲁斯·贝拉格（Hendrik Petrus Berlage）担任建筑艺术专业教师。不过因种种原因没有实现。

31 预科和专业学习两段制是普鲁士工艺美术学校的特色之一。

32 参见 Moeller, 1991, PP. 50-63.

33 参见 Moeller, 1991, P. 64.

廉海姆·克莱斯（William Kreis）在 1906 年后开始实施。[34]

    由穆特休斯发起的普鲁士工艺美术教育改革在贯彻实施了不到三年时间就开始显示其成效。在第三届德国实用艺术展上，以杜塞尔多夫工艺美术学校为代表的普鲁士各地方工艺美术学校向社会展示了改革成果。展览清晰地体现出普鲁士学校不同于传统学校的特质，即以艺术的普通教育为基础，结合新的实用艺术创新理念和技术实验，把学生培养成为建筑与实用艺术各个领域的专业人才，从而彻底改变了过去那种培养手工艺匠人的教学模式。正是如此，这批学校在接下来的历史发展中顺理成章地升级成为艺术教育的高等学府。其中贝伦斯领导的杜塞尔多夫工艺美术学校、布鲁诺·保尔领导的柏林工艺美术学校先后于 1906 年、1907 年升级成为"应用艺术与建筑艺术学院"，汉斯·波尔兹格领导的布莱斯劳工艺美术学校在 1911 年升级成为"艺术与工艺美术学院"。这几所学校从此成为因历史主义的桎梏而"不断失血"[35] 的传统美术学院强而有力的竞争对手。这也导致了"一战"后，是将工艺美术学校和美学学院进行合并，还是把工艺美术教育纳入美术学院系统的问题，成为德国艺术教育改革最具争议性话题。[36] 魏玛国立包豪斯学校正是在这样的历史背景下诞生的，它是由格罗皮乌斯将魏玛工艺美术学校和魏玛美术学院合并后创建的一所新的学校。

    今天的人们提及包豪斯，习惯于称道其横空出世般的革命性与创新性，但如果从德国现代设计教育的整体发展来看，说它是"一战"前普鲁士工艺美术学校改革的延续也许更为恰当，尽管这一点一直以来都被设计史和设计教育史所忽略。[37] 甚至可以说，后来影响了整个世界现代设计教育的包豪斯模式（Das Bauhaus-Modell）在很大程度上就是维也纳和普鲁士两大工艺美术学校教学模式结合与发展的产物。

    当 1919 年格罗皮乌斯创建魏玛包豪斯之际，他所制订的被现代设计史誉为具有革命性的教学大纲和课程结构，其核心内容在很大程度上

34　参见 Moeller, 1991, PP. 65-68.

35　Moeller in: Bauhaus-Archiv, Museum für Gestaltung (Hg.), 2009, P. 35.

36　参见 Moeller, 1982, Bd. 2, P. 125.

37　参见 Moeller in: Bauhaus-Archiv, Museum für Gestaltung (Hg.), 2009, P. 29. 作者在尾注中指出，Hans M. Wingler 主编的《艺术学校改革，1900 - 1933》（Kunstschulreform 1900-1933）没有收录任何关于普鲁士工艺美术学校的内容。

已经由穆特休斯和贝伦斯确立了。包豪斯的"预科"（Vorlehre）和工坊（Werkstatt）两段制教学就是在普鲁士工艺美术学校的"预科"和"专业学习"基础上所做的调整——从各为两年改为半年预科和三年的工坊学习，即更加强了专业实践的学习。而工坊作为工艺美术教学的核心组成部分本身就是由穆特休斯和贝伦斯率先引入的改革举措。事实上，格罗皮乌斯于 1922 年制订的包豪斯课程结构图 [图 27] 无论是专业方向还是课程设置都延续了普鲁士工艺美术学校的传统——除了用"建筑"（Bau）替代了"建筑艺术"（Architektur）。魏玛包豪斯的基本保留了普鲁士工艺美术学校教学改革后的课程设置，如自然研究、材料学、记忆绘画、字体设计等。被后人认为是包豪斯创举的"双师制"——"形式师傅"（Formmeister）和"手工技术师傅"（Handwerkmeister），其原型也早已出现在杜塞尔多夫工艺美术学校，即由贝伦斯率先在教学工坊中设置"工坊师傅"教职，以配合艺术专业教师进行理论和实践相结合的教学。

至于格罗皮乌斯，尽管他在包豪斯时期对穆特休斯这位当年制造联盟中"最亲密的敌人"只字未提，但他从 1908 年至 1910 年在彼得·贝伦斯建筑师事务所的学习、工作和随后在制造联盟的工作经历，以及他在建筑设计的实践工作中与毕业于杜塞尔多夫工艺美术学校建筑专业（劳维利克斯班）的阿道夫·梅耶（Adolf Meyer）的长期合作，这些都可以证明，他或多或少受到过这些人的影响，或者说间接地受到了穆特休斯及其领导下的普鲁士工艺美术教育改革的影响。

从穆特休斯到格罗皮乌斯

尼古拉斯·佩夫斯纳（Nikolaus Pevsner）于 1936 年发表的设计史名著《现代设计的先驱——从威廉·莫里斯到瓦尔特·格罗皮乌斯》（*Pioneers of modern design: from William Morris to Walter Gropius*）把莫里斯和格罗皮乌斯之间的历史发展看作现代主义设计从发源到确立的一个完整的单元。今天战前设计史的通常架构就是建立在这一设计史观的基础上。如果我们粗略地勾画这段历史，那么从"从莫里斯到格罗皮乌斯"或者说从英国的艺术与手工艺运动到德国的包豪斯，就是一段从反对机器到接纳机器、从寻找新装饰到彻底排除装饰、从浪漫主义和理想主义到务实主义和功能主义。今天战前设计史的通常架构就建立在此基础之上。

在该著作中，佩夫斯纳对穆特休斯总体评价为"在（19 世纪）90 年代的英国风格和德国风格之间起到了承上启下的作用"。[1] 他在 1940 年发表的《艺术学院，过去和现在》（*Academies of Art, Past and Present*）中也谈到了穆特休斯在普鲁士工艺美术教育改革中所起到的作用：

> 穆特休斯作为这类普鲁士学校的管理者，毫无疑问能够做很多事。同时他又是德国制造联盟的创始人之一，他所掌握的手段能够将制造联盟的原则首先通过学校的小型工坊，最终在中产阶级的住宅中推广。[2]

佩夫斯纳认为，正是由于穆特休斯充分掌握和使用了官方的行政手段，才推动了普鲁士工艺美术学校的改革，才有了德国手工业的进步，同时也为工业批量化生产奠定了基础。然而，他对穆特休斯这样一位从机器生产的角度洞察到了"艺术与手工艺运动"的问题而坚定主张顺应工业化发展的关键角色——在莫里斯和格罗皮乌斯之间的重要意义却没有深入分析。

早期的格罗皮乌斯接纳了英国"艺术与手工艺运动"的思想，作为一个带着乌托邦理想的建筑师和制造联盟最年轻的骨干成员之一，他在

1　Pevsner, 1975, P. 32.

2　Pevsner, 1940, P. 269.

1914年科隆制造联盟年会上站到了凡·德·威尔德的阵营中，坚决反对穆特休斯的"型式化"主张。然而，在"制造联盟之争"发生后不到十年，在他成为包豪斯校长并经历了魏玛时期的初步实践后，从德绍时期开始，他在相当大的程度上回到了穆特休斯的一边：在思想上强调"统一性"，在实践中推行"型式化"。对此，包豪斯的研究者从不深究，甚至根本不愿提及。尽管如此，所有包豪斯的通史类文献都能让人切实感受到格罗皮乌斯在观念上的巨大转变：从"艺术与手工艺的统一"到"艺术与技术的统一"再到"艺术、技术与工业的统一"实际上就是从理想主义到务实主义，从表现主义到功能主义的转变。

　　穆特休斯和格罗皮乌斯在设计史学上的关联之所以被遗忘，主要原因就在于"制造联盟之争"导致了联盟的分裂，许多有影响力的艺术家公开排斥穆特休斯，格罗皮乌斯更是在穆特休斯辞职和退出制造联盟问题上起到了关键的作用。[3] 从20世纪20年代起，这些后来声名显赫的现代主义大师以及被他们所影响的整整几代人或刻意不再提他，或仍然继续诋毁他，从而导致了历史线索的中断或扭曲。于是，今天要弄清"从穆特休斯到格罗皮乌斯"这一设计史单元，只能从制造联盟和包豪斯这两个组织的历史关联着手。

　　如果说制造联盟在"一战"前融合了建筑、工业设计、实用艺术及其教育领域最重要的革新思想，那么包豪斯在"一战"之后以一所学校之力接过了革新的火炬。问题是，尽管人们对制造联盟和包豪斯的关联性和共性几乎是默认的，但一旦想要呈现这段历史，依然会是"有局限性的、被缩减的和失真的"。[4] 这是因为，当人们带着寻找关联性和共性的意图去观察和评判两个事物时，往往容易忽略两者本身多元化或独特性的一面。一方面，制造联盟的立足点与包豪斯在本质上不同：它不是一个单纯为了建筑、设计和教育而建立的组织，更是一个代表了知识分子和市民中产阶级价值观的政治性论坛。这是一个有着许多参差不一观念的团体，他们对现代和未来社会的想象不局限于文化和艺术，还包括政治、经济、贸易等。从这样一个角度来看，如果谈制造联盟和包豪斯的关联性，就容易忽略弗里德里希·诺伊曼（*Fridrich Naumann*）、维纳·索巴特（Werner Sombart）、阿尔弗雷德·韦伯（Alfred Weber）等政治家和社会政治家，

---

3 参见维基百科词条 "Hermann Muthesius": de.wikipedia.org/wiki/Hermann_Muthesius

4 Schwartz in: Bauhaus-Archiv, Museum für Gestaltung (Hg.), 2009, P. 39.

当然也会包括作为商业部官员的穆特休斯的重要性；另一方面，尽管有不少联盟成员与包豪斯存在着交集，但更多联盟成员的工作仅在制造联盟的范畴中开展，因此，如果谈两者的关联性，就又会忽略像理查德·里梅施米特（Richard Riemerschmid）、弗里兹·舒马赫（Fritz Schumacher）、保尔·舒尔茨—瑙姆布格（Paul Schultze-Naumburg），同样包括穆特休斯在内的一大批艺术家和建筑师，而这些人在"一战"后的作品数量之高，社会影响力之大丝毫不亚于包豪斯的任何一位大师。反过来也一样，包豪斯的艺术家和设计师中也有许多与制造联盟没有关联。更重要的问题是，如果我们把制造联盟和包豪斯看作具有同一方向性，即朝着现代化方向发展的机构，就容易惯性地把现代主义的意识形态理解为革命式的进步，从而会忽略联盟成员中的早期改革者更注重的进化式发展观。概括地讲，这种进化式发展观认为考虑现代性的同时绝不应该抛弃传统，由此站到了包豪斯和先锋派的对立立场上。这些早期改革者的代表依然是穆特休斯。综上所述，无论从上面哪一个角度去谈制造联盟和包豪斯的关联性，穆特休斯都会被排除在外。

如果说制造联盟和包豪斯的共性在于两者都是由艺术家领导的、以艺术为主导的革新组织，那么，它们最大的不同在于前者是一个工业企业和艺术家的联合组织，而后者是一所学校。制造联盟到 1914 年时，成员数量已接近 2000，其中工业企业占据了很大的比重，因此，它在社会、经济和政治上的影响力都非常大。而包豪斯自始至终只是一所规模很小的学校。两个机构在组织形式、目的、规模和社会影响上的巨大差异使得将其放在一起来比较很不合理。需要补充的是，制造联盟的组织形式在"一战"后发生了明显的变化，从原先由艺术家领导的，由政治、经济、文化界精英所构成的组织变成了一个职业化的行业联盟和一个建筑师和工业设计师的讨论平台。

尽管讨论制造联盟与包豪斯的关联性与共性存在着上述问题，但在原则上又没有错，通常设计史的线性叙述也是如此展开的，几乎所有的文献都是建立在格罗皮乌斯的生平或"贝伦斯—格罗皮乌斯—密斯·凡·德·罗谱系"的基础之上。当然，这种相对狭窄的观察角度也会带来一个史学问题，即会让进一步的研究变成为既定历史结构的补充。因此，在研究制造联盟与包豪斯的关联性时，为了避免已经存在的局限性和减少失真度，我们需要考虑补充新的观察角度和提出新的问题。

以上述思考作为背景，再来看制造联盟与包豪斯最重要的联结点之一："贝伦斯—格罗皮乌斯"。当我们去试图比较前者在 1909 年设计的柏林通用电器公司涡轮机工厂（AEG-Turbinenfabrik）[图 28] 和后者在1925 年设计的德绍包豪斯大楼 [图 29] 时，就会发现，与其说两者之间的联系是一种"延续"，不如说是一种"断裂"。因为，"延续"在这两座建筑中仅意味着都采用了现代的材料——钢铁和玻璃，以及两者在现代工业建筑中都具有某种典范性的意义。而"断裂"则体现在前者几乎保留了传统建筑的造型原则，而后者彻底将其打破。贝伦斯的厂房突出的是殿堂式的庄严与沉重，通过对称结构展现出一种严谨的古典主义美学。与此相反，格罗皮乌斯的包豪斯大楼却将建筑整体分割成了不对称的多个单元，强调内部空间和外部空间、局部空间和整体空间错落有致的构成关系，并通过大面积的玻璃体现其轻盈感、通透感和开放性，从设计上完全站在了古典主义风格的对立面。

如果不考虑形式，而从文化、观念和社会性等内容出发来观察这两栋建筑，那么贝伦斯的建筑对于他同时代的人来说显然更容易接受，这是因为他的设计带着明确的、烙印着那个时代文化目的的特质，正如他自己说道：

> 我一开始以文化来描述的目的，在迄今为止的历史上能够通过感官觉察的风格表达中找到。[5]
>
> 我们所理解的风格……是统一的形式表达，它产生自以一个时代整体的精神表达。历史让我们认识到，伟大的技术才能和深刻的艺术感知共同作用，从而形成了一个时代的风格。[6]

不难看出，这样的表达方式，与同时期穆特休斯的文章如出一辙。正如本文第二章第三节所论述的，这是 19 世纪和 20 世纪初德国社会文化批判的代表性语言，是一种具有"浪漫的反资本主义"特质的语言。

然而，随着战争的进行和德国的战败，这种表达方式便随之烟消云散。战后创建的包豪斯对于文化和艺术问题的讨论从一开始就不同于以往

---

5 Behrens, 1910. Kunst und Technik. 转引自 Buddensieg, 1981, P. 282.

6 Behrens, 1910. Kunst und Technik. 转引自 Buddensieg, 1981, P. 279.

图 28（上）　贝伦斯：柏林通用电器公司涡轮机工厂，1909 年
图 29（下）　格罗皮乌斯：德绍包豪斯大楼，1925 年

那种方式，即不再寄希望于政治、经济、社会的现实力量寻找一种普遍有效的整体解决方案，而是把想象中的中世纪行会组织作为榜样，试图找到某种新的、更为独立和自主的现代资本主义社会的文化组织形式。其原因不难理解，早期的包豪斯艺术家在刚刚经历了战争的创伤之后，已不再关心广泛的公共性和社会性问题，而仅仅想解决自我内心深处的问题，借用施瓦茨的话讲，"他们不再把'生活风格'（Lebensstil）放在中心的位置，取而代之的是'救赎'（Erlösung）。"[7] 这也是为什么他们会迅速走向强调自我表达的表现主义和关注自我精神的神秘主义，或独立而行或借助于小社团来寻求艺术上突破的原因。所谓"先锋派"（Avantgard）正是这种独立先行姿态的写照。

"第一次世界大战"被喻为第一次现代化的"机器战争"（Maschinenkrieg），其巨大的创伤导致了包括格罗皮乌斯在内许多艺术家在战后对机器反感甚至害怕。于是，他们试图再次借助拉斯金和莫里斯反对机器生产和回归手工艺的思想，从强调创造和生产相统一的主体性的角度重新为自己找到立足点。这就是为什么格罗皮乌斯在包豪斯创建之处初提出"艺术与手工艺统一"（Kunst und Handwerk, eine Einheit）的主要原因之一。它构成了《包豪斯宣言》（*Bauhaus-Manifest*）的核心内容：

> 建筑师们、画家们、雕塑家们，我们必须回归手工艺！因为所谓的"职业艺术"这种东西并不存在。艺术家与工匠之间没有根本的不同。艺术家就是手工艺者的升级…… 每一位艺术家都首先必须具备手工艺的基础。正是在工艺技巧中，蕴含创造力最初的源泉。[8]

然而，在包豪斯的发展过程中，穆特休斯反复指证过的"艺术与手工艺运动"的局限性终究还是被格罗皮乌斯所认同了。也就是说，仅仅把艺术与日渐式微的手工艺统一起来，根本不足以满足现代社会对实用艺术的要求，因为工业占据国民经济的比重在不断加大，艺术更需要与工业和技术结合。1923 年，格罗皮乌斯任命匈牙利构成主义艺术家拉兹洛·莫霍利－纳吉（László Moholy-Nagy）为预科导师，这一事件被学术

7 Schwartz in: Bauhaus-Archiv, Museum für Gestaltung (Hg.), 2009, P. 44.

8 Gropius, 1919, in: Wingler (Hg.), 1968, P. 39.

界普遍认为是包豪斯的方向性转变。也是这一年，他修改了包豪斯的纲领。新的纲领——"艺术和技术——新的统一"（Kunst und Technik, eine neue Einheit）为包豪斯的教学实践从手工艺创作到为批量化生产开发产品原型奠定了基础。格罗皮乌斯在同年发表的《国立包豪斯的理念和组织》（Idee und Aufbau des staatlichen Bauhauses）中讲道：

> 今天这个世界的理念，虽然其形式还不清晰并尚且模糊，但已经可以辨识，把自我和万物对立的二元世界观已经开始瓦解，取而代之的是新的世界统一的思想，即所有对立的力量都会趋于平衡，从事物及其表现中发现本质的统一性，这一新的认识赋予了创作活动基本的内涵。
>
> 一个时代的特质浓缩于它的建筑中，精神和物质的能量通过其给出的统一或分裂的信号，同时做出具体的表达。具有生命力的建筑精神植根于一个民族的全部土壤，包括人类造型的所有领域，所有艺术和技术都在它的范畴中。
>
> 包豪斯的主导思想就是新的统一，即将各种艺术、方向和现象变成一个不可分割的整体，它与人类自身相连，并通过充满活力的生活赢得意义。[9]

在这篇包豪斯历史上具有里程碑意义的文章中，"统一"成了关键词。如果对照本文前面章节的内容不难看出，这些文字没有理念上创新，格罗皮乌斯既没有强调工业化生产，也没有直接去回答当下面临的问题，而是寄希望于"和谐"这一驱动社会和文化进步的"普遍性力量"（universelle Kräfte）[10]，于是重新回到了威廉二世时代的"浪漫的反资本主义"的表达方式，也就是说，他用了一种与穆特休斯和贝伦斯几乎相同的语言来表达他的革新意愿，即通过强调精神和物质的统一来与现代社会生活中的各种异化现象相抗衡。在包豪斯早期，这种异化尤其体现为艺术家的表现主义和神秘主义倾向，其代表人物是约翰尼斯·伊顿（Johannes Itten）。从这层意义上讲，格罗皮乌斯间接地认同了穆特休斯的美学纲领中的艺术和建筑的统一论。

---

9 Gropius, 1923. in: Bayer & Gropius (Hg.), 1938, P. 20.

10 参见 Schwartz in: Bauhaus-Archiv, Museum für Gestaltung (Hg.), 2009, P. 44.

格罗皮乌斯和穆特休斯在建筑美学思想上的一致性，早在两人在制
造联盟共事期间就有所体现。1908 年，穆特休斯在柏林艺术联合会做了
《建筑的统一：关于建筑艺术、工程师建筑与实用艺术的观察》（*Die
Einheit der Architektur. Betrachtungen über Baukunst, Ingenieurbalz und Kunstgewerbe*）
的报告后不久，格罗皮乌斯就发表了《以艺术统一为基础创建普通住宅
建设公司的规划》（*Programm zur Gründung einer allgemeinen Hausbaugesellschaft auf
künstlerisch einheitlicher Grundlage*），他在文章中说道：

> 良好的（建筑）传统不应寄希望于强调个人的个体性，而是
> 要通过一种相互关联，通过节奏的不断重复，通过统一性作为其
> 识别，以及重复再现的形式。[11]

与穆特休斯的观点完全一致，格罗皮乌斯也反对个体性并认为统一性
是构成风格的前提条件。

在 1913 年出版的制造联盟年鉴《工业和商业中的艺术》（*Die Kunst in
Industrie und Handel*）中，穆特休斯和格罗皮乌斯各自发表了一篇文章。在
《工程师建筑的形式问题》（*Das Formproblem im Ingenieurbau*）一文中，穆特
休斯通过工程师和艺术家设计的建筑表达了技术与艺术的外在区别与内在
联系。他认为，一方面"实用性本身与审美性无关"，但另一方面两者之
间又存在着某种本质的联系，因为在一切造型设计的过程中，"审美的潜
意识"都会主导人们的观念和行为。[12] 而技术对造型有着两方面作用，一
是通过机器生产能够实现一种"纯粹的形式"；二是由于技术的局限——
装饰纹样很难在钢架结构的建筑上表现，反倒促成了这样一种提纯了的
形式。穆特休斯并没有说所有机器生产的东西都是美的，但他强调了通过
机器可以发展出一种能够代表当下这个时代审美趋势的风格，即"机器风
格"。

格罗皮乌斯则在《现代工厂建筑艺术的发展》（*Die Entwicklung moderner
Industriebaukunst*）一文中强调，艺术家在设计工厂建筑时要考虑"形式的
精神"（formaler Geist），其造型原则就是"要把制造过程直观地呈现出

---

11 Gropius, 1910, in: Wingler (Hg.), 1968, P. 26.

12 Muthesius, 1913v, P. 28.

来，并把设施的内在价值和劳动方式适当地表达出来。"[13] 尽管他非常重视"造型语言的原创性"，因为这对企业而言有着"广而告之的力量"，但也指出这样做可能会存在危险，即会变成一种"代表性建筑"（如前面介绍的贝伦斯的通用电气涡轮机工厂）。他强调工业建筑首先应该考虑制造过程、内部设施和劳动方式，这意味着要遵从务实主义的设计原则，即实用价值优先于审美价值。

尽管两个人的表述方式不同，但在实用性和审美性的辩证关系上的理解却相当一致。在穆特休斯看来，工程师面对他们的任务，有许多"正确的解决方法"，以至于他们总是能够"发现美的形式"，而"在实用性的道路上，美绝不会挡道。"[14] 这种既强调功能，又不排除审美的表述方式同样可以在格罗皮乌斯的文章中找到。对于建筑造型是否优秀，两人的评判标准也完全一致："良好的比例关系，色彩的协调，有效的结构、节奏、富于表现力的形式。"[15]

尽管格罗皮乌斯在 1923 年就已提出了"艺术和技术的统一"，但真正付诸实践始于德绍时期。这得益于他与德绍当地的工业企业，尤其是容克斯飞机与摩托工厂（Junkers Flugzeug- und Motorenwerke）的交流与合作。[16] 1925 年，格罗皮乌斯在制造联盟的刊物《形式》（Die Form）中发表了《技术人员和艺术家的创作领域在何处相交？》（Wo berühren sich die Schaffensgebiete des Technikers und Künstlers）[17] 一文，以一种几乎唯技术主义的语言强调了艺术和技术的统一。同年，他在《包豪斯生产的基本原则》（Grundsätze der Bauhausproduktion）中，提出"通过理论和实践的系统化实验工作——从形式、技术和经济角度进行设计"；"尽可能充分利用空间、材料、时间和金钱"；设计"要适应批量化生产"。[18] 诸如此类的观

13　Gropius in: Deutscher Werkbund (Hg.), 1913, P. 19.

14　Muthesius, 1912v, P. 31.

15　Gropius in: Deutscher Werkbund (Hg.), 1913, P. 20.

16　德国工程师雨果·容克斯（Hugo Junkers）博士于"一战"后德绍建立了一家飞机制造工厂，主要从事民用运输机和客机的研发和生产。1919 年，他所设计的世界上第一架铝质全金属客机 Junkers F.13 试飞成功。该客机是当时欧洲最先进的飞机，影响了许多相关机型的设计制造思路。通过 Junkers F.13 的大批出口，容克斯为本国航空工业的发展打下了良好的基础。
　　有关容克斯对包豪斯的影响参读 Scheiffele, 2003; Erfurth, 2010; Jablonowski, 1993, PP. 13-30.

17　Gropius, 1925, in: Die Form.

18　Gropius, 1926, in: Wingler (Hg.), 1968, P. 120.

点与穆特休斯早年的"务实主义"原则非常接近。

必须要说明的是，上述建筑和美学思想上的共同点并不足以证明"穆特休斯—格罗皮乌斯"谱系的成立。那么，前者对后者真正意义上的影响，或者说制造联盟与包豪斯之间最重要联系究竟是什么？

要回答这一设问，必须再次回到1914年的"制造联盟之争"。尽管紧随其后爆发的"一战"使几乎所有设计史对此描述都突然中断——相对于世界大战，是型式化还是个性化、是应用艺术还是自由艺术等问题实在是无关轻重。但事实上，正如本文第四章第三节最后所说的，在汉斯·珀尔策希、艾尔瑟·迈思纳、弗里兹·舒马赫等人的推动下，"型式化"在"一战"期间就已经成为制造联盟内部的共识。而在联盟外部，即对于广大工业企业来说，更是大势所趋。

尽管格罗皮乌斯在"制造联盟之争"中站到了反对穆特休斯和型式化的阵营中，但从德绍包豪斯开始，他已深刻地认识到"型式化"在解决建筑和产品的工业化问题上的必要性。

虽然在魏玛时期，包豪斯就已经向社会展示了一座"样板房"（Musterhaus Am Horn）[19]，但它只是包豪斯在型式化道路上第一个原型式的作品。真正意义上的型式化建筑实验是格罗皮乌斯亲自主持的德绍托腾居住区（Siedlung Törten）项目 [图30]。通过该项目，他将住宅建筑设计引向了工业化、理性化和务实主义之路。

德绍托腾的住宅共有三种"型式"（Type）：

I 型居住单元（Sietö I）：共 60 套，单位面积 74 平方米，5 居室，1926 年第一期工程；

II 型居住单元（Sietö II）：共 100 套，单位面积 71 平方米，5 居室，1927 年第二期工程；

III 型居住单元（Sietö III）：共 156 套，单位面积 57 平方米，4 居室，1928 年第三期工程。

第三期工程还包括了在托腾居住区中心的一座名为"消费楼"（Konsumgebäude）的商住两用建筑，底层为商店，上面三层为三居室的住宅。

托腾住宅的造型对当时而言非常现代，同时又保留了乡村住宅的特

---

19 由格奥格·穆歇（Georg Muche）设计，阿道夫·梅耶（Adolf Meyer）及格罗皮乌斯建筑工作室技术支持。

图 30　包豪斯：德绍托腾居住区（Siedlung Törten, Dessau），1927 年

点，每户都是两层或一层半的排屋，虽然居住面积较小，但每一户都带有一个 350 到 400 平方米的大花园。

托腾住宅的窗户材料为钢框玻璃，正门结构和门框也使用了钢材，楼道正面还运用了玻璃砖。在建筑造型和材料选择上，格罗皮乌斯充分借鉴了工厂建筑的务实主义造型美学和经济原则。当然，托腾住宅的的缺陷也是显而易见的，尤其是 I 型居住单元，其中被规划为"经济房间"（Wirtschaftsraum）的底层空间遭到了很多批评，格罗皮乌斯原本希望它能集厨房、清洁、洗衣、沐浴等功能于一体，但显然这样做非常不切实际。此外，还存在着门和窗只能朝外打开、二楼的窗台高达 145 厘米、暖气设施不能运行等问题。

托腾居住区得到了德绍市政府专用建设资金的支持。基于第一期工程的经验和不足，国家建筑与居住经济研究所（Reichsforschungsgesellschaft für Wirtschaftlichkeit im Bau- und Wohnungswesen）提供了后两期工程的各种技术支持，包括新的机器设备和建筑材料，以及在生产和建造过程中在组织和管理上支持。流水线化生产方式也在此转化为城市建筑的施工原则，比如用起重机来完成预制件的安装。[20]

在格罗皮乌斯的规划中，托腾住宅首先需要满足以下三方面的条件：1）基本生活功能齐全；2）成本及价格低廉；3）能够通过工业流水线完成生产。可以说，务实主义和经济性原则在托腾住宅项目上得到了充分体现，这使得它的售价非常低廉，以至于普通工人家庭都能够负担得起。当时的魏玛共和国做了大量住宅区规划，但真正从实用和经济的角度解决问题的并不多。可以说，正是通过务实主义原则，合理整合了所有的可能性，并通过型式化的设计、工业批量化生产和流水线化的施工方式，德绍托腾居住区才得以落实。

在汉纳斯·梅耶（Hannes Meyer）的领导下，包豪斯建筑系于 1929 年和 1930 年又为该居住区开发了四种型式：一种三层楼的 18 户住宅楼（Laubenganghaus）和三种单独家庭的单层住宅形式（Einfamilienhaus-Flachbautyp）。但 1930 年的包豪斯已陷入了各种危机，最终仅获得了一份 5 栋 18 户住宅楼的合约，由建筑系的 7 位学生负责实施。

在德绍托腾居住区试验项目的实施期间，格罗皮乌斯于 1927 年在校刊《包豪斯》（Bauhaus）上发表了《理性化住宅建筑的系统化准备工作》（Systematische Vorarbeit für rationellen Wohnungsbau），他说道：

> 建筑意味着对生活流程的设计。多数个体拥有同样的生活需求，因此为了满足这种同样类型的大众需求，采用统一的和同样的方式作为经济性措施在逻辑和意义上就是正确的。每一座房子采用不同的平面结构、不同的外在形式、不同的建筑材料和不同的风格的做法是不正确的。这意味着浪费和对个体性错误地强调……型式本身不但不会阻碍文化的发展，反而正好是其发展的前提。[21]

如果说年轻的格罗皮乌斯在当年的"制造联盟之争"中选择站在了维护艺术家个性化创作的立场上反对穆特休斯及其型式化主张，最终，通过德绍包豪斯的设计实践，他重新选择了阵营。他的上述表达，也许就是构

---

20 详细内容参见国家建筑与居住经济研究所关于该项目的报道
    Reichsforschungsgesellschaft für Wirtschaftlichkeit im Bau- und Wohnungswesen, e.V. (Hg.),
    1929, Bericht.

21 Gropius, 1927, in: Wingler (Hg.), 1968, P. 136

成"穆特休斯—格罗皮乌斯"谱系的最关键证据和设计史单元"制造联盟与包豪斯"历史发展辩证关系的最重要的依据。

回顾制造联盟的历史，正是在穆特休斯的"制造联盟理念"和工作纲领的指导下，通过推进"制造行业工作的精致化""整体化建筑""型式化"等，联盟在随后的发展中取得了巨大的成功。虽然，"浪漫的民族主义"的激情表达与"务实主义"在战后特殊时期现实条件下的运用，在建筑和工业设计上呈现出来的混合形式在今天看来让人感到有种距离感，却在一定程度达到了以穆特休斯为代表的德国知识分子所希望的文化目的：对立与统一的平衡。

"一战"之后，制造联盟的工作范围涵盖了经济、社会、政治、文化和艺术领域，其讨论主题已经从建筑、手工艺、工业、教育一直拓展到所有与这些领域相关的现代性的问题上。它有意识地把自己定位成可以为现代文化代言的、一个开放性的行业组织，从而蜕变成为新的、强而有力的现代联盟。

至于"文化"和"风格"这两个在威廉二世时代频频出现的概念，尽管在"一战"后仍然存在（尤其是在教育和政治领域），但已不再是话题的焦点，取而代之的是建筑与居住的规划组织问题。前面提到的国家建筑与居住经济研究所就是一个专门研究在计划经济框架下建筑和居住经济问题以及用统计学方法观察物质生活水平和社会心理需求的机构。伴随着此类讨论的展开，是先锋派的机构化和独立化。这一时期的先锋派艺术家和建筑师已然成为现代建筑和设计的代言人，他们的作品、出版物和展览逐渐成为公共讨论的重要内容。尽管这些出版物和展览的资金多半来自制造联盟，但联盟反而成了背景，这是因为，既然当时建筑和设计的语言已经变成了先锋派展示自我的语言，那么其独立而行便顺理成章。

"一战"以后，先锋派的造型语言包括理念表达被冠以"新务实主义"（Neue Sachlichkeit）之名，在后来的设计史中又被称为"功能主义"。虽然功能主义相对于务实主义在含义上有着明显的局限性和争议性[22]，但对于普通大众或门外汉而言，已经能够满足他们的认知所需——功能主义既是一种可以明确辨识的建筑和设计的风格，又一种稳定的观念，同时还是一套思路清晰的实践方法。

---

22 参见第三章第二节

　　包豪斯的崛起恰好符合了上述种种条件，它从隶属于制造联盟的艺术家个体（先期的凡·德·威尔德、格罗皮乌斯，后期的密斯·凡·德·罗），转变成为一个相对独立的组织，进而从"表现主义"转型为"功能主义"，从而构成了它与这个时代建筑和设计最新理论和实践之间的联系。正是因为其具有独立而行的态度和争议性，使它成为国际化趋势下新一代建筑师和设计师的代言者。

　　制造联盟和包豪斯的联系，不是一个机构和另一个机构的联系，也不是某个人物和另一个人物的联系，而是文化、艺术、建筑、设计、教育等在现代化的特定阶段的一种发展关联。本小节以"从穆特休斯到格罗皮乌斯"为标题，也并非为了证明前者的先知先觉或后者的后知后觉，而是希望厘清两者之间的历史辩证的发展关联。

穆特休斯对先锋派、包豪斯和新建筑运动的批评

  "制造联盟之争"后的穆特休斯带着强烈的挫折感从联盟第二主席的主导型角色退到了幕后。自 1916 年正式退出联盟起，他的字里行间便多了一种心灰意冷和无计可施感，就像他在 1921 年给过去联盟的同事、建筑师海恩里希·斯特劳姆（Heinrich Straumer）的信中所说的"迄今为止在我所有能够想到的方面所做的工作，在前进的道路上都遇到了巨大的阻力"，这让他"陷入了放弃的状态"。[1] 他在给另一位联盟的同事恩斯特·贾克（Ernst Jäckh）的夫人的信中也写道："只要文人意识形态的方向占据着主导位置……很遗憾我再也不能（为制造联盟）做什么了。"[2] "一战"以后，穆特休斯把大部分精力放在了设计田园住宅和单独家庭住宅上，对当时新生代艺术家在建筑与实用艺术领域发起的先锋派运动表现出一种冷漠的旁观者态度。

  20 世纪 20 年代，以前苏联构成主义、荷兰风格派和德国包豪斯为代表的先锋派在艺术、建筑和设计领域燃起了一场革命之火。在这场被称为现代主义的运动中，艺术家们用近乎极端的表达方式对抗历史风格与形式。欧洲文化千百年积淀下来的传统，在功能主义、极简主义、机器美学，包括政治思潮和经济原则等的同时冲击下，几乎被彻底抛弃。

  尽管穆特休斯一生都致力于建筑和实用艺术的革新，但对于这种推翻一切传统的革命方式却表示出相当大的怀疑。作为文化进化论的代表，他始终强调建筑和实用艺术应该在传统形式的基础上进行改良。从 1919 年至 1927 年他去世的八年间，面对现代建筑狂飙突进般的发展，他陆续发表了一些文章，言辞间充满了怀疑和批判。

  对在战后盛行的表现主义，穆特休斯在一系列文章中重复了他一贯反对个性主义的立场。他认为表现主义是一种"自我人类主义"（Ichmenschentum），"以此将整个文化问题收缩在了个人的意愿中"。[3]而艺术家如果只关心自我的个体性，那他纯粹只是在为个人创作，那样就

---

1 穆特休斯写给 Straumer 的信（1921. 5. 10），制造联盟档案馆穆特休斯遗物 Ordner 2. Korrespondenz, 2.4. Schreiben von Muthesius.

2 穆特休斯写给 Jäckh 夫人的信（1921. 5. 26），制造联盟档案馆穆特休斯遗物 Ordner 2. Korrespondenz, 2.4. Schreiben von Muthesius.

3 Muthesius, 1919b, P. 93.

等于"蔑视所有环境和历史的存在"。[4] 他还指出，个性主义虽然从青春风格的崛起开始变成了一种普遍性的时代现象，但在建筑上这样做还是值得怀疑，因为"建筑出现在所有人的视线中，几十年乃至几世纪的矗立着"，[5] 它不像其他时髦产品会"从现象的表面消失"。[6] 穆特休斯担心这样的建筑会对社会文化和民众的审美产生长远的负面影响，他说道："虽然在其产生之年，被当时的一小部分人所肯定，但在接下去的一百年或两百年却会作为畸形的赘物而损毁街景。"[7]

从反对"个性主义"的立场出发，穆特休斯在 1919 年发表了一篇重要的文章《弗里兹·舒马赫在汉堡的建设工作》（*Fritz Schumachers Bautätigkeit in Hamburg*），高度赞扬了舒马赫在城市规划和建筑设计中清晰可辨的"节制感"（Zurückhaltung）。他认为节制就是"将作品置于个性之前"[8]，即对个性的克制。正是在这篇文章中，他借助尼采的文化概念"文化首先是一个民族在全部生活表达中的艺术风格的统一"[9] 总结性地表达了他自 20 世纪初以来通过许多著作和文章表达的美学纲领。尤其强调了"寻找时代的表达绝不意味着摒弃迄今为止所取得的东西"[10]，即重复了早年在《建筑的统一》（*Die Einheit der Architektur.*）中提出的观点——"进化式进步"（evolutionärer Fortschritt）。他称放弃过去传承和积累下来的东西的做法是一种"儿童式的想法"，是"在建筑艺术中扮演鲁宾逊·克鲁索的角色。"[11] 尽管如此，穆特休斯认为在艺术领域中一成不变或一直重复过去的做法同样错误[12]，因为现实条件会发生变化。穆特休斯补充道：

　　　　新时代的美是一种不同的美，不同于之前的时代。我们的时

4　Muthesius, 1922d, P. 124.

5　Muthesius, 1924d, P. 246.

6　Muthesius, 1922d, P. 124.

7　Muthesius, 1924d, P. 246.

8　Muthesius, 1919b, P. 93.

9　Muthesius, 1919b, P.94.

10　Muthesius, 1919b, P. 94.

11　Robinson Crusoe，英国作家笛福小说《鲁滨孙飘流记》的主人公。

12　参见 Muthesius, 1924d, P. 246.

图 31　弗里兹·舒马赫：汉堡 Langenhorn 住宅区，今弗里兹·舒马赫学校
　　　　（Fritz Schumacher Schule），1919－1921 年

代自身已发生了变化，意识到当下的时代精神是我们的义务。[13]

　　在 1924 年发表的《建筑艺术的时代问题》（*Zeitfrage der Baukunst*）中，穆特休斯开始 把矛头指向先锋派。对先锋派所创造出来的、被当时的知识分子赞誉为代表了现代精神的新形式，他批评为不过是一种暂时的现象，是一种"最后的时髦热""无法反映时代力量的特征"。[14] 他反对先锋派艺术家个人化的试验性创作，期望能有"一种整体化的发展"，或者说"通过大时代的发展，来承托起建筑艺术"[15]，以创造出"未来的形式语言"，并将其发展到"如过去文化阶段的基本风格"[16]，即"过去的和谐文化时代"的高度。

　　在 1924 年发表的《形式的暗示》（*Suggestion der Form*）中，穆特休斯

13　Muthesius, 1924d, P. 249.

14　Muthesius, 1924d, P. 248.

15　Muthesius, 1924d, PP. 246-247.

16　Muthesius, 1924d, P. 249.

表达了一种对包豪斯既关注又担忧的态度。他称包豪斯是一场"精神的革命",并指出这场革命在"一战"前就已经埋下了种子,在艺术领域表现为"对未知理想的渴望"。但他显然更带着一种批判的眼光来看待包豪斯艺术家过度追求新形式的做法。在他看来,过度追求新形式会产生一种暗示效应,暗示其他人接受这样的形式,结果会让更多的人不得不采用这样的形式。他因此把这种暗示效应比喻为"传染病"。之所以做出如此负面的评价,是因为一味追求新的形式会"逾越人性"(Über die Menschheit),即与"真实的依据"(reale Begründungen)[17]拉开距离。所谓真实的依据,实际上就是目的需求、实用性和现实条件的另一种说话。也就是说,人们通常是根据"真实的依据"来寻找新的建筑和设计方式。而在穆特休斯看来,包豪斯艺术家给出的新的建筑形式——"方块造型"(Würfelform),是对建筑的"合目的性""结构(的正确)性"和"经济性"要求的"诡辩"。这样的形式只是为了"对付"人的需求,其背后反映出来的实际上是"人类的无助"(Hilflosigkeit der Menschen)。[18]在1927年发表的《为屋顶的奋斗》(Der Kampf um das Dach)中,穆特休斯再次对方块造型的住宅展开了批判,指出这样的建筑结构在德国的气候条件下"无理智可言",因为扁平的屋顶"在冬季会很快被积雪覆盖,从而导致住宅内部的温度迅速流失",甚至还会"造成其他可想而知的损失"。[19]他认为只有通过非常细致所谓铺设金属材质(比如铜或铅)的歇顶才能避免这一问题,而这也是传统大型建筑通常会采用的方式。当然,他并不否认这样的屋顶对小型住宅而言不够经济。

在《形式的暗示》一文中,穆特休斯还分析了新建筑在形式上变化,他说道:"所有此类变化,仅仅或终究只不过是形式的问题。"他借助时装的流行现象来对比建筑的形式变化,认为尽管时装"也能够反映一个时代的信念",但人们对待服装的时髦现象"极少会从哲学的角度去论证"。这是因为"服装的形式来自束缚、普遍性的喜好、对世界的(感性)把握。因此去讨论其合目的性、结构的正确性、经济性乃至健康,似乎都显得多余。起决定作用的仅仅只是人们对现象的喜好"。[20]他接着

---

17 Muthesius, 1924g, P. 94.

18 Muthesius, 1924g, P. 96.

19 Muthesius, 1927b, P. 191.

20 Muthesius, 1924g, P. 96.

指出，当下的人们对魏玛包豪斯展览中的"样板房"（Musterhaus）[21] 所做的论证尝试中使用的语言与 25 年前对"凡·德·威尔德的流动的线条艺术"采用的表述方式几乎相同。[22] 他在文章中明显地流露出对这种所谓的"样板房"的反感，并断言这样的新形式只会"短暂地统治世界，有朝一日终究会被其他的新形式取而代之"。[23]

1927 年，制造联盟在斯图加特魏森豪夫举办了主题为"居住"（Die Wohnung）的工业设计展，这是联盟继 1914 年科隆展、1924 年柏林工业设计展之后第三次面向社会举办的大型展览。在密斯·凡·德·罗的领导下，包括贝伦斯、格罗皮乌斯、珀尔茨希、布鲁诺·陶特、马科斯·陶特（Max Taut）、汉斯·夏隆（Hans Scharoun）在内的 12 位德国"新建筑"（das Neue Bauen）运动的建筑师和包括柯布西耶（Le Corbusier）、奥德（J. J. P. Oud）、斯塔姆（Mart Stam）等在内的 6 位来自瑞士、荷兰、奥地利、比利时的建筑师共同参与了魏森豪夫居住区（Weißenhofsiedlung）21 栋建筑 63 个住宅单元的设计。[图 32]

针对此次展览，穆特休斯在当年发表的《艺术与时尚潮流》（*Kunst und Modeströmmungen*）[24] 和《新建造方式》（*Die neue Bauweise*）[25] 两篇文章中阐述了他的观点，尽管他在一定程度上肯定了新建筑运动作品，如具有"简约性、无装饰和整体性"[26]，但更多的是提出批评。他认为"新建筑"是一种"简单化了的趋势，十年来统治着欧洲文化圈整体的创造活动"，其造型上的弊病尤其体现在"只是为了（建造上）便利和节省成本，但不切实际的平顶"上。与包豪斯的新形式一样，他预言"新建筑"虽在当下"被狂热地鼓吹，但只是一个时代的形式，终究会被替代"。[27]

尽管魏森豪夫居住区在当时引起了不小的轰动，甚至直到今天依然是建筑史和设计史的重要篇章，但事实上从 1930 年起，即展览结束和穆特休斯去世后不到三年，行内人士针对这种"新建筑"的看法就已经出现了

21 指 1923 年 8 月 15 日至 9 月 30 日在魏玛举行的第一次包豪斯展中展出的样板房（Musterhaus am Horn）。

22 Muthesius, 1924g, P. 95.

23 Muthesius, 1924g, P. 96.

24 Muthesius, 1927a.

25 Muthesius, 1927c.

26 Muthesius, 1924d, P. 248.

27 Muthesius, 1927b, P. 191.

图 32　斯图加特魏森豪夫居住区，1927 年

逆转。这一点，从制造联盟当年的期刊《形式》（*Die Form*）中的讨论就可以找到线索：

> 许多之前肯定其进步性的人已经不再确信这种新建筑的形式真的可以代表当下的时代精神……如同表现主义被新务实主义所替代，后者也将退烧……许多制造联盟的成员已开始怀疑，原本有意识地创造一种时代风格的努力，得到的结果只是短暂的时髦。[28]

尤其令穆特休斯感到无法接受的是人们将这种"新建筑"标以"新务实主义"（Neue Sachlichkeit）之名。他认为魏森豪夫居住区并不足以代表他一贯主张的"务实主义"，对此，他列举了这些建筑在结构和实用性上的不足，比如前面提到的平屋顶，还有过大面积的玻璃窗，两者都会使供暖成本大大上升。穆特休斯认为这些问题从设计之初就已存在，但为了刻意达到新形式的效果，那些建筑师一直在那里将就。国家建筑与居住经济

28　Muthesius, 1927a, P. 498.

研究所对魏森豪夫居住区的检验报告也证实了这一点："这些住宅的检验结果发现，潮湿、供暖（成本）昂贵或者说根本无法供暖。"[29] 穆特休斯认为，那些建筑师对"新形式的意愿"构成了"整个（新建筑）运动根本上的核心"，[30] 简而言之，就是形式主义大于务实主义。

综上所述，穆特休斯对战后先锋派、包豪斯和新建筑运动的批判，主要的原因是不满于其自认为代表了当下的"时代风格"，以及标榜"新务实主义"但实质上却是形式主义。更重要的是，穆特休斯反对极端化的革新形式，在他看来。那是对传统的蔑视和对人性的逾越。

尽管穆特休斯的美学思想构成了现代建筑和工业设计思想的源头之一，但他本人却未能融入到这场现代化的革新运动中。他之所以在"一战"后建筑的现代化发展中变成了一个旁观者，按照弗德·罗斯的观点，在于他"失去了方向感"：

> 他不再拥有通过确定的艺术家的作品可以具体化的质量的尺度……他已无法将"时代精神"精确表达，因为他已没有了任何"党派同志"，能够将其观点或形式上的共识作为这种精神表达的载体。[31]

基于这一观点，可以得出这样一种结论：在1914年之前，穆特休斯通过制造联盟所表达的观点并不完全是他个人的，而是被"时代意志"（Zeitwille）所驱动的思想，或者说，他本人只是扮演了"时代意志"代言人的角色。正是这样的角色使他走向了创建普遍有效的风格、型式或标准这样一条符合时代发展的道路。然而到了"一战"后，穆特休斯已经彻底退出了历史的舞台，已不再是这一时期"时代意志"的代言人，取而代之的是包豪斯和新建筑运动的建筑师们，或者说，此时人们的视线已从他那一代人转向了以格罗皮乌斯、密斯·凡·德·罗和勒·柯布西耶为代表的新一代建筑师。此时的穆特休斯，在进退之间左右为难，用罗斯的话讲："既不愿意自己被定义于时代之外，也不愿意自己被划入其中。"[32]

29 转引自 Campbell, 1981, P. 240.

30 Muthesius, 1927c, P. 1286.

31 Muthesius, 1924g, P. 96.

32 Roth, 2001, P. 262.

尽管穆特休斯承认 20 世纪 20 年代的建筑发展具有一种普遍性的特质，即前面讲到的"简约性、无装饰和整体性"，但这样的评价只停留在寻常的观察角度，完全不同于他对弗里兹·舒马赫作品的个人偏爱。在他看来，舒马赫的建筑才更接近某种"风格"，因为其"装饰和外立面艺术"的适当运用是对传统形式语言的继承和发展[33]，从而符合文化的要求。而在包豪斯的设计和魏森豪夫居住区那样的极端形式中，他找不到与传统的任何关联，因此也就找不到可衡量其质量的尺度。尽管穆特休斯提出了务实主义的现代设计理论并为制造联盟指明了建筑与工业设计的现代化发展方向，但事实上从内心无法接受那种横空出世的现代形式——方块造型，这对于包括他在内的所有老一代艺术家和建筑师来说显得太过陌生了，以至于他只能将"新务实主义"笼统地归纳为"时髦的表面性"或"暂时性"[34] 的东西。这一点从他一生所致力的田园建筑的理论和实践中也能够看出端倪，于他而言，那才是"文化史的设计"。[35]

---

33 参见 Muthesius, 1919b, P. 110.

34 Muthesius, 1927a, P. 498.

35 参见 Muthesius, 1904q, P. I. 1908s, P. I; Laurent, 2002.

六、穆特休斯在文化史中的多重身份
与他的"和谐文化"理想

　　穆特休斯的一生有着许多身份：建筑师、德国驻英国使馆"技术专员"、文艺批评家、普鲁士商业部枢密大臣、工艺美术教育改革家、德意志制造联盟的缔造者与领导者、现代建筑与工业设计理论家等。对于 20 世纪初的德国文化史而言，他的名字连接的不是某一栋建筑、某一部著作、某一项改革措施、某一种设计理论，而是一个"事件"。这里所说的"事件"并非是指 1907 年由他的演讲引发的"穆特休斯事件"，也并非是指由此促成了德意志制造联盟的创建。这里的"事件"不是单数意义的，而是由一系列伴随着他人生经历的各种机缘构成的一个复合事件，其发生和发展过程与一场运动息息相关，那就是"新运动"。

　　在这场涉及 20 世纪初德国社会的文化、艺术、教育和生活的改革运动中，穆特休斯的多重身份使他不局限于在某一个领域发挥作用，而是由点到线，由线到面，将原本不同维度的"事件"联结在了一起：他是英国和德国文化改革运动的"连接点"，是他把英国的"艺术与手工艺运动"和建筑文化介绍到了德国，从而推动了德国建筑和实用艺术改革；他是传统工艺美术教育和现代设计教育的"连接点"，他主持的工艺美术教育改革为普鲁士工艺美术学校的振兴创造了前提条件，进而为包豪斯在"一战"后的崛起奠定了基础；他是传统手工艺与现代工业设计的"连接点"，他为德意志制造联盟制订的工作纲领，为德国工业产品的质量提升和标准化建设确立了方向；他是传统文化和新生活美学的"连接点"，他的务实主义原则和"以传统确保进步"的进化发展观最终构成了德国现代建筑和设计的核心思想之一。

　　然而，正如穆特休斯自己所说的那样，"迄今为止在所有能够想到的方面所做的工作，在前进的道路上都遇到了巨大的阻力"[1]，他在制造联盟的工作并没有获得联盟艺术家派系的理解和支持。"制造联盟之争"之后，他就被边缘化了。从 20 世纪 20 年代起，他的名字逐渐不再被人提起，连联盟内部也几乎忘记了他的存在。直到"二战"后联盟重新成立

---

1 穆特休斯写给 Straumer 的信（1921. 5. 10），制造联盟档案馆穆特休斯遗物 Ordner 2. Korrespondenz, 2.4. Schreiben von Muthesius.

时，[2] 为了将当下的工作与过去连系起来，人们开始回顾"一战"前那段历史，穆特休斯重新成为讨论的话题。然而，联盟内部对他的抵触情绪仍未平息，这一点从一些联盟成员在 20 世纪 50 年代对他的评价中就可以看出，比如，他的言论被视为只是传递了当时社会对传统实用艺术普遍不满的呼声，他只不过在其中充当了一个"传声筒"的角色；又比如，当年的"穆特休斯事件"被看作是在保守的行业协会和进步的艺术家团体之间发生的一次偶然性争端，他被认为在其中并无作为；甚至连"型式化"也被看作是工业批量化生产的必然结果，与他的主张无关。[3]

　　从 20 世纪 60 年代起，一些学者开始用不同的观点来评价穆特休斯对住宅建筑的现代化发展和对早期制造联盟所起到的作用和意义，其中的代表人物就是尤里乌斯·珀塞纳。他在《功能主义的开端——从艺术与手工艺运动到德意志制造联盟》（*Die Anfänge des Funktionalismus. Von Arts and Crafts zum Deutscher Werkbund*）[4] 和《从辛克尔到包豪斯》（*From Schinkel to the Bauhaus*）[5] 等著作中用较大篇幅介绍了穆特休斯建筑设计中的早期功能主义思想，包括他在英国的工作以及由此对德国建筑与实用艺术产生的影响。1974 年，在北莱茵西法伦州的制造联盟年会上，时任联盟主席的珀塞纳强调了穆特休斯的理论和实践在他的时代突出的进步性。他的发言某种程度上可以看作是在联盟内部为穆特休斯翻案。

　　尽管在珀塞纳的努力下，穆特休斯和他的田园建筑作品重新获得了人们的理解与尊重，但作为文化史舞台上一个历史性复合事件的主角，他的所思所想和所作所为，远不是那么简单就能够让世人理解。这其中的原因就在于他的角色不是一个纯粹的建筑师、教育家或政治家，而是一个如前面所说的"连接点"。在大多数情况下，人们对他的批评或赞赏往往只是针对他某一个领域的工作，从而忽视了他全部工作之间的关联性，更忽略了他的美学批判、改革策略、工作纲领等背后所承载的真实意图。问题就在于此——传统与现代、进化与革新、民族与世界、艺术与工业、文化理想与商业政治等，原本充满着矛盾，而穆特休斯却想把这一切"连接"在一起。

2　制造联盟于 1938 年被纳粹解散，1947 年重新成立。

3　参见 Hubrich, 1980, PP. 240-243.

4　Posener, 1964.

5　Posener, 1972a.

带着上述思考，我们再来分析穆特休斯在 20 世纪初德国文化史舞台上所扮演的多重角色，也许可以帮助我们更进一步地理解他的人生、他的理论思想、他的社会工作、他的建筑作品和他的"和谐文化"理想。

在穆特休斯的人生中，从 1896 年到 1903 年，即在英国的七年工作经历对他一生的影响至关重要，如果从历史的机缘来讲，这段经历也恰逢其时：当他报道"艺术与手工艺运动"时，正值德国刚刚开始实用艺术改革；在他潜心研究英国建筑时，又正值其发展的顶峰；正是因为他接纳了英国的"艺术与手工艺运动"的思想和英国建筑文化，使他成为 20 世纪初新生活美学的代言人；正是由于他从伦敦国民学校的艺术课程中获得的经验，让他有机会进入商业部地方行业管理司负责普鲁士工艺美术教育改革；也正是因为他撰写的关于英国建筑的系列著作在德国发表，使他获得了广泛的社会影响力。

穆特休斯是威廉二世时代文艺批评家的代表，其著作和文章融合了 19 世纪以来德意志民族人文思想中许多代表性的观点。虽然他的为人和建筑作品一直以来存在着争议，但其文艺批评却能够获得广泛的认同，原因就在于他的言论在很大程度上顺应了时代的潮流，代表了一种现代的、逻辑的和理性的思考方向。或许穆特休斯的思想缺少哲学意义的原创性，又或许很多内容是人所共知的现实状况，但他率先将其表达了出来，或是比别人更有勇气地将真相揭示了出来。从这层意义上讲，他代表了那个时代的声音。仅这种代表性，就让他的角色不同于"传声筒"。

穆特休斯文艺批评的矛头所指是 19 世纪以来的"风格多元化"问题，它导致了德意志"文化图像"的支离破碎。当然，风格问题只是表象，历史主义、青春风格和不断变化的时尚潮流背后是德国社会在现代化和工业化进程中遭遇的文化危机。概括地讲，就是文化的虚伪化、审美品位的庸俗化和价值观的相对化，由此导致了德意志文化的整体性衰退。在穆特休斯看来，这就是"和谐文化"消损的主要原因。于是，他为新运动树立了"建立一种普遍性的和谐文化"[6]的目标。

穆特休斯的文艺批评和他的美学纲领建立在生活和艺术的本真性原则基础之上：一方面，他批判学院派创造的风格概念是对艺术创作真实性的背离；另一方面，他批判艺术家从个性出发的艺术创作是对现代生活真实

6　Muthesius, 1907i, P. 26.

性的不顾。在尼采的文化概念基础上，穆特休斯认为文化是一个民族和一个时代真实生活的表达，因此，文化创造绝不能脱离生活和艺术的本真性。

穆特休斯提出要创造既属于当下又属于未来的"时代风格"，即希望在现代生活真实性和艺术创作真实性的镜像关系中，找到一种"普遍性联系"。这种普遍性联系既包含了建筑和实用艺术的所有领域，也覆盖了日常生活的方方面面，最终还将跨越物质形式和精神内涵。这样的"时代风格"既可以作为整个社会的工作目标，又能够启发艺术家个体的创作行为；既能够承接传统，又不会被历史的包袱所束缚；既能够满足当下的现实条件，又符合未来的发展要求。

对如何创造这样一种真实的风格，穆特休斯提出了两个出发点：一是鼓励艺术工作者回归直接的、天真的、发自本能的审美感知和创作行为，从历史的风格和装饰中解放出来，让创造力获得自由。从这一角度，他发展出了新的工艺美术教育的革新理念；二是基于对生活和艺术的本真性的追问，即在森帕的实用艺术风格和形式的进化论思想基础上，从目的需求、实用性和现实条件出发，提出了务实主义的美学纲领。

在穆特休斯看来，务实主义是艺术实践的原点，是形成真实的和持久的现代风格的前提条件；它不同于封建贵族和资产阶级暴发户的"代表性艺术"，而是一种基于市民中产阶级价值观的现代精神。务实主义代表了在现实条件下因势利导的态度，它能够维系现代人的行为、思想和意识，它还能够帮助人们乐观地面对现代化、工业化和科技的进步。

穆特休斯的美学纲领"和谐文化通过艺术风格的统一"本质上是一种理想主义的指导性思想，即以历史上所谓的"和谐文化"时代在艺术和生活中表现出来的美学上的统一性作为参照，试图为德国的建筑与实用艺术找到指出正确的发展方向。在这一理想的背后，是德意志民族自 1871 年成为统一国家后到 1914 年"一战"爆发前这一特定历史时期在文化艺术领域所做的"集体自我确证的尝试"[7]，体现了当时的知识分子和市民中产阶级对统一文化形式和共同精神基础的诉求。

穆特休斯之所以借助"和谐"来表达他的文化理想，还有一个最根本的原因，那就是"和谐"本身的普遍有效性。无论何时何地，当一个人或一个社会群体面对各种矛盾冲突时，或者需要在复杂的事物关系中寻找秩

---

7 Roth, 1990, P. 265.

序或组织原则时，或者试图改变社会秩序和文化环境时，又或者在衡量价值和制订标准时，都可以借助和谐理论。也就是说，和谐理论实际上对各个领域都有参考价值，无论是西方文化还是东方文化，无论是人文科学、社会科学还是自然科学。对于设计问题来说，其作用和意义尤其突出。因为设计就是为了解决人与物、人与社会和人与环境之间关系的问题。当人们能够做到在局部和整体之间形成一种统一协调的关系时，或者能够使局部形式或功能最大程度地促进整体形式或功能时，就是和谐化的设计。这就是为什么穆特休斯在面对德意志民族的文化危机时，会提出通过艺术风格的统一来创造"和谐文化"的主要原因。需要补充的是，艺术风格的统一绝不意味着完全同质化。因为风格本身就是由物质生活中方方面面的元素所构成的，在不同的表达时形式上不可能相一致，所以艺术风格的统一即是"和而不同"。

如果说 1903 年前的穆特休斯一直在学习、考察、研究、写作和报道，那么从他进入普鲁士商业部地方行业管理司起，他的角色很快就转变为一个活跃在文化、艺术、工业、商业、教育等多个领域的社会活动家，在 20 世纪初德国新运动的文化舞台上扮演了一个集理论的建构者、宣传者、改革者和组织者于一身的综合角色。新运动的主体是实用艺术运动和艺术教育运动，在这两个领域中，穆特休斯的角色都具有主导性的地位。从 1903 年至 1916 年，他最重要的两项社会工作就是主持了普鲁士工艺美术教育改革和创建德意志制造联盟。

"知行合一"在穆特休斯人生中最具体的体现，是他把知识分子的文化理想与面向社会大众的普世教育结合在了一起。在如何提高德国实用艺术整体水平的问题上，穆特休斯心中有着非常清晰的答案。他认为仅依靠艺术家的作为远远不够，因为要解决一个集体性的问题必须从集体着手，也就是说，改革是否能成功，取决于工业、手工业、商业乃至社会大众的共识和共同的实践。同样，艺术教育运动的目的也不仅仅是培养艺术工作者，更重要的是唤醒社会大众对生活和艺术的本真性的认识以及提高他们的审美水平。在穆特休斯看来，只有当一个民族的大多数人在日常工作和生活中都能做到真实的表达和都拥有良好的品位，才能创造出与过去伟大时代相媲美或与其他优秀文化相抗衡的、新的"和谐文化"。

穆特休斯在工艺美术教育改革上的原动力实际上就来自他个人对上述新文化和新美学的意愿。他的改革策略，不是建立在科学和系统的理论分析基础上，而是依托个人经验和对实用艺术行业的理解。同样，在他制订具体的改革措施时，也是从一个建筑师的经验出发。他没有单纯从艺术或工艺美术的角度出发，而是更像在处理建筑问题，即从技术、经济和文化的多元角度去思考问题。正是如此，他才为工艺美术学校引入了"技术制图"这样的课程。当然，他也看到了创造力的价值，因此用能够激发学生创意思维的现代绘画课程来替代传统图案的临摹。穆特休斯最重要的教育改革措施是在工艺美术学校中设置"教学工坊"，由此建立起以技术、材料和生产过程为核心的现代工业设计教育的原型，为包豪斯的工坊制教学模式奠定了基础。

穆特休斯不仅充分利用了商业部地方行业管理司的职权自上而下地改革了普鲁士工艺美术学校，在制造联盟成立之后，他还把面向工业企业和社会的艺术教育变成了联盟工作的重要内容之一。在1908年慕尼黑的联盟第一届年会上，穆特休斯发言的重点之一就是艺术教育。他提出培养手工业和工业企业所需的人才要借助于全方位的艺术教育，只有如此，才有可能实现产品质量和品位的整体提升。同时，还需要通过普及性的艺术教育来提升社会大众对机器生产的产品造型，即"机器风格"的接受度。制造联盟从1908年起就设立了一个教育委员会，穆特休斯一直是该委员会的重要成员。他与著名教育家格奥克·凯谢斯坦（Georg Kerschensteiner）以及沃尔夫·多恩（Wolf Dohrn）、鲁道夫·波塞尔特（Rudolf Bosselt）等一起通过该委员会向社会大众推广实用艺术的新思想，同时继续深化工艺美术教育改革。在他们共同努力下，联盟的艺术教育理念逐渐拓展到了整个德国社会。

在穆特休斯的所有身份中，最为人所知的是制造联盟的缔造者与思想领袖。从1907年联盟成立到1914年的科隆年会的七年间，他为制造联盟构建了一系列发展理论并制订了一系列工作目标，包括"制造行业工作的精致化""整体化建筑"和"型式化"等。从联盟创建初起，穆特休斯就积极推进艺术家与工业企业的合作。他还倡导建立新的商品美学，用经济和艺术的共同力量来引导工业企业的发展。穆特休斯的型式化主张，更是为制造联盟的未来指明了发展方向：首先，它为工业批量化生产的产品在造型的普遍有效性问题上找到了一种技术性的解决方法；其次，它为实现联盟的工作目标"制造行业工作的精致化"创造了可能性，因为产品可以随着型式的迭代而获得持续的优化；其三，它为工业标准化体系的建立和建筑模块化系统在经济生活中的广泛应用奠定了基础。其四，它不仅能够帮助德国制造占领更大的国际市场份额，在穆特休斯看来，还是建立德意志民族统一的"文化图像"最切实有效的手段，从这层意义上，型式化紧密地联系着"和谐文化"理想。

在穆特休斯的影响下，制造联盟迅速发展成为德国工业和手工业走现代化之路的导向标。可以说，英国在 19 世纪后半叶通过"艺术与手工艺运动"开启的从实用艺术到社会生活方方面面的革新运动，通过穆特休斯和制造联盟在德国获得了进一步的发展。而在德国现代建筑和工业设计崛起之际，英国却逐渐衰落了，以至于佩夫斯纳感叹"20 世纪的前 25 年英国没有出现一个值得称道的建筑师。"[8] 德意志制造联盟的成功，最终让英国反过来效仿它在 1915 年建立了一个类似的组织——"设计与工业协会"（The Design and Industries Association）。

尽管限于主题和篇幅，本文没有对穆特休斯的建筑作品展开论述，但在他所有的身份中，建筑师实为重要性之首，这不仅因为他一生设计建造了超过 100 栋建筑，在他的全部工作中占据了很大的比重，更因为他的美学纲领、改革策略和设计理论的出发点实际上都源自建筑。而在他的著作和文章中，有关建筑的理论也占据了很大的比重。

穆特休斯在建筑上的成就与影响主要体现在田园住宅上，这自然归功于他在英国期间对英国田园建筑的深入研究。在 1911 年的柏林城市建筑展上，展览组织者维纳·黑格曼（Werner Hegemann）就评价他"与奥拓·马歇（Otto March）同属英式住宅文化最重要的开拓者。"[9] 在穆特休斯的创作高峰期，即 1905 年至 1925 年的 20 年间，他把大部分时间投入在郊区别墅和单独家庭住宅（Einfamilienhaus）的型式开发和田园住宅的理念推广上。他的作品无论从技术还是艺术来讲，在那个时代都是具有榜样性的。卡尔·谢弗勒（Karl Scheffler）早在 1910 年就评价穆特

---

8 转引自 Hubrich, 1980, P. 240.

9 Hegenmann (Hg.), 1911, P. 83.

图 33　穆特休斯：Haus Freudenberg, 柏林尼古拉斯湖区，1907－1908 年

休斯为"最好的田园住宅建筑师"。[10] 他的代表作如柏林尼古拉斯湖区（Nikolassee）的 Haus Freudenberg [图 33] 和他自己的住宅 Muthesius' Haus an der Rehwiese [图 34] 被誉为他那个时代住宅设计的杰作。

　　今天，当我们观察穆特休斯的田园建筑时，往往会看到高耸的屋顶、红砖或白墙、立面局部会有凸起、白色的木质窗框和阳台护栏，很少带有装饰，但偶而会有些带状缘饰，从整体上看，简洁但不失优雅，似乎能够辨识出某种属于他的个人"风格"，但又很难确切地描述这种"风格"。

　　穆特休斯是一位从理论到实践都追求"无风格"的建筑师。他主张务实主义，即以目的、材料、结构和技术来决定建筑造型，而这些都与艺术风格无关。也就是说，他首先关注的是现实的需求和条件，而不是艺术表现或形式创新。但从另一个角度来讲，穆特休斯的作品并非没有"风格"，他的早期设计带有明确的风格倾向，如东京的德意志新教教堂就采用了当时流行的所谓"德意志民族风格"——新哥特式。后来，他又受到英国建筑文化的影响，于是在他的田园住宅中，既能看到典型的德国传统

10　Scheffeler, 1910, P. 44.

图 34　穆特休斯：自宅 an der Rehwiese，柏林尼古拉斯湖区 , 1906 – 1907 年

别墅或北德建筑的特点，如对称的平面和立面结构 [11]，又能找到英式庄园（Manor house）的传统元素以及"艺术与手工艺运动"的影响，如花园和壁炉。他的后期作品甚至开始走向早年曾批判的古典主义，如柏林瑙恩的无线电发射站（Großfunkstation Nauen bei Berlin）[图 35]。事实上，他从来没有远离过他所熟悉的传统样式和技术。他强调着务实和简约的现代设计原则的同时，一直在坚持着传统。

　　尽管穆特休斯总是在讲"时代风格"或"风格的统一"，但在关于田园住宅的著作和文章中，他几乎从不提"风格"，而代之以"形式"。他认为形式和目的一起构成建筑师创作的平衡。他在 1912 年出版《田园住宅》（Landhäuser）中写道：

　　　　形式是更高的目的…… 将房间嵌套在一起堆成团尚不算是建筑，仅实现了精确的合目的性的住宅还不算是房子。[12]

11　参见 Posener in: Werkbundarchiv (Hg.), 1972, P. 63.

12　Muthesius, 1912v, P. 11.

图 35　穆特休斯: 柏林·瑙恩的无线电发射站
（Großfunkstation Nauen bei Berlin），1917－1920 年

在胡伯里希看来，穆特休斯"必然是折衷主义者"，因为"如果他追求形式而拒绝风格"，那他就"无法摆脱折衷主义的问题"，他分析道:

> 他所受到的职业教育和教育过程注定了如此，因为他本性上接纳已存在的传统形式和传承下来的技术，并试图做到最好，这些超越了他对创新的冒险。[13]

穆特休斯在 1925 年最后一版的《田园住宅和花园》（Landhäuser und Garten）中讲道: "艺术家有许多的途径达到良好的结果。"[14] 这句话可以看作是他务实主义或者说折衷主义方法论的总结，也间接地解释了他为什么最终会回归"新古典主义"。确切地讲，他回归的不是"古典主义"（Klassizismus），而是建筑的"古典性"（Klassizität）。如果说，古典主义是一种形式感，那么古典性就是建筑的本源属性，反映的是人类对居住功能的基本要求。正如莫勒·凡·德·布鲁克（Moeller van den Bruck）在《普鲁士风格》（Der preußische Stil）中明确指出: "古典主义的产生是由于人们对主题的依赖；与之相反，古典性的产生是通过对功能的掌控。"[15]

13　Hubrich, 1980, P. 224.

14　Muthesius, 1925j, P. 13.

15　Van den Bruck, 1916, P. 109.

然而，正是因为务实主义的原则和折衷主义的方法使人们对穆特休斯的作品褒贬不一。在一些人看来，他的作品是没有表现力的风格混合体，比如，罗伯特·布劳耶（Robert Breuer）就指出穆特休斯的田园住宅在风格上的矛盾性——间于内敛的传统风格和功能主义。他还认为，穆特休斯对建筑的任务思考过多，而较少从审美出发。[16] 今天来看，这样的批评在很大程度上反映了当时的人们对功能主义的不理解，他们担忧艺术性作为 19 世纪以来建筑造型的主要驱动力会被功能主义所破坏。必须指出的是，在功能性的问题上，穆特休斯的田园住宅并不完美，比如，有时会因建筑整体尺度的不够明确而导致功能性的不足；又比如，有时会过于重视个别房间的功能，而使建筑内部和外观缺少均衡感。[17] 当然，这些问题在当时是普遍性的，因为整个建筑领域都还处于功能主义的早期试验阶段。

也正是因为务实主义、折衷主义以及"以传统确保进步"的进化式发展理念，让穆特休斯的作品缺失了某种先锋的特质和原创性，从而导致了在建筑史上一直得不到足够的重视。当然，穆特休斯从满足现代生活的需求的角度对新时代建筑形式的探索这一点的进步意义是毋容置疑的。他的务实主义美学改变了人们一直以来把建筑当作艺术的惯性理解，从过去注重比例、色彩、装饰和表现到后来更考虑建筑的目的、功能、材料和结构，最终演变成现代建筑的设计原则，并通过制造联盟和包豪斯影响了整个现代社会。

尽管穆特休斯在他撰写的关于田园住宅的著作和文章中主要是讲服务于目的功能的建筑技术，极少谈到背后的道德意义，但他通过自己作品及其产生的社会效应为改善现代城市生活指出了一条理想化的道路——"归园田居"。他的建筑规划往往避中心而就市郊，其体现出来的"田园住宅意识形态"（Landhausideologie）在一定程度超越了当时城市发展的人为限制，从而回应了都市化所导致的伦理学问题。概括地说，当时的城市规划实际上被资本主义社会政治所左右，城市空间是资本家为了更有效地集中劳动力而做的人为设限，因此，都市化繁荣现象背后是数量庞大的（绝大部分来自农村的）工人被限制在工厂和企业周边密集狭窄且设施简陋的出租房（Mietskaserne）中，与此形成鲜明对比的是，资本家和贵族居住在极尽奢华的别墅里。而穆特休斯的田园住宅，恰到好处地表达了一种

---

16 转引自 Hubrich, 1980, P. 224.

17 参见 Posener in: Werkbundarchiv (Hg.), 1972, P. 56.

向善而居的立场：一方面是对缺乏生活品质的出租房的拒绝，另一方面是对毫无品位可言的豪华别墅的抵制。正是通过对这两类极端的住宅形态的批判，穆特休斯揭示了当时极不合理的城市居住环境和社会关系。正是如此，在珀塞纳看来，穆特休斯在柏林郊区规划和建造田园别墅和单独家庭住宅就是一场"道德合法性的实验"。对此，他评价道："郊区直到1900年之后才通过田园住宅意识形态获得了全部意义……穆特休斯的名字连接的是市民中产阶级家庭独立住宅的新定义。"[18]

穆特休斯的田园住宅明显区别于现代城市的代表性建筑和贵族资本家的豪华别墅，造型上显得简约和节制，但在建筑空间和花园面积上却尽可能保留较大的体量，因而并非普通民众能够负担得起，主要还是面向富裕的中产阶级。对此，弗里兹·海尔瓦克（Fritz Hellwag）在1912年评论道："穆特休斯创造了一种典型的、属于富裕阶层的、但已被启蒙的和节制的柏林市民的住宅生活需求。"[19]他主持规划并参与了多栋住宅设计的柏林西南郊区万湖（Wannsee）和尼古拉斯湖（Nikolassee）附近的大面积别墅区，在笔者看来非常直观地体现了他对日常生活美学的普遍性高要求。

穆特休斯在田园住宅问题上既是务实主义者又是理想主义者。其务实主义的一面是以一个普遍富足的、以中产阶级为主体的社会作为前提条件；而其理想主义的一面体现为田园住宅本身代表了人类对理想人居和高品质生活的追求。作为建筑师，穆特休斯一生都在追寻着一种理想化的人类栖居形式。简单地说，何谓理想，那就是人人向往，只要条件允许，没有人不愿意住在这样的建筑中，而这就是和谐文化的终极目标。[20]

1927年是穆特休斯生命的最后一年。[21]

这一年，格罗皮乌斯主持的包豪斯型式化建筑实验项目——德绍托腾居住区第一、二期工程建设完工，同时，包豪斯在他的领导下走向了发展的顶峰；这一年，德意志制造联盟在斯图加特举办了以"居住"为主题的

18　Posner in: Grote (Hg.), 1974, P. 75.

19　转引自 Hubrich, 1980, P. 222.

20　林语堂所说的"世界大同的理想生活，就是住在英国的乡村，屋子里装有美国的水电煤气管子……"，正是这一理想的另一种表述。

21　1927年10月21日，穆特休斯在柏林南部的 Steglitz 区视察建筑工地时，死于一起意外交通事故。

建筑与工业设计展，魏森豪夫居住区成为了"新建筑"运动展示其成果的耀眼舞台；这一年，是"新法兰克福"城市住宅规划项目实施的第三年，以"法兰克福厨房"为代表的厨房空间与设施系统向世人指明了日常生活设计的未来方向。可以说，1927 年前后是德国现代建筑和工业设计风格形成的标志性年代，这种风格就是"现代主义"。尽管它与穆特休斯"和谐文化"理想中的"时代风格"有一定的差距，但至少在技术层面上走向了务实，在外在形式上完成了统一，在内在精神上趋向于和谐，在文化创新上翻开了新的篇章。

图 36　穆特休斯与夫人安娜（Anna）及儿子艾卡特（Eckart）之墓，柏林尼古拉斯湖墓园

赫尔曼·穆特休斯
(Hermann Muthesius, 1861-1927)

赫尔曼·穆特休斯简历

1861　4 月 20 日，在图林根（Thüringen）的大诺伊豪森
　　　（Großneuhausen）出生

1883　在柏林弗里德里希·威廉海姆大学（今洪堡大学）学习哲学和艺术
　　　史

1884　在柏林夏洛特堡皇家科技学院（今柏林工业大学）学习建筑

1887　受聘于恩德·博克曼（Ende & Böckmann）建筑公司，作为助理建
　　　筑师被派驻日本工作，参与日本国官厅计划，其间独立设计了东京
　　　德意志新教教堂

1891　从日本回国（途经中国、泰国、印度和埃及）

1893　通过国家建筑师考试，获"皇家政府建筑师"资格，进入普鲁士公
　　　共建筑管理部工作

1894　任《建筑管理中央期刊》（*Zentralblatt der Bauverwaltung*）和《建筑行
　　　业杂志》（*Zeitschrift für Bauwesen*）执行主编

1895　游学意大利

1896　从意大利回到柏林，与女歌唱家安娜·特里蓬巴赫（Anna
　　　Trippenbach）结婚

1896　作为"技术专员"（Technischer Attaché）被派往伦敦德国驻英国大
　　　使馆工作。

1902　获德累斯顿萨克森皇家工业大学博士学位，论文为《英国新教堂建
　　　筑艺术》（*Die neuere kirchliche Baukunst in England*)

1903　从英国回到柏林，就职于普鲁士商业与行业部地方行业管理司
　　　（Landesgewerbeamt）

1904　开始自由建筑师的工作，在柏林郊区设计建造英式"田园建筑"
　　　（Landhaus）

1905　任商业部地方行业管理司理事，主持普鲁士工艺美术教育改革

1906　任普鲁士商业部枢密大臣（Geheimrat）

1907　因年初在柏林商学院的演讲《实用艺术的意义》（*Die Bedeutung des Kunstgewerbes*）引发"穆特休斯事件"（Fall Muthesius），最终促成德意志制造联盟（Deutscher Werkbund）的成立

1908　任德意志实用艺术联合会（Verband Deutscher Kunstgewerbevereine）主席；

1910　任制造联盟第二主席

1914　科隆制造联盟大展，其年会工作报告《未来制造联盟的工作》（*Die Werkbundarbeit der Zukunft*）和《十条纲领》（*Zehn Leitsätze*）引发"制造联盟之争"（Werkbund-Streit）

1916　退出制造联盟

1926　从商业部退休

1927　10 月 26 日，在柏林南郊斯特格利茨（Steglitz）视察建筑工地时，因交通事故意外去世

参考文献

穆特休斯本人著作（出版／发表年代后的编号参照
"穆特休斯全部著作与文章目录"）：

[1] Muthesius, 1891. Deutsche evangelische Kirche in Tokio. *Zentralblatt der Bauverwaltung*. XI: 337-339.

[2] Muthesius, 1893a. Ist die Architektur eine Kunst oder ein Gewerbe?. *Zentralblatt der Bauverwaltung*, XIII: 333-335.

[3] Muthesius, 1893b. Die künstlerische Erziehung der deutschen Jugend. *Zentralblatt der Bauverwaltung*, XIII: 527-528.

[4] Muthesius, 1897a. William Morris und die fünfte Ausstellung des Kunstgewerbe-Ausstellungsvereins in London. *Zentralblatt der Bauverwaltung*, XVII: 3-5, 29-30, 39-41.

[5] Muthesius, 1898e. Italienische Reiseeindrücke. *Zentralblatt der Bauverwaltung*, XVIII: 378-380, 386-388, 393-395, 423-425, 433-435, 445-447.

[6] Muthesius, 1898j. Die Jubiläumsausstellung in London. *Dekorative Kunst*: 208-210.

[7] Muthesius, 1898l. *Italienische Reiseeindrücke*. Berlin.

[8] Muthesius, 1899c. Das englische Haus auf der Pariser Weltausstellung 1900. *Zentralblatt der Bauverwaltung*, XIX: 284-285.

[9] Muthesius, 1900b. John Ruskin. *Zentralblatt der Bauverwaltung*, XX: 43-44.

[10] Muthesius, 1900h. Der 'Verein für häusliche Kunstindustrie' und der Dilettantismus in den Kleinkünsten in England. *Zentralblatt der Bauverwaltung*, XX: 165-167, 173-174, 197-199, 209-212.

[11] Muthesius, 1900i. Der monumentale Eingang zum Weltausstellungsgelände in Paris. *Zentralblatt der Bauverwaltung*, XX: 269-270.

[12] Muthesius, 1900j. Die beiden Kunstpaläste der Pariser Weltausstellung. *Zentralblatt der Bauverwaltung*, XX: 317-320, 348-349.

[13] Muthesius, 1900k. Die Ausstellungsbauten der Pariser Weltausstellung. *Zentralblatt der Bauverwaltung*, XX: 357-358, 371-374, 381-384.

[14] Muthesius, 1900l. Die kleineren Bauwerke der Pariser Weltausstellung. *Zentralblatt der Bauverwaltung*, XX: 429-432, 441-444.

[15] Muthesius, 1900n. Der Einzelne und seine Kunst. Von Robert Mielke. *Zentralblatt der Bauverwaltung*, XX: 509.

[16] Muthesius, 1900r. Die sechste kunstgewerbliche Ausstellung (Arts and Crafts Exhibition) in New Gallery, Regent Street, London. *Kunstgewerbeblatt*. N.F. XI: 141-152.

[17] Muthesius, 1900w. Der Zeichenunterricht in den Londoner Volksschulen. *Pädagogische Blätter für Lehrerbildung und Lehrerbildungsstätten*: 157-171.

[18]   Muthesius, 1900x. *Der Kunstgewerbliche Dilettantismus in England. Insbesondere das Wirken des Londoner Verein für häusliche Kunstindustrie.* Berlin.

[19]   Muthesius, 1900y. *Architektonische Zeitbetrachtungen: Ein Umblick an der Jahrhundertwende.* Festrede, gehalten im Architekten-Verein zu Berlin zum Schinkelfest am 13. März 1900. Berlin 1900.

[20]   Muthesius, 1900za. *Die englische Baukunst der Gegenwart: Bespiel neuer englischer profanbauten, mit Grundrissen, Textabbildungen und erläutendem Text.* Bd. 1-4, Leipzig/ Berlin.

[21]   Muthesius, 1901c. Ruskin in deutscher Übersetzung. *Zentralblatt der Bauverwaltung,* XXI: 219-221.

[22]   Muthesius, 1901e. Die neue Gemäldegalerie in Whitechapel in London und die volkstümlichen Kunstausstellungen im Londoner Osten. *Zentralblatt der Bauverwaltung,* XXI: 316-318.

[23]   Muthesius, 1901h. Die Internationale Ausstellung in Glasgow 1901. *Zentralblatt der Bauverwaltung,* XXI: 445-448.

[24]   Muthesius, 1901j. Dante Gabriele Rossetti. *Kunst und Kunsthandwerk,* IV: 373ff.

[25]   Muthesius, 1901k. Englische Innenkunst auf der Pariser Weltausstellung. *Dekorative Kunst,* IV: 17-30.

[26]   Muthesius, 1901m. Neues Ornament und neue Kunst. *Dekorative Kunst:* 349-366.

[27]   Muthesius, 1901t. *Die neuere kirchliche Baukunst in England. Entwicklung, Bedingungen und Grünzüge des Kirchenbaues der englischen Staatskirche und der Seiten.* Berlin.

[28]   Muthesius, 1901s. Betrachtungen über die Entstehung und die Entwicklung der neuen Richtung in verschiedenen Ländern: England. in: Richard Graul (Hg.), 1901. *Die Krisis im Kunstgewerbe: Studie über die Wege und Ziele der modernen Richtung.* Leipzig: 1-20.

[29]   Muthesius, 1902g. Kunst für Armen. *Dekorative Kunst:* 52-57.

[30]   Muthesius, 1902i. Kunst und Maschine. *Dekorative Kunst:* 141-147.

[31]   Muthesius, 1902j. Die Glasgow Kunstbewegung: Charles R. Mackintosh und Margaret Macdonald Mackintosh. *Dekorative Kunst:* 193-217.

[32]   Muthesius, 1902n. Die moderne Umbildung unserer ästhetischen Anschauungen. *Deutsche Monatsschrift für das gesamte Leben der Gegenwart.* I: 686-702.

[33]   Muthesius, 1902q. *Stilarchitektur und Baukunst: Wandlungen der Architektur im 19. Jahrhundert und ihr heutiger Standpunkt.* Mülheim an der Ruhr.

[34]   Muthesius, 1903c. Das japanische Haus. F. Baltzer. *Zentralblatt der Bauverwaltung.* XXIII: 306-307.

[35]   Muthesius, 1903g. Sachliche Kunst: Kunstgewerbe, Jugendstil und bürgerliche Kunst. *Die Rheinlande,* IV: 53-61.

[36] Muthesius, 1903k. *Stilarchitektur und Baukunst: Wandlungen der Architektur im 19. Jahrhundert und ihr heutiger Standpunkt.* 2. stark vermehrte Auflage. Mülheim an der Ruhr.

[37] Muthesius, 1904e. Kultur und Kunst: Betrachtung über das deutsche Kunstgewerbe. *Deutsche Monatsschrift für das gesamte Leben der Gegenwart.* III: 72-87.

[38] Muthesius, 1904o. *Kultur und Kunst. Gesammelte Aufsätze über künstlerische Fragen der Gegenwart.* Jena/Leipzig.

[39] Muthesius, 1904q. *Das englische Haus: Entwicklung, Bedingungen, Anlage, Aufbau, Einrichtung und Innenraum.* Bd. 1-3. Berlin.

[40] Muthesius, 1905e. Der Weg und das Endziel des Kunstgewerbes. *Dekorative Kunst*: 181-190, 230-238.

[41] Muthesius, 1906b. Die Kunstgewerbe. *Die Weltwirtschaft.* Teil 1: 312-352.

[42] Muthesius, 1906e. Entwicklung und heutiger Stand des kunstgewerblichen Schulwesen in Preußen. Direktorium der Ausstellung (Hg.). 1906, *Das Deutsche Kunstgewerbe 1906. 3. Deutsche Kunstgewerbe-Ausstellung Dresden*: 41-51.

[43] Muthesius, 1906i. Über die nationale Bedeutung der kunstgewerblichen Bewegung. *Hohe Warte.* III: 16.

[44] Muthesius, 1907b. Die Bedeutung des Kunstgewerbes. Eröffnungsrede zu den Vorlesungen über modernes Kunstgewerbe an der Handelshochschule in Berlin. *Dekorative Kunst*: 177-192.

[45] Muthesius, 1907e. Über die nationale Bedeutung der kunstgewerblichen Bewegung. *Die Rheinlande.* VII, 2ff.

[46] Muthesius, 1907i. Probleme des Kunstgewerbes. *Die Werkkunst.* III: 25-29.

[47] Muthesius, 1907o. Das Kunstgewerbe. *Die Weltwirtschaft.* Teil 1: 312-325.

[48] Muthesius, 1907r. *Kunstgewerbe und Architektur.* Jena.

[49] Muthesius, 1907t. Unbenutzter Werkbundaufruf. in: Werkbund-Archiv (Hg.), 1990. *Hermann Muthesius im Werkbundarchiv.* Ausstellungskatalog, Berlin.

[50] Muthesius, 1908f. Kunst und Volkswirtschaft. *Dokumente des Fortschritts.* H. 2: 115-120.

[51] Muthesius, 1908g. Wirtschaftsformen im Kunstgewerbe. *Werkkunst.* III: 230-231.

[52] Muthesius,1908j. Kunstgewerbe und Leben. Der Deutsche Werkbund. *Allgemeine Zeitung* (München). 11. 7. 1908. Beilage: 296-298.

[53] Muthesius, 1908k. Verhandlung des Deutschen Werkbundes zu München am 11. und 12. Juli 1908. in: Deutscher Werkbund (Hg.), 1908. *Die Veredelung der Gewerblichen Arbeit im Zusammenwirken von Kunst, Industrie und Handwerk.* Jena: Diederichs: 37-53.

[54] Muthesius, 1908l. Verhandlung des Deutschen Werkbundes zu München am 11. und 12. Juli 1908. in: Deutscher Werkbund (Hg.), 1908. *Die Veredelung der Gewerblichen Arbeit im Zusammenwirken von Kunst, Industrie und Handwerk.* Jena: Diederichs: 143-150.

[55]   Muthesius, 1908r. *Die Einheit der Architektur: Betrachtungen über Baukunst, Ingenieurbau und Kunstgewerbe*. Vortrag, gehalten am 13. Februar 1908 im Verein für Kunst in Berlin. Berlin.

[56]   Muthesius, 1910a. Die ästhetische Ausbildung unserer Ingenieurbauten. *Zeitschrift des Vereins deutscher Ingenieure*. Bd. 53: 1211-1217.

[57]   Muthesius, 1910a. Städtebau. *Kunst und Künstler*. VIII: 25-29.

[58]   Muthesius, 1911n. Die Bedeutung des architektonischen Formgefühls für die Kultur unserer Zeit. Vortrag, gehalten auf der Jahresversammlung des Deutschen Werkbundes in Dresden 1911. *Architektonische Rundschau*. XXVII: 121-125.

[59]   Muthesius, 1912v. Wo stehen wir?. Vortrag, gehalten auf der Jahresversammlung des Deutschen Werkbundes in Dresden 1911. In: Deutscher Werkbund (Hg.): *Die Durchgeistigung der deutschen Arbeit. Wege und Ziele in Zusammenhang von Industrie, Handwerk und Kunst*. Jena: 11-12.

[60]   Muthesius, 1912w. *Landhäuser. Abbildungen und Pläne ausgeführter Bauten mit Erläuterungen des Architekten*. München.

[61]   Muthesius, 1913v. Das Formproblem im Ingenierbau. *Die Kunst in Industrie und Handel*. Jena: 23-32.

[62]   Muthesius, 1914r. Was will der Deutsche Werkbund?. *Die Woche*. XVI. Nr. 23: 969-972.

[63]   Muthesius, 1914t. Werkbundarbeit der Zukunft. Vortrag auf der Jahresversammlung des Deutschen Werkbundes in Köln 1914. in: Friedrich Naumann (Hg.), 1914. *Werkbund und Weltwirtschaft; Der Werkbund-Gedanke in den germanischen Ländern*. Jena.

[64]   Muthesius, 1915k. Die Zukunft der deutschen Form in: Ernst Jacke (Hg.), 1915. *Der Deutsche Krieg: Politische Flugschriften*. Heft 50, Stuttgart/Berlin.

[65]   Muthesius, 1916b. Werkbundarbeit der Handlungsgehilfen. *Jahrbuch für deutschnationale Handlungsgehilfen*: 97-99.

[66]   Muthesius, 1916g. Der Werkbundgedanke: Seine Grundlagen. Deutsche Politik. *Wochenschrift für Welt- und Kulturpolitik*. I. H. 10: 459-467.

[67]   Muthesius, 1919b. Fritz Schumachers Bautätigkeit in Hamburg. *Dekorative Kunst*: 93-110.

[68]   Muthesius, 1922d. Über den Individualismus in der Architektur. *Schweizerische Bauzeitung*. Bd. 80. Nr. 11: 123-126.

[69]   Muthesius, 1923c. Der japanische Hausbau. *Berliner Tageblatt*. Nr. 429. 1. Beiblatt.

[70]   Muthesius, 1924d. Zeitfragen der Baukunst. *Ingenieur-Zeitschrift* (Teplitz-Schönau). IV. H. 4: 245-249.

[71]   Muthesius, 1924g. Suggestion der Form. *Dekorative Kunst*, IV: 94-96.

[72]   Muthesius, 1925i. *Was baue ich mein Haus. Berufserfahrungen und Ratschläge eines Architekten*. 4., der veränderten Seit angepaßte Auflage. München.

[73] Muthesius, 1925j. *Landhäuser und Garten. Beispiele neuzeitlicher Landhäuser nebst Grundrissen, Innenräumen und Gärten*. 4. völlig unbearbeitete Auflage. München.

[74] Muthesius, 1927a. Kunst und Modeströmmungen. *Wasmuths Monatshefte für Baukunst*, XI: 496-498.

[75] Muthesius, 1927b. Der Kampf um das Dach. *Die Baugilde*. IX: 191.

[76] Muthesius, 1927c. Die neue Bauweise. *Die Baugilde*. IX: 1284-1286.

其他参考文献：

[77] Adorno, Theodor, 1967. *Ohne Leitbild. Parva Aesthetica*. Frankfurt a.M.: Suhrkamp Verlag.

[78] Adorno, 1970. *Ästhetische Theorie*. Frankfurt a.M.: Suhrkamp Verlag.

[79] Bauhaus-Archiv, Berlin & Deutsches Architekturmuseum Frankfurt a. M. (Hg.), 1989. *Hannes Meyer. Architekt, Urbanist, Lehrer, 1889-1954*. Ausstellungskatalog Frankfurt a. M. und Zürich, Berlin.

[80] Bauhaus-Archiv, Museum für Gestaltung (Hg.), 2009. *Bauhaus Global. Neue Bauhausbücher, Neue Folge*, Band 3. Berlin: Gebr. Mann Verlag.

[81] Behrendt, Walter Curt, 1920, *Der Kampf um den Stil im Kunstgewerbe und in der Architektur*. Deutsche Verlags-Anstalt.

[82] Bollnow, Otto Friedrich, 1952. *Die Pädagogik der deutschen Romantik: Von Arndt bis Fröbel*. Stuttgart: W. Kohlhammer Veralg.

[83] Breuer, Robert, 1908, Das Kunstgewerbe. *Die Weltwirtschaft*, Teil II.

[84] Brockhaus, F. A. (Hg.), 2001. *Der Brockhaus: Kunst, Künstler, Epochen, Sachbegriffe*. 2., Auflage, Mannheim/Leipzig.

[85] Bruckmann, Peter, 1914. *Deutscher Werkbund und Industrie*. Stuttgart: Stähle/Friedel.

[86] Bruchmann, 1932. Die Gründung des Deutschen Werkbund 6. Oktober 1907. in: *Die Form*, VII, Nr. 10: 297-299. und in: Die Neue Sammlung, Staatliches Museum für angewandte Kunst (Hg.), 1975. *Zwischen Kunst und Industrie: Der Deutsche Werkbund*. München: 25-30.

[87] Bucciarelli, Piergiacomo, 2013. *Die Berliner Villen von Hermann Muthesius*. Übers. von Friderike Baum. Berlin: Vice Versa Verlag.

[88] Buchholz, Kai & J. Theinert, 2007: *Designlehren: Wege deutscher Gestaltungsausbildung*. Stuttgart: Arnoldsche Verlag.

[89] Buddensieg, Tilmann, 1981, *Industriekultur. Peter Behrens und die AEG 1907-1914*. Berlin.

[90] Burckhardt, Lucius (Hg.), 1978. *Der Werkbund in Deutschland, Österreich und der Schweiz: Form ohne Ornament.* Stuttgart: Deutsche Verlags-Anstalt.

[91] Campbell, Joan, 1981. *Der Deutsche Werkbund 1907-1934.* Übers. von Toni Stolper. Stuttgart: Klett-Cotta Verlag.

[92] Deutscher Werkbund (Hg.), 1908. *Die Veredelung der Gewerblichen Arbeit im Zusammenwirken von Kunst, Industrie und Handwerk. Verhandlung des Deutschen Werkbundes zu München am 11. und 12. Juli 1908.* Jena: Diederichs.

[93] Deutscher Werkbund (Hg.), 1911. *Die Durchgeistigung der deutschen Arbeit. Ein Bericht vom Deutschen Werkbund.* Jena: Diederichs.

[94] Deutscher Werkbund (Hg.), 1912. *Die Durchgeistigung der deutschen Arbeit. Jahrbuch des Deutschen Werkbundes 1912. Wege und Ziele in Zusammenhang von Industrie, Handwerk und Kunst.* Jena: Diederichs.

[95] Deutscher Werkbund (Hg.), 1913. *Die Kunst in Industrie und Handel. Jahrbuch des Deutschen Werkbundes 1913.* Jena: Diederichs.

[96] Deutscher Werkbund (Hg.), 1914. *Verkehr. Jahrbuch des deutschen Werkbundes 1914.* Jena: Diederichs.

[97] Deutscher Werkbund Nordrhein-Westfalen (Hg.), 1974. *Jahrestagung des Deutschen Werkbundes von Nordrhein-Westfalen.* 16. November 1974. Köln

[98] Deutscher Werkbund und Akademie der Künste Berlin (Hg.), 1978. *Hermann Muthesius 1861-1927.* Ausstellung in der Akademie der Künste vom 11. 12. 1977 bis 22. 01. 1978. Berlin.

[99] Die Neue Sammlung, Staatliches Museum für angewandte Kunst (Hg.), 1975. *Zwischen Kunst und Industrie: Der Deutsche Werkbund.* Stuttgart: Dt. Verlag-Anstalt.

[100] Direktorium der Deutschen Kunstgewerbe-Ausstellung (Hg.), 1906. *Das Deutsche Kunstgewerbe 1906. 3. Deutsche Kunstgewerbe-Ausstellung Dresden 1906.* München: F. Bruckmann.

[101] Dohrn, Wolf, 1908, *Die Gartenstadt Hellgrau - ein Bericht.* Jena: Diederichs.

[102] Droste, Magdalena, 1998. *Bauhaus 1919–1933.* Köln: Taschen Verlag.

[103] Dresdener, Albert, 1904. *Der Weg der Kunst.* Jena: Eugen Diederichs.

[104] Dürerbund-Werkbund-Genossenschaft (Hg.), 1915. *Das Deutsche Warenbuch.* Hellgrau bei Dresden.

[105] Erfurth, Helmut, 2010. *Junkers, das Bauhaus und die Moderne.* Dessau: Anhalt Edition.

[106] Fahr-Becker, Gabriele, 2004. *Jugendstil.* Köln: H. F. Fullmann Verlag.

[107] Fichte, Johann Gottlieb, 1807. *Reden an die deutsche Nation, Fichtes sämmtliche Werke.* Auflage 1845-1846, Band 7, Berlin: 259.

[108] Fliedl, Gottfried & Oswald Oberhuber, 1986, *Kunst und Lehre am Beginn der Moderne. Die Wiener Kunstgewerbeschule 1867-1918.* Salzburg und Wien.

[109] Grohn, Christian, 1991. *Die „Bauhaus-Idee": Entwurf-Weiterführung-Rezeption*. Berlin: Gebr. Mann Verlag.

[110] Gropius, Walter, 1910. Programm zur Gründung einer allgemeinen Hausbaugesellschaft auf künstlerisch einheitlicher Grundlage. in: Hans M. Wingler (Hg.), 1968. *Das Bauhaus: Weimar, Dessau, Berlin 1919-1933, Weimar Dessau Berlin und die Nachfolge in Chicago seit 1937*. Köln: DuMont: 26.

[111] Gropius, 1913. Die Entwicklung moderner Industriebaukunst. In: Deutscher Werkbund (Hg.), *Die Kunst in Industrie und Handel. Jahrbuch des Deutschen Werkbundes 1913*. Jena: Dieterichs: 17-22.

[112] Gropius, 1919. Manifest des Staatlichen Bauhauses. in: Hans M. Wingler (Hg.), 1968. *Das Bauhaus: Weimar, Dessau, Berlin 1919-1933, Weimar Dessau Berlin und die Nachfolge in Chicago seit 1937*. Köln: DuMont: 39.

[113] Gropius, 1923. Idee und Aufbau des Staatlichen Bauhauses. in: Bayer, Herbert, Walter Gropius & Ist Gropius (Hg.), 1938. *Bauhaus 1919-1938*. New York: Museum of Modern Art. Deut. 1. Ausgabe. Stuttgart 1955: 20.

[114] Gropius, 1925, Wo berühren sich die Schaffensgebiete des Technikers und Künstlers. *Die Form*: 117-122.

[115] Gropius, 1926, Bauhaus Dessau - Grundsätze der Bauhausproduktion. in: Hans M. Wingler (Hg.), 1968. *Das Bauhaus: Weimar, Dessau, Berlin 1919-1933, Weimar Dessau Berlin und die Nachfolge in Chicago seit 1937*. Köln: DuMont: 120.

[116] Gropius, 1927, Systematische Vorarbeit für rationellen Wohnungsbau. in: Hans M. Wingler (Hg.), 1968. *Das Bauhaus: Weimar, Dessau, Berlin 1919-1933, Weimar Dessau Berlin und die Nachfolge in Chicago seit 1937*. Köln: DuMont: 136.

[117] Gropius, 1930, *Bauhausbauten Dessau*. Nachdruck (1974). Mainz/Berlin.

[118] Grote, Ludwig (Hg.), 1974. *Die deutsche Stadt im 19. Jahrhundert. Stadtplanung und Baugestaltung im industriellen Zeitalter*. München: Prestel.

[119] Günter, Roland, 2009. *Der Deutsche Werkbund und seine Mitglieder 1907-2007*. Essen: Klartext Verlag.

[120] Hardtwig, Wolfgang 1994: Nationale und kulturelle Identität im Kaiserreich und der umkämpfte Weg in die Moderne. Der Deutsche Werkbund. In: Helmut Berding (Hg.): *Nationales Bewusstsein und kollektive Identität. Studien zur Entwicklung des kollektiven Bewusstsein in der Neuzeit*. Frankfurt am M.: Suhrkamp Verlag: 507-540.

[121] Hegenmann, Werner (Hg.), 1911, *Der Städtebau nach den Ergebnissen der Allgemeinen Städtebau-Ausstellung in Berlin*. Berlin: Wasmuth

[122] Hubrich, Hans-Joachim, 1980. *Hermann Muthesius. Die Schriften zu Architektur, Kunstgewerbe, Industrie der Neuen Bewegung*. Berlin: Gebr. Mann Verlag.

[123] Ikeda, Yuko (Hg.), 2002. *Vom Sofakissen zum Städtebau: Hermann Muthesius und der deutsche Werkbund. Modernes Design in Deutschland 1900-1927*. Ausstellungskatalog. The National Museum of Modern Art, Kyoto und Tokyo.

[124] Junghanns, Kurt, 1982. *Der Deutsche Werkbund. Sein erstes Jahrzehnt.* Berlin: Henschelverlag Kunst und Gesellschaft.

[125] Jablonowski, Ulla, 1983, *Beziehung zwischen dem Dessauer Bauhaus und den Werken des Junkerskonzerns.* Sonderdruck aus Desaster Kalender: 13-30.

[126] Joedicke, Jürgen, 1958. *Geschichte der Modernen Architektur.* Stuttgart.

[127] Joedicke, 1965. *Für eine lebendige Baukunst.* Stuttgart.

[128] Kalkschmidt, Eugen, 1911. Die Vierte Tagung des deutschen Werkbundes. *Dekorative Kunst.* XIX.

[129] Kölnischer Kunstverein (Hg.), 1984. *Die Deutsche Werkbund-Ausstellung Cöln 1914.* Kölnischer Kunstverein. 24. März – 13. Mai. 1984.

[130] Landesgruppe Hessen des Deutschen Werkbundes (Hg.), 1958. *50 Jahre Deutscher Werkbund.* Frankfurt am M./Berlin: Alfred Metzner Verlag.

[131] Lessing, Julius, 1888. Das Arbeitsgebiet des Kunstgewerbe. *Deutsche Rundschau.* Bd. 57, H. 18.

[132] Lindner, Werner, 1923. *Die Ingenieurbauten in ihrer guten Gestaltung.* Berlin: Verlag Ernst Wasmuth.

[133] Loos, Adolf, 1910, Ornament und Verbrechen. in: Adolf Opel (Hg.), 2000. *Adolf Loos. Ausgewählte Schriften - Die Originaltexte.* Wien: Prachner.

[134] Lukacs, Georg, 1962, *Vorwort zu Theory of the Novel,* Übers. A. Rostock. Cambrige.

[135] Meissner, Else, 1918. *Der Wille zum Typus: Ein Weg zum Fortschritt deutscher Kultur und Wirtschaft.* Jena: Diederichs.

[136] Moeller, Gisela, 1982, Die preußischen Kunstgewerbeschulen. in: Ekkehard Mai u.a. (Hg.), *Kunstpolitik und Kunstförderung im Kaiserreich. Kunst, Kultur und Politik im Deutschen Kaiserreich.* Bd. 2. Berlin.

[137] Moeller, 1991, *Peter Behrens in Düsseldorf. Die Jahre von 1903 bis 1907.* Weinheim.

[138] Moeller, 2009, Kunstschulreformer vor Bauhaus, Muthesius, Behrens und die preussischen Kunstgewerbschulen [M]. in: Bauhaus-Archiv, Museum für Gestaltung (Hg.), 2009. Bauhaus Global. Neue Bauhausbücher, Neue Folge, Band 3. Berlin: Gebr. Mann Verlag.

[139] Mundt, Barbara, 1974, *Die deutschen Kunstgewerbemuseum.* München.

[140] Müller, Sebastian, 1974. *Kunst und Industrie: Ideologie und Organisation des Funktionalismus in der Architektur.* München: Hanser Verlag.

[141] Naumann, Friedrich, 1908, *Die Kunst im Zeitalter der Maschine.* Berlin-Schöneberg: Buchverlag d. Hilfe.

[142] Nerdinger, Winfried & Bauhaus-Archiv, Berlin (Hg.), 1985. *Walter Gropius. Der Architekt Walter Gropius, Zeichnung, Pläne, Fotos, Werkverzeichnis.* Ausstellungskatalog Berlin und Frankfurt a. M., Berlin.

[143] Nerdinger (Hg.), 2007. *100 Jahre Deutscher Werkbund 1907-2007.* München: Prestel.

[144] Nietzsche, Friedrich, 1873-1876. Unzeitgemäße Betrachtung. In: Karl Schlechta (Hg.). *Friedrich Nietzsche*, Werke in sechs Bänden, Bd. 1. München/Wien, 1980.

[145] Obrist, Hermann, 1902, *Neue Möglichkeien in der bildenden Kunst*. Leipzig: Diederichs.

[146] Pazaurek, Gustav E., 1909, *Geschmacksverirrungen im Kunstgewerbe*. Führer dieser Abteilung im Landes-Gewerbe-Museum Stuttgart (3. Auflage, 1919).

[147] Pevsner, Nikolaus, 1940. *Academies of Art, Past and Present*. Cambridge.

[148] Pevsner, 1975. *Pioneers of Modern Design, from William Morris to Walter Gropius* (originally published as Pioneers of the Modern Movement in 1936). New York: Penguin Books.

[149] Pollak, Günter, 1971. *Die ideologische, wirtschafts- und gesellschaftspolitische Funktion des Deutschen Werkbundes 1907-1919*. Dessertation. Weimar.

[150] Posener, Julius, 1964. *Anfänge des Funktionalismus: Von Arts and Crafts zum Deutschen Werkbund*. Frankfurt am M./Berlin: Ullstein Verlag.

[151] Posener, 1972a. *Form Schinkel to the Bauhaus: five lectures on the growth of modern German architecture*. NewYork: George Wittenborn.

[152] Posener, 1972b. Muthesius als Architekt. in: Werkbund-Archiv (Hg.), 1972. *Werkbund-Archiv I*: 55-79.

[153] Posener, 1977. Hermann Muthesius: Vortrag zur Eröffnung der Ausstellung. in: Deutscher Werkbund und Akademie der Künste Berlin (Hg.): *Hermann Muthesius 1861-1927*. Ausstellung in der Akademie der Künste vom 11. Dezember 1977 bis 22. Januar 1978: 7-16.

[154] Posener, 1979. *Berlin auf dem Weg zu einer neuen Architektur: Das Zeitalter Wilhelms II*. München: Prestel.

[155] Posener, 1981. *Aufsätze und Vorträge 1931-1980*. Braunschweig: Friedr. Vieweg & Sohn Verlag.

[156] Posener, 1984. Hermann Muthesius 1861-1927. *Baumeister*, 4:19-25.

[157] Rezepa-Zabel (Hg.), 2005, *Deutsches Warenbuch, Reprint und Dokumentation. Gediegenes Gerät fürs Haus*. Berlin: Reimer Verlag.

[158] Roth, Fedor, 2001. *Hermann Muthesius und die Idee der harmonischen Kultur*. Berlin: Gebr. Mann Verlag.

[159] Roth, 2002. Hermann Muthesius, die harmonische Kultur, der modern Stil und Sachlichkeit. in: Ikeda Yuko (Hg.). *Vom Sofakissen zum Städtebau: Hermann Muthesius und der deutsche Werkbund. Modernes Design in Deutschland 1900-1927*. Ausstellungskatalog. The National Museum of Modern Art, Kyoto und Tokyo: 374-383.

[160] Schneider, Uwe, 2000. *Hermann Muthesius und die Reformdiskussion in der Gartenarchitektur des frühen 20. Jahrhunderts*. Worms: Werner Verlag.

[161] Semper, Gottfried, 1860–1863. *Der Stil in den technischen und tektonischen Künsten oder Praktische Ästhetik*. Nachdruck 1977. Frankfurt am Main/München.

[162] Semper, 1884. *Kleine Schriften*. Stuttgart.

[163] Scheiffele, Walter, 2003. *Bauhaus Junkers Sozialdemokratie – Ein Kraftfeld der Moderne.* Berlin: form+zweck.

[164] Scheffler, Karl, 1910, *Kunst und Künstler*, Berlin: Bruno Cassirer.

[165] Schumacher, Fritz, 1908. Die Wiedereroberung harmonischer Kultur. *Kunstwart,* XXI, Januar 1908: 135-138.

[166] Schumacher, 1920. *Kulturpolitik - Neue Streifzüge eines Architekten.* Jena: Diederichs.

[167] Schwartz, Frederic J., 1999. *Der Werkbund. Ware und Zeichen 1900-1914.* Übers. von Brigitte Kalthoff. Amsterdam/Dresden: Verlag der Kunst.

[168] Schwartz, 2009. Werkbund und Bauhaus: Eine Neubetrachtung der Verbindungen. in: Bauhaus-Archiv, Museum für Gestaltung (Hg.), 2009. *Bauhaus Global. Neue Bauhausbücher, Neue Folge,* Band 3. Berlin: Gebr. Mann Verlag.

[169] Stalder, Laurent, 2002. *Hermann Muthesius (1861-1927): Das Landhaus als Kulturgeschichtlicher Entwurf.* ETH Zürich.

[170] Thiekötter, Angelika, 1990. Hermann Muthesius und der Deutsche Werkbund - Fragmente, Dokumente. in: Werkbund-Archiv (Hg.), 1990. *Hermann Muthesius im Werkbund-Archiv.* Berlin.

[171] Van de Velde, Henry, 1901. *Die Renaissance im modernen Kunstgewerbe*, Berlin: Bruno Cassirer.

[172] Van de Velde, 1907. *Vom neuen Stil.* Leipzig: Insel-Verlag.

[173] Van de Velde, 1962. *Geschichte meines Lebens*, Zürich.

[174] Van den Bruck, Moeller, 1914. *Der preußische Stil.* München: Korn.

[175] Verband für die wirtschaftlichen Interessen des Kunstgewerbes (Hg.), 1915. *Der "Deutsche Werkbund" und seine Ausstellung Köln 1914.* Berlin.

[176] Wagner, Otto, 1896. *Moderne Architektur.* Nachdruck 1979. Wien.

[177] Werkbund-Archiv (Hg.), 1990. *Hermann Muthesius im Werkbund-Archiv.* Berlin.

[178] Werkbund-Archiv, Flagmeier & Ludovico (Hg.), 2012. *Schreiben & Bauen: Der Nachlass von Hermann Muthesius im Werkbundarchiv - Museum der Dinge.* Berlin.

[179] Wingler, Hans M. (Hg.), 1968. *Das Bauhaus: Weimar, Dessau, Berlin 1919-1933, Weimar Dessau Berlin und die Nachfolge in Chicago seit 1937.* Köln: DuMont.

[180] Wingler (Hg.), 1977. *Kunstschulreform 1900-1933*, Berlin.

穆特休斯全部著作与文章列表

1891

《东京德意志福音教教堂》Deutsche evangelische Kirche in Tokio. *Zentralblatt der Bauverwaltung*, XI: 337-339.

1893

a 《建筑是艺术还是行业？》Ist die Architektur eine Kunst oder ein Gewerbe. *Zentralblatt der Bauverwaltung*, XIII: 333-335.

b 《德意志年轻人的艺术教育》Die künstlerische Erziehung der deutschen Jugend. *Zentralblatt der Bauverwaltung*, XIII: 527-528.

1894

a 《埃尔伯菲尔德市政厅设计竞赛》Die Preisbewerbung um Entwürfe für ein Rathaus in Elberfeld. *Zentralblatt der Bauverwaltung*, XIV: 69-70, 79-82, 89-92, 100-102, 114-115.

b 《伦敦帝国学院》Das 'Imperial Institute' in London. *Zentralblatt der Bauverwaltung*, XIV: 149-152: 157.

c 《柏林艺术大展的建筑》Die Architektur auf der Großen Berliner Kunstausstellung. *Zentralblatt der Bauverwaltung*, XIV: 256-259, 329-330, 335-336, 338-341.

d 《德意志建筑》Deusche Architektur. *Zentralblatt der Bauverwaltung*, XIV: 260.

e 《一个维也纳艺术学者关于德国国会大厦的评价》Das Urteil eines Wiener Kunstgelehrten über deutsche Reichstagsgebäude. *Zentralblatt der Bauverwaltung*, XIV: 439-440.

1895

a 《十九世纪德意志柱形纪念碑》Die deutschen Bildsäulen-Denkmal des XIX. Jahrhunderts. *Zentralblatt der Bauverwaltung*, XV: 43.

b 《伦敦比修夫斯盖特区的民居》Das Volkshaus in Bishopsgate in London. *Zentralblatt der Bauverwaltung*, XV: 77-80.

c 《沃尔姆斯的新仓库及当地的新建筑趋势》Das neue Lagerhaus in Worms und die dortigen neueren Baubestrebung. *Zentralblatt der Bauverwaltung*, XV: 117-119, 129-130.

d 《斯图加特市政厅设计竞赛》Der Wettbewerb um Entwürfe für Rathaus in Stuttgart. *Zentralblatt der Bauverwaltung,* XV: 277: 282-284, 295-296, 301-303, 321-324.

e 《柏林俾斯麦纪念碑价格竞标》Die Preisbewerbung um ein Bismark-Denkmal für Berlin. *Zentralblatt der Bauverwaltung*, XV: 287-288.

f   《1895 年柏林艺术展的建筑》Die Architektur auf der Berliner Kunstausstellung
    1895. *Zentralblatt der Bauverwaltung*, XV: 350-352.

g   《莱比锡新国家法院》Das neue Reichsgericht in Leipzig. *Zentralblatt der
    Bauverwaltung*, XV: 449-452, 458-460, 500-501, 521-422.

h   《医院建筑》Krankenhäuser. *Endell. Frobenius. Muthesius. Berlin und sein Bauten*. Bd.
    II und III: Der Hochbau: 420-454.

1897

a   《威廉·莫里斯和伦敦实用艺术展览协会第五届展会》William Morris
    und die fünfte Ausstellung des Kunstgewerbe-Ausstellungsvereins in London.
    Zentralblatt der Bauverwaltung, XVII: 3-5, 29-30, 39-41.

b   《彼得巴洛夫教堂和英国的文物保护》Die Kathedrale von Peterborough und
    die Denkmalpflege in England. *Zentralblatt der Bauverwaltung*, XVII: 164-166.

c   《伦敦的供水》Die Wasserversorgung in Loudon. *Zentralblatt der Bauverwaltung*,
    XVII: 188-189.

d   《英国工程师协会第一届年会》Erste allgemeine Jahresversammlung des
    englischen Ingenieur-Vereins 'Insititution of Civil Engineers'. *Zentralblatt der
    Bauverwaltung*, XVII: 280.

e   《伦敦不莱克威尔隧道》Der Blackwell-Tunnel in London. *Zentralblatt der
    Bauverwaltung*, XVII: 239: 246-248.

f   《英国不可燃木材实验》Versuche mit unverbrennbaren Holz in England.
    Zentralblatt der Bauverwaltung, XVII: 310-311.

g   《英国建筑师的教育》Die Ausbildung der englischen Architekten. *Zentralblatt der
    Bauverwaltung*, XVII: 446-448, 459-461.

h   《英国废水的细菌清理》Die bacteriologische Klärung der Abwässer in England.
    Zentralblatt der Bauverwaltung, XVII: 453-456.

i   《一座英国现代剧院作品》Ein englisches Werk über modern Theater. *Zentralblatt
    der Bauverwaltung*, XVII: 471-473.

j   《约翰·佩尔森》John L. Pearson. *Zentralblatt der Bauverwaltung*, XVII: 580.

1898

a   《对艺术家和手工艺者的建筑学评价》The Architectural Review for the Artist
    and Craftsman. *Zentralblatt der Bauverwaltung*, XVII: 11-12.

b   《伦敦 1897 年 11 月 19 日的城市火灾》Das Feuer in der City von London vom
    19. November 1897. Zentralblatt der Bauverwaltung, XVIII: 129-131.

c   《伯明翰法院建筑和英国新陶板建造方式》Das Gerichtsgebäude in
    Birmingham und die neuere Terracotta-Bauweise in England. *Zentralblatt der
    Bauverwaltung*, XVIII: 165-266, 277-280.

d   《墓碑公开展》Die öffentliche Ausstellung der Leiche Glabstones. *Zentralblatt der
    Bauverwaltung*, XVIII: 295-296.

e 《意大利旅行印象》Italienische Reiseeindrücke. *Zentralblatt der Bauverwaltung*, XVIII: 378-380, 386-388, 393-395, 423-425, 433-435, 445-447.

f 《英国最新的砖瓦建造方式》Die neuzeitliche Ziegel-Bauweise in England. *Zentralblatt der Bauverwaltung*, XVIII: 581-583, 593-595, 605-607, 622-623.

g 《一座英国现代剧院作品 – 艾德温·萨科斯》Ein englisches Werk über modern Theater. Von Edwin O. Sachs. *Zentralblatt der Bauverwaltung*, XVIII: 602-603.

h 《伦敦手工艺协会和学校》Die 'Guild and School of Handicraft' in London. *Dekorative Kunst*: 41-48.

i 《英国为手工劳动者开设的艺术课程》Künstlerischer Unterricht für Handwerker in England. *Dekorative Kunst*: 15-20.

j 《伦敦庆典展》Die Jubiläumsausstellung in London. *Dekorative Kunst*: 208-210.

k 《伦敦的展览》Ausstellungen in London. *Dekorative Kunst*: 236-239.

l 《意大利旅行印象》*Italienische Reiseeindrücke*. Berlin 1898.

1899

a 《利物浦波特·桑赖特工厂区》Das Fabrikdorf Port Sunlight bei Livepool. *Zentralblatt der Bauverwaltung*, XIX: 133-136, 146-148.

b 《不列颠消防协会》Der britische Feuerschutzverein. *Zentralblatt der Bauverwaltung*, XIX: 151-152.

c 《1900 年巴黎万国博览会的英国建筑》Das englische Haus auf der Pariser Weltausstellung 1900. *Zentralblatt der Bauverwaltung*, XIX: 284-285.

d 《伦敦警察局主楼》Das Hauptpolizeigebäude von London. *Zentralblatt der Bauverwaltung*, XIX: 317-320.

e 《英国反"预防骚乱预案"运动》Die englische Bewegung gegen die Ausschreitungen des Ankündigungswesens. *Zentralblatt der Bauverwaltung*, XIX: 349-351.

f 《为艺术战——弗里茨·舒马赫》Im Kampfe um die Kunst. Von Fritz Schumacher. *Zentralblatt der Bauverwaltung*, XIX: 372.

g 《英国和大陆的实用艺术》Englische und kontinentale Nutzkunst. *Kunst und Handwerk*, XLIX, H. 12: 321-328.

h 《英国最新的新教教堂建筑》Der neuere protestantische Kirchenbau in England. *Zeitschrift für Bauwesen*, XLIX, H. 12: 361-402, 485-554.

i 《格拉斯哥的奥斯卡·彼得森的玻璃窗》Die Glasfenster Oscar Peterson's in Glasgow. *Dekorative Kunst*: 150-151.

j 《英国建筑：I. 利物浦的波特·桑赖特的工人住宅》Englische Architektur: I. Die Arbeiterhäuser in Port Sunlight bei Liverpool. *Dekorative Kunst*: 43-44, 75-77.

k 《"文物建筑重建法"再评》Wiedergabe eines Gutachtens 'Das Verfahren bei Wiederherstellung von Baudenkmälern. *Leipziger Zeitung. Erste Beilage*: 150-151.

1900

a 《为新艺术战——卡尔·诺依曼》Der Kampfe um die neue Kunst. Von Karl Neumann. *Zentralblatt der Bauverwaltung*, XX: 29-30.

b 《约翰·拉斯金》John Ruskin. *Zentralblatt der Bauverwaltung*, XX: 43-44.

c 《英国铁路交通事故官方调研》Amtliche Untersuchung über Eisenbahnunfälle in England. *Zentralblatt der Bauverwaltung*, XX: 55-56.

d 《伦敦修勒迪契区垃圾焚化厂、发电厂、澡堂、洗衣房和大众书店》Müllverbrennungs- und Elektricitätswerke, Bade-, Waschanstalt und Volksbücherei der Bezirksgemeinde Shoreditch in London. *Zentralblatt der Bauverwaltung*, XX: 81.

e 《伦敦新政府建筑》Die neuen Ministerialgebäude in London. *Zentralblatt der Bauverwaltung*, XX: 81.

f 《伦敦的供水》Die Wasserversorgung Londons. *Zentralblatt der Bauverwaltung*, XX: 114-115.

g 《建筑的时代观察：环顾世纪之交》Architektonische Zeitbetrachtungen: Ein Umblick an der Jahrhundertwende. *Zentralblatt der Bauverwaltung*, XX: 125-128, 145-147.

h 《英国的家庭艺术工业协会和小艺术领域的业余爱好》Der 'Verein für häusliche Kunstindustrie' und der Dilettantismus in den Kleinkünsten in England. *Zentralblatt der Bauverwaltung*, XX: 165-167, 173-174, 197-199, 209-212.

i 《巴黎万国博览会场馆巨型入口》Der monumentale Eingang zum Weltausstellungsgelände in Paris. *Zentralblatt der Bauverwaltung*, XX: 269-270.

j 《巴黎万国博览会的两座艺术宫》Die beiden Kunstpaläste der Pariser Weltausstellung. *Zentralblatt der Bauverwaltung*, XX: 317-320, 348-349.

k 《巴黎万国博览会展会建筑》Die Ausstellungsbauten der Pariser Weltausstellung. *Zentralblatt der Bauverwaltung*, XX: 357-358, 371-374, 381-384.

l 《巴黎万国博览会的小型建筑》Die kleineren Bauwerke der Pariser Weltausstellung. *Zentralblatt der Bauverwaltung*, XX: 429-432, 441-444.

m 《英国下议院会议大厅》Der Sitzungsaal des englischen Unterhauses. *Zentralblatt der Bauverwaltung*, XX: 471-472.

n 《个体和他的艺术——罗伯特·密尔克》Der Einzelne und seine Kunst. Von Robert Mielke. *Zentralblatt der Bauverwaltung*, XX: 509.

o 《英国建筑：M. H. 贝利·斯哥特》Englische Architektur: M. H. Baillie Scott. *Dekorative Kunst*: 5-7.

p 《英国建筑：乔治·沃尔顿的室内设计》Englische Architektur: George Walton's Innenausbau. *Dekorative Kunst*: 132-134.

q 《英国建筑：艾恩斯特·牛顿》 Englische Architektur: Ernest Newton. *Dekorative Kunst*: 248-256.

r 《在伦敦雷京街新画廊举行的第六届实用艺术展（艺术与手工艺展）》 Die sechste kunstgewerbliche Ausstellung (Arts and Crafts Exhibition) in New Gallery, Regent Street, London. *Kunstgewerbeblatt*. N.F. XI: 141-152.

s 《英国最新的新教教堂建筑》 Der neuere protestantische Kirchenbau in England.*Zeitschrift für Bauwesen*, L: 301-334,455-492.

t 《一栋亚琛的 18 世纪贵族建筑》 Ein Aachener Patricierhaus des 18. Jahrhunderts. *Die Denkmalpflege*, II: 128.

u 《绘画课程和风格学》 Zeichenunterricht und Stillehre. *Die Kunst für Alle*, XV: 487-496.

v 《关于我们的住宅建筑艺术》 Über unsere häusliche Baukunst. *Deutsche Kunst und Dekoration*, Bd. 6: 332-344.

w 《伦敦国民学校的绘画课程》 Der Zeichenunterricht in den Londoner Volksschulen. *Pädagogische Blätter für Lehrerbildung und Lehrerbildungsstätten*: 157-171.

x 《英国的实用艺术中的业余爱好——伦敦住宅艺术工业协会的特殊作用》 *Der Kunstgewerbliche Dilettantismus in England. Insbesondere das Wirken des Londoner Verein für häusliche Kunstindustrie*. Berlin 1900.

y 《建筑的时代观察：环顾世纪之交》 *Architektonische Zeitbetrachtungen: Ein Umblick an der Jahrhundertwende*. Festrede, gehalten im Architekten-Verein zu Berlin zum Schinkelfest am 13. März 1900. Berlin 1900.

z 《伦敦国民学校的绘画课程》 *Der Zeichenunterricht in den Londoner Volksschulen*. Gotha 1900 (Beiträge zu Lehrerbildung und Lehrerfortbildung, Hg. v. H. Muthesius. Weimar. H. 16).

za 《英国当代建筑艺术：新英国世俗建筑案例，包含平面图、图例和描述文字》 *Die englische Baukunst der Gegenwart: Bespiel neuer englischer profanbauten, mit Grundrissen, textabbildungen und erläutendem Text*. Bd. 1-4, Leipzig/Berlin 1900-1903.

zb 《关于住宅和炉子的民间展览》 Volkstümliche Ausstellung für Haus und Herd. *Dresdner Anzeiger*, Nr. 11 (13. 1. 1900).

zc 《田园住宅的空间分配》 Die Raumverteilung des Landhauses. *Der Tag*, Nr. 165 (31. 3. 1900).

1901

a 《商业和商店建筑》 Geschäfts-und Warenhäuser. Zentralblatt der Bauverwaltung. XXI:172.

b 《商业和商店建筑室内陈设——克莱默河沃尔夫斯坦》 Geschäfts-und Ladeneinrichtungen. Von Cremer und Wolffenstein. *Zentralblatt der Bauverwaltung*. XX1: 172.

c 《拉斯金在德语翻译中》 Ruskin in deutscher Übersetzung. *Zentralblatt der Bauverwaltung*. XXI: 219-221.

d　《13 世纪德意志的雕塑艺术》Deutsche Bildhauerkunst im 13. Jahrhundert. Von Hasak. *Zentralblatt der Bauverwaltung*. XXI: 242-244.

e　《伦敦白教堂区新画廊和伦敦东部的民间艺术展》Die neue Gemäldegalerie in Whitechapel in London und die volkstümlichen Kunstausstellungen im Londoner Osten. *Zentralblatt der Bauverwaltung*. XXI:316-318.

f　《伦敦维多利亚女王塑像设计竞赛》Der Wettbewerb für das Denkmal der Königin Victoria in London. *Zentralblatt der Bauverwaltung*. XXI: 352-353, 585-587.

g　《伦敦伯爵领地理事会的工人住房政治》Die Arbeiterwohnungs-Politik des Londoner Grafschaftsrathes. *Zentralblatt der Bauverwaltung*. XXI: 398-401.

h　《1901 年格拉斯哥国际展》Die Internationale Ausstellung in Glasgow 1901. *Zentralblatt der Bauverwaltung*. XXI: 445-448.

i　《伦敦城市电气地铁网的建设》Der Ausbau des Netzes elektrischer Tiefbahnen unter der Stadt London. *Zentralblatt der Bauverwaltung*. XXI: 613-616.

j　《丹特·加布列里·罗塞蒂》Dante Gabrieli Rossetti. *Kunst und Kunsthandwerk*. IV: 373ff.

k　《巴黎万国博览会的英国室内艺术》Englische Innenkunst auf der Pariser Weltausstellung. *Dekorative Kunst*. IV 17-30.

l　《格雷森·怀特》Gleesen White. *Dekorative Kunst*: 66-74.

m　《新装饰和新艺术》Neues Ornament und neue Kunst. *Dekorative Kunst*: 349-366.

n　《克莱菲尔德的艺术家丝绸》Krefelder Künstlerseide. *Dekorative Kunst*: 477-485.

o　《格拉斯哥国际展》Die Internationale Ausstellung in Glasgow. *Dekorative Kunst*: 489-496.

p　《英国的文物保护》Denkmalschutz und Denkmalpflege in England. *Die Denkmalpflege*. III: 52-54.

q　《巨石阵》Stonehenge. *Die Denkmalpflege*. III: 67-70.

r　《现代主义运动》Die moderne Bewegung, *Spemanns goldenes Buch der Kunst: Eine Hauskunde für Jedermann*. Berlin & Stuttgart: Nr. 1029-1066.

s　《关于在不同国家的新方向的形成和发展的观察——英国》Betrachtungen über die Entstehung und die Entwicklung der neuen Richtung in verschiedenen Ländern - England. in: Richard Graul (Hg.), 1901. *Die Krisis im Kunstgewerbe Studie über die Wege und Ziele der modernen Richtung*. Leipzig: 1-20.

t　《英国新教堂建筑艺术：英国国家教堂和各教派的教堂建筑的发展、条件和基础》*Die neuere kirchliche Baukunst in England. Entwicklung, Bedingungen und Grundzüge des Kirchenbaues der englischen Staatskirche und der Secten*. Berlin 1901.

1902

a 《英国互利社会的酒吧经济》Der Betrieb von Schankwirthschaften durch gemeinnützige Gesellschaften in England. Zentralblatt der Bauverwaltung. XXII: 67-70.

b 《当下时代与历史传承的建筑》Das Bauschaffen der Jetztzeit und historische Überlieferung. Fritz Schumacher. *Zentralblatt der Bauverwaltung*. XXII: 72.

c 《英国的肺病治疗机构设施价格清单》Preisschrift für die Anlage einer Heilstätte für Lungenkranke in England. *Zentralblatt der Bauverwaltung*. XXII: 96.

d 《Bücherschau- 高层建筑辞典》Bücherschau-Hochbau-Lexikon. *Zentralblatt der Bauverwaltung*. XXII: 356.

e 《英国住宅设施的地块条件》Einige örtliche Bedingungen der Hausanlage in England. *Zentralblatt der Bauverwaltung*, XXII: 475-476.

f 《文化工作》Culturarbeiten. 1. Bd. Hausbau. 2. Bd. Gärten. Paul Schultze-Naumburg. *Zentralblatt der Bauverwaltung*. XXII: 641.

g 《为了贫困者的艺术》Kunst für die Armen. *Dekorative Kunst*: 52-57.

h 《本松的电子发光体》Benson's elektrische Beleuchtungskörper. *Dekorative Kunst*: 105-110.

i 《艺术与机器》Kunst und Maschine. *Dekorative Kunst*: 141-147.

j 《格拉斯哥艺术运动：查尔斯·麦金托什和玛格丽特·麦金托什》Die Glasgower Kunstbewegung: Charles R. Mackintosh und Margaret Maconald Mackintosh. *Dekorative Kunst*: 193-217.

k 《拯救我们的老建筑》Zur Rettung unserer alten Bauten. *Dekorative Kunst*: 264-268.

l 《建筑师约翰·约瑟夫·考文和雅克布·考文》Die Architekten Johann Josef Couven und Jakob Couven. *Die Denkmalpflege*. IV: 48.

m 《古老的民族传统和现代暴发户主义在我们的建筑艺术中》Alte Volkstradition und modernes Parvenutum in unserer Baukunst. *Deutsche Monatsschrift für das gesamte Leben der Gegenwart*. I: 219-224.

n 《我们的审美观的现代重塑》Die moderne Umbildung unserer ästhetischen Anschauungen. *Deutsche Monatsschrift für das gesamte Leben der Gegenwart*: 686-702.

o 《建筑文物的"再生产"》Die 'Wiederherstellung' von Baudenkmälern. *Neue deutsche Rundschau*. XIII: 156-168.

p 《英国的艺术与生活》Kunst und Leben in England. *Zeitschrift für bildende Kunst*. N. F. XIII: 13-21, 46-69.

q 《风格建筑与建筑艺术》*Stilarchitektur und Baukunst. Wandlungen der Architektur im 19. Jahrhundert und ihr heutiger Standpunkt*. 1. Auflage. Mülheim-Ruhr.

r 《英国教派的教堂建筑》*Der Kirchenbau der englischen Secten*. Halle a. S. 1902. Dissertation.

1903

a　《都灵，1902 年》Turin 1902. *Zentralblatt der Bauverwaltung.* XXIII: 88

b　《健康的住宅》Das gesunde Haus. Dr. O. Krähnke und H. Müllenbach. *Zentralblatt der Bauverwaltung.* XXIII: 164.

c　《日本住宅》Das japanische Haus. F. Baltzer. *Zentralblatt der Bauverwaltung.* XXIII 306-307.

d　《建筑师 J. W. 贝德福特和 S. D. 克森在里兹的田园住宅》Landhäuser der Architekten J. W. Bedford und S. D. Kitson in Leeds. *Dekorative Kunst*: 81-97.

e　《乔治·沃尔顿的柯达商店》Die Kodak-Läden George Waltons. *Dekorative Kunst*: 201-213.

f　《英国住宅和独栋住宅的民族意义》Das englische Haus und die nationale Bedeutung des Einzelhauses. *Deutsche Monatsschrift für das gesamte Leben der Gegenwart* III: 212-221.

g　《务实的艺术：实用艺术、青春风格和市民的艺术》Sachliche Kunst: Kunstgewerbe, Jugendstil und bürgerliche Kunst. *Die Rheinlande.* IV: 53-61.

h　《英国家具和 M. H. 佰利·史考特》Englisches Mobiliar und M. H. Baillie Scott. *Innendekorationen.* XIV: 165ff.

j　《佰利·史考特，伦敦：一个艺术爱好者的住宅》Baillie Scott London: Haus eines Kunstfreundes. *Meister der Innenkunst.* Bd. 2. Darmstadt.

j　《查尔斯·麦金托什，格拉斯哥：一个艺术爱好者的住宅》Charles Rennie Mackintosh Glasgow: Haus eines Kunstfreundes. *Meister der Innenkunst.* Bd. 2. Darmstadt.

k　《风格建筑与建筑艺术》*Stilarchitektur und Baukunst. Wandlungen der Architektur im 19. Jahrhundert und ihr heutiger Standpunkt.* 2. stark vermehrte Auflage. Mülheim-Ruhr.

l　《英国住宅 II. 住宅设施和家具》Das englische Haus II. Hausanlage und Möbel. *Dresdner Anzeiger.* Nr. 340. (9. 12. 03).

1904

a　《1904 年马德里第六届国际建筑师大会》Der VI. internationale Architekten-Kongreß 1904 in Madrid. *Zentralblatt der Bauverwaltung.* XXIV: 225-227.

b　《关于建筑中的现代性》über das Moderne in der Architektur. *Zentralblatt der Bauverwaltung.* XXIV: 236-237.

c　《英国街道火车交通立法的意义》Die Bedeutung und gesetzgeberische Behandlung des Verkehrs mit Straßenlokomotiven in England. *Zentralblatt der Bauverwaltung.* XXIV: 313-315, 318-319.

d　《理查德·里米施密特的艺术》Die Kunst Richard Riemerschmids. *Dekorative Kunst*: 249-283.

e 　《文化和艺术：对德意志实用艺术的观察》Kultur und Kunst: Betrachtungen über das deutsche Kunstgewerbe. *Deutsche Monatsschrift für das gesamte Leben der Gegenwart.* III: 72-87.

f 　《1904 年圣路易斯万国博览会的住宅艺术》Die Wohnungskunst auf der Weltausstellung in St. Louis 1904. *Innendekoration.* XV: 292-293.

g 　《马德里第六届国际建筑师大会》Der VI. internationale Architektenkongreß in Madrid. *Die Denkmallege.* VI: 52.

h 　《1904 年圣路易斯万国博览会的住宅艺术》Die Wohnungskunst auf der Weltausstellung in St. Louis 1904. *Deutsche Kunst und Dekoration.* Bd. 15: 209-227.

i 　《当代英国住宅》Das englische Haus der Gegenwart. *Der Baumeister.* II: 6-9.

j 　《英国住宅及其空间》Das englische Haus und seine Räume. Berliner Tagesblatt. (25. 1. 04.) Nr. 4. Beiblatt *Der Zeitgeist.*

k 　《美国》*Amerika. Der Kunstwart.* XVIII. H. 5: 345-356.

l 　《我们的艺术状况，我们文化的表达》Unsere Kunstzustände, Ausdruck unserer Kultur. *Der Kunstwart.* XVIII. H. 23: 464-473.

m 　《行业中的"艺术"》"Kunst" im Gewerbe. *Der Kunstwart,* XVIII. H. 9: 530-535.

n 　《关于住宅的建筑艺术》Über häusliche Baukunst. *Deutsche Bauhütte,* III. Nr. 31: 205-206.

o 　《文化与艺术：关于当代艺术问题的文集》*Kultur und Kunst: Gesammelte Aufsätze über künstlerische Fragen der Gegenwart.* Jena und Leipzig.

p 　《现代田园建筑及其室内陈设》*Das moderne Landhaus und seine innere Ausstattung.* München 1904.

q 　《英国住宅：发展、条件、设施、建造、陈设和室内空间》*Das englische Haus: Entwicklung, Bedingungen, Anlage, Aufbau, Einrichtung und Innenraum.* Bd. 1-3. 1. Auflage Berlin 1904-1905.

r 　《圣路易斯万国博览会的住宅艺术》*Die Wohnungskunst auf der Weltausstellung in St. Louis.* Darmstadt.

s 　《圣路易斯万国博览会的住宅艺术》Die Wohnungskunst auf der Weltausstellung in St. Louis. Sonntagsblatt der St. *Petersburger Zeitung.* (29. 2. 04) 71f. (Abdruck von 04s)

t 　《艺术家的文化工作》Künstlerische Kulturarbeiten. *Der Tag.* (15. 1. 04) Nr. 23.

u 　《圣路易斯万国博览会的实用艺术与住宅艺术》Kunstgewerbe und Wohnungskunst auf der Weltausstellung in St. Louis. *Der Tag.* (26. 10. 04) Nr. 503.

v 　《圣路易斯万国博览会的金属艺术》Die Metallkunst auf der Weltausstellung in St. Louis. *Der Tag.* (25. 11. 04) Nr. 553.

w 　《单独家庭住宅》*Das Einfamilienhaus.* Breslau 1904 (*Sonderabdruck aus Schlesische Zeitung.* 31. 7. 04 Nr. 532) x　《我们的住宅》Unsere Wohnungen. *Hildesheimer Allgemeine Zeitung*. (14. 9. 04) Nr. 217. (Auszug aus 04o).

y　《我们的住宅》Unsere Wohnungen. *Tägliche Rundschau* (11. 9. 04) Nr. 427. (Auszug)

z　《圣路易斯万国博览会的德意志住宅艺术》Deutsche Wohnungskunst auf der Weltausstellung in St. Louis. *Norddeutsche Allgemeine Zeitung*. (30. 12. 04) Nr. 306.

za　《艺术与行业》Kunst und Gewerbe. Badische Gewerbezeitung. (20. 5. 04) 207f. (Auszug aus 03k)

1905

a　《现代田园住宅——约瑟夫·S·路克斯》Das moderne Landhaus. Von Joseph Sug. *Lux Zentralblatt der Bauverwaltung*. XXV:100.

b　《高层建筑辞典——古斯塔夫·逊内马克》Hochbaulexikon. Von Dr. Gustav Schönermark. *Zentralblatt der Bauverwaltung*. XXV:144.

c　《阿尔弗雷德·沃特豪斯》Alfred Waterhouse. *Zentralblatt der Bauverwaltung*. XXV: 459.

d　《现代室内艺术的开端》Die Anfänge der modernen Innenkunst. *Die neue Rundschau*. XVI: 1025-1050.

e　《实用艺术之路和最终目标》Der Weg und das Endziel des Kunstgewerbes. *Dekorative Kunst*: 181-190, 230-238.

f　《建筑草图》Architekturskizzen. *Dekorative Kunst*. VI.

g　《实用艺术的状况》Zur kunstgewerblichen Lage. *Die Werkkunst*. I: 4-7.

h　《现代田园住宅的设施》Die Anlage des modernen Landhauses. *Die Werkkunst*. I : 25-27.

i　《当代英国住宅》Das englische Haus der Gegenwart. *Der Baumeister*. III: 6-9.

j　《住宅建设中的艺术思想发展》Die Entwicklung des künstlerischen Gedankens im Hausbau. *Die Rheinlande*.

k　《我们的住宅》Unsere Wohnungen. *Hohe Warte*. II: 156-157.

l　《英国住宅》Das englische Haus. *Stuttgarter Mitteilungen über Kunst und Gewerbe*, H. 1: 3ff.

m　《住宅文化》Wohnungskultur. München (Dürerbund. Dritte Flugschrift zur ästhetischen Kultur).

n　《现代田园住宅及其室内陈设》Das moderne Landhaus und seine innere Ausstattung. 2. verb. und verm. Auflage. München.

1906

a　《伦敦第七届国际建筑师大会》Der siebente internationale Architektenkongreß in London. *Zentralblatt der Bauverwaltung*. XXVI: 398-400, 402.

b 《实用艺术》Das Kunstgewerbe. *Die Weltwirtschaft.* Teil 1: 312-325.

c 《机器（制造的）家具》Das Maschinenmöbel. *Fachblatt für Holzarbeiter.* I: 7ff.

d 《第三届德意志实用艺术展的意义》Die Bedeutung der 3. Deutschen Kunstgewerbe-Ausstellung. in: Direktorium der Ausstellung (Hg.), 1906. 3. *Deutsche Kunstgewerbe-Ausstellung Dresden 1906.* Ausstellungs-Zeitung. Nf. 1 : 2ff.

e 《普鲁士工艺美术教育的发展和现状》Entwicklung und heutiger Stand des kunstgewerblichen Schulwesens in Preußen. in: Direktorium der Ausstellung (Hg.), 1906. 3. *Deutsche Kunstgewerbe-Ausstellung Dresden 1906.* Ausstellungs-Zeitung: 41-51.

f 《错误的现象》Vom falschen Scheine. *Die Werkkunst.* I: 249-250.

g 《德意志实用艺术的成就》Ein Erfolg des deutschen Kunstgewerbes. *Die Werkkunst.* I: 305-308.

h 《真色印染》Echtfärberei. *Die Werkkuns*t. II: 3-4.

i 《实用艺术运动的民族意义》über die nationale Bedeutung der kunstgewerblichen Bewegung. *Hohe Warte.* III: 16.

j 《十八世纪艺术课程的历史发展》Geschichtliche Entwicklung des Kunstunterrichts im XVIII. Jahrhundert. *Hohe Warte.* III: 158-159.

k 《真色印染》Echtfärberei. *Hohe Warte.* III: 183.

l 《实用艺术和建筑》Das Kunstgewerbe und Architektur. *Hohe Warte.* III: 185-186.

m 《建筑的公共教育》The Education of the public in Architecture. VIIth International Congress of Architects, London, 16-21 July 1906. Summary of Proceedings. Journal of the Royal Institute of British Architects. November 1905 - October 1906. Volume XIII. third Series. London 1906: XLII-XLIII.

n 《工艺美术教育和绘图课程》*Kunstgewerbliche Erziehung und Zeichenunterricht.* Reiseberichte über Nordamerika, erstattet von Kommissaren des Königlich Preußischen Ministers für Handel und Gewerbe. Sammlung der Drucksachen des preußischen Hauses der Abgeordneten (Anlagen zu den Stenographischen Berichten). 20. Leg.-per. II. Session 1905/1906. Bd. 6. Drucksache Nr. 257. Berlin 1906: 99-143.

o 《建筑的教育》Die Erziehung zur Architektur. *Der Kunstwar*t. XX: 191-193.

p 《夏季住宅和度假屋》Sommer- und Ferienhäuser. Eine Anregung zu einem Preisausschreiben. *Die Woche.* VIII. Nr. 36, 8. 9. 1906: 1545-1546.

q 《实用艺术思想的新发展》Die neuere Entwicklung des kunstgewerblichen Gedankens. *Der Sämann.* II: 200-205.

r 《住宅建筑艺术思想的发展：工人住宅的艺术设计》*Die Entwicklung des künstlerischen Gedankens im Hausbau: Die künstlerische Gestaltung des Arbeiter-Wohnhauses.* Berlin 1906: 7-15. (Schriften der Centralstelle für Arbeiter-und Wohlfahrtseinrichtungen. Nr. 29).

s   《田园住宅的设施》 *Die Anlage des Landhauses*, München (Flugschrift zur
     ästhetischen Kultur).

t   《游学英国的建筑师的旅行笔记》 *Einige Reisenotizen für nach England reisende
     Architekten*. Berlin.

u   《实用艺术运动的民族意义》 Die nationale Bedeutung der kunstgewerblichen
     Bewegung. Teil 1. *Dresdner Anzeiger*. (27. 6. 06) Nr. 266: 2f.

v   《实用艺术运动的民族意义》 Die nationale Bedeutung der kunstgewerblichen
     Bewegung. Teil 2. *Dresdner Anzeiger*. (30. 9. 06) Nr. 269: 3f.

w   《实用艺术运动的民族意义》 Die nationale Bedeutung der kunstgewerblichen
     Bewegung. Teil 3. *DresdnerAnzeiger*. (2. 10. 06) Nr. 271: 2ff.

x   《田园住宅的设施》 Die Anlage des Landhauses. *Der Tag*. (3. 3. 06) Nr. 113.

y   《田园住宅的个性化布置》 Die individuelle Ausgestaltung des Landhauses. *Der
     Tag*. (20. 6. 06.) Nr. 307.

1907

a   《我们的价格竞标：夏季住宅和度假屋的设计》 Zu unserem
     Preisausschreiben: Entwürfe für Sommer- und Ferienhäuser. *Die Woche*. IX. Nr. 7,
     16. 2. 1907: 267-268, 270.

b   《实用艺术的意义》 Die Bedeutung des Kunstgewerbes. Eröffnungsrede zu den
     Vorlesungen über modernes Kunstgewerbe an der Handelshochschule in Berlin.
     Dekorative Kunst: 177-192.

c   《真色印染》 Echtfärberei. *Dekorative Kunst*: 335-336.

d   《老集市广场的保护》 Pflege alter Marktplätze. *Die Rheinlande*. VII: 21.

e   《实用艺术运动的民族意义》 Die nationale Bedeutung der kunstgewerblichen
     Bewegung. *Die Rheinlande*. VII: 2ff.

f   《实用艺术之路和最终目标》 Der Weg und das Ziel des Kunstgewerbes. *Fachblatt
     für Holzarbeiter*. II: 65ff., 85ff.

g   《真色印染》 Echtfärberei. *Norddeutsche Bauzeitung*. XXXIII: 261.

h   《建筑和公众》 Architektur und Publikum. *Die neue Rundschau*. XVIII: 204-214.

i   《实用艺术的问题》 Probleme des Kunstgewerbes. *Die Werkkunst*. III: 25-29.

j   《维也纳工艺美术学校的创建史和意义》 Die Entstehungsgeschichte und
     Bedeutung der Wiener Kunstgewerbeschule. *Die Werkkunst*. III: 201-202.

k   《建筑中的现代性》 Das Moderne in der Architektur. *Die Werkkunst*. III: 326-329.

l   《建筑的教育》 Erziehung zur Architektur. *Bautechnische Zeitschrift*. XXII. Nr. 19:
     147-149.

m   《达楞的帕克街 56 号田园建筑》 Landhaus in der Parkstraße 56. Dahlem. *Der
     Baumeister*. V: 6-8.

n 《M. H. 佰利 · 史考特—贝德福特》 M. H. Baillie Scott-Bedford. *Deutsche Kunst und Dekoration*. Bd. 19: 423-431.

o 《实用艺术》 Das Kunstgewerbe. Die Weltwirtschaft. Teil 1: 312-325.

p 《Woche 杂志的夏季住宅和度假屋的竞赛 - 前言》 Vorwort zu Sommer-und Ferienhäuser aus dem Wettbewerb der Woche. 10. *Sonderheft der Woche*. Berlin 1907: VII-X.

q 《田园住宅与花园：新建田园建筑案例，附平面图、室内空间和花园》 *Landhaus und Garten: Beispiele neuzeitlicher Landhäuser nebst Grundrissen, Innenräumen und Gärten*. 1. Auflage. München 1907.

r 《实用艺术与建筑》 *Kunstgewerbe und Architektur*. Jena 1907.

s 《实用艺术与建筑》 Die Lage des Landhauses zur Sonne und zum Garten. *Baumeister*. (2. 1 1. 07) 19.

t 《制造联盟呼吁书》（未发表）Unbenutzter Werkbundaufruf, in : Werkbund-Archiv (Hg.), 1990. Hermanns Muthesius im Werkbundarchiv. Ausstellungskatalog, Berlin.

1908

a 《达姆斯达特、慕尼黑和维也纳展览中的建筑》 Die Architektur auf den Ausstellungen in Darmstadt, München und Wien. *Kunst und Künstler*. VI: 491-495.

b 《英国住宅》 Das englische Haus. *Die Woche*. X. Nr. 25: 1057-1059.

c 《朝向太阳和花园的田园住宅》 Die Lage des Landhauses zur Sonne und zum Garten. *Der Baumeister*. VI: 1-6, 19-23.

d 《德意志制造联盟》 Der Deutsche Werkbund. *Die Zeit*. VII: 2115.

e 《制造联盟的目标》 Des Werkbundes Ziele. *Die Zeit*. VII: 2123.

f 《艺术与国民经济》 Kunst und Volkswirtschaft. *Dokumente des Fortschritts*. H. 2: 115-120.

g 《实用艺术中的经济形式》 Wirtschaftsformen im Kunstgewerbe. *Die Werkkunst*. III: 230-231.

h 《卫生与住宅艺术》 Hygiene und Wohnungskunst. *Unser Hausarzt*: 140-141.

i 《住宅建造问题与 Woche 杂志在新 - 芬肯科鲁克和王德利兹湖举办的住宅展览》 Das Hausbauproblem und die Häuserausstellung der Woche in Neu-Finkenkrug und Wandlitzsee. *Norddeutsche Bauzeitung*. XXXIV: 267-269.

j 《实用艺术和生活：德意志制造联盟》 Kunstgewerbe und Leben: Der Deutsche Werkbund. *Allgemeine Zeitung* (München).1 1. 7. 1908. Beilage: 296-298.

k 《制造联盟慕尼黑会议纪要，1908 年 7 月 11—12 日》 Verhandlung des Deutschen Werkbundes zu München am 11. und 12. Juli 1908: *Die Veredelung der gewerblichen Arbeit im Zusammenwirken von Kunst, Industrie und Handwerk*. Leipzig: 37-53.

l 《制造联盟慕尼黑会议纪要，1908 年 7 月 11—12 日》 Verhandlung des Deutschen Werkbundes zu München am 11. und 12. Juli 1908. *Die Veredelung der gewerblichen Arbeit im Zusammenwirken von Kunst, Industrie und Handwerk.* Leipzig: 143-150.

m 《新建筑》 Die neue Architektur. *Bautechnische Zeitschrift.* XXIII: 273-276.

n 《建筑中的现代性》 Das Moderne in der Architektur. in: Johannes Mumbauer (Hg.), 1908. Trierisches Jahrbuch für ästhetische Kultur, Trier: 78-83.

o 《音乐室》 Das Musikzimmer. Almanach, Velhagen und Klasings Monatsheften (Hg.). Berlin, Bielefeld, Leipzig, Wien: 222-237.

p 《我在尼古拉斯湖区的房子》 Mein Haus in Nikolassee. *Deutsche Kunst und Dekoration.* Bd. 23: 1-2 l.

q 《实用艺术中的经济形式》 *Wirtschaftsformen im Kunstgewerbe.* Vortrag, gehalten am 30. Januar 1908 in der Volkswirtschaftlichen Gesellschaft in Berlin. Berlin (Volkswirtschaftliche Zeitfragen Vorträge und Abhandlungen, Hg. v. der Volkswirtschaftlichen Gesellschaft in Berlin. J8. XXX. Heft 233).

r 《建筑的统一：关于建筑艺术、工程师建筑与实用艺术的观察》 *Die Einheit der Architektur: Betrachtungen über Baukunst, Ingenieurbalz und Kunstgewerbe.* Vortrag gehalten am 13. Februar 1908 im Verein für Kunst in Berlin. Berlin 1908.

s 《英国住宅：发展、条件、设施、建造、陈设和室内空间》 Das englische Haus: Entwicklung, Bedingungen, Anlage, Aufbau, Einrichtung und Innenraum. Bd. 1-3, 2. Auflage. Berlin 1908-1911.

t 《英国住宅》 Das englische Haus. *Die Woche* (20. 6. 08).

u 《新建筑》 Die neue Architektur. *Neue Badische Landeszeitung.* (19. 7. 08) Nf. 331. (Auszug aus 08r).

v 《住宅建造问题 I》 Das Hausbauproblem 1. Teil. *Der Tag.* Nr. 254.

w 《住宅建造问题 II - 型式住宅》 Das Hausbauproblem II. Das Typenhaus. *Der Tag.* Nr. 260.

x 《家用器物的设计竞赛》 Zum Wettbewerb um Hausgärten. *Die Woche.* Nr. 10 401ff.

1909

a 《我们的工程师建筑的审美教育》 *Die ästhetische Ausbildung unserer Ingenieurbauten. Zeitschrift des Vereins deutscher Ingenieure.* Bd. 53: 1211-1217.

b 《建筑的状况》 Zur architektonischen Lage. *Neudeutsche Bauzeitung.* V. Nr. 1: l-5.

c 《简洁的瑞士住宅》 Einfache schweizerische Wohnhäuser. *Norddeutsche Bauzeitung*, V. Nr. 4: 39-43.

d 《文化与艺术》 *Kultur und Kunst.* 2. Auflage. Jena.

1910

a　《城市建筑》Städtebau. Kunst und Künstler. VIII 53: 1-535.

b　《1909 年斯德哥尔摩手工艺和艺术工业展》Die Ausstellung für Kunsthandwerk und Kunstindustrie in Stockholm 1909. *Kunstgewerbeblatt*. N. F. XXI: 22-26.

c　《国民经济中艺术的角色：在德意志国民经济协会的讨论》Die Stellung der Kunst in der Volkswirtschaft: Eine Diskussion im Deutschen Volkswirtschaftlichen Verbande. *Volkswirtschaftliche Blätter*. IX. Nr. 1 5/ 1 6 249-268.

d　《布鲁塞尔万国博览会印象》Eindrücke von der Brüsseler Welt-Ausstellung. *Deutsche Kunst und Dekoration*. Bd. 27: 33-37.

e　《建筑中的现代》Das Moderne in der Architektur. *Süddeutsche Bauzeitung*. XX: 419-424.

f　《田园住宅与花园：新近（建造）的田园建筑案例，附平面图、室内空间和花园》*Landhaus and Garten: Beispiele neuzeitlicher Landhäuser Grundrissen. Innenräumen und Gärten*. 2. Auflage. München.

1911

a　《艺术在道德与经济生活中的意义》Die Bedeutung der Kunst für das sittliche und wirtschaftliche Leben. Norddeutsche Bauzeitung. V11: 247-249.

b　《田园住宅》Landhäuser. *Dekorative Kunst* 1: 24.

c　《建筑师》Architekten. *Über Land und Meer*. Bd. 105: 94-95.

d　《建筑师》Architekten. *Über Land und Meer*. Bd. 105: 320-321.

e　《建筑师》Architekten. *Über Land und Meer*. Bd. 105: 421-422.

f　《建筑师》Architekten. *Über Land und Meer*. Bd. 105: 515-516.

g　《建筑师：宾格布鲁克的俾斯麦国家纪念碑》Architekten: Das Bismarck-Nationaldenkmal bei Bingerbrück. *Über Land und Meer*.Bd. 105: 613-614.

h　《建筑师：关于城市建筑》Architektur: Über Städtebau. *Über Land und Meer*. Bd. 106: 719-721.

i　《建筑》Architektur. *Über Land und Meer*. Bd. 106: 821-822.

j　《建筑：在施工工地上的住宅状态》Architektur: Die Stellung des Hauses auf dem Bauplatz. *über Land und Meer*. Bd. 106: 934.

k　《建筑：住宅的建造成本 I》Architektur: Die Baukosten eines Wohnhauses I. *Über Land und Meer*. Bd. 106: 1039-1040.

l　《建筑：住宅的建造成本 II》Architektur: Die Baukosten eines Wohnhauses II. *Über Land und Meer*. Bd. 106: 1136.

m　《建筑》Architektur. *Über Land und Meer*. Bd. 106: 1225-1226.

n 《建筑》 Architektur. *ÜberLand und Meer. Bd.* 106: 1317-1318.

o 《建筑形式感对于我们这个时代的文化的意义》 Die Bedeutung des architektonischen Formgefühls für die Kultur unserer Zeit. Vortrag, gehalten auf der Jahresversammlung des Deutschen Werkbundes in Dresden 1911 . *Architektonische Rundschau.* XXV11: 121-125.

1912

a 《阿尔弗雷德·麦瑟尔》 Alfred Messel. *Die Gartenlaube.* Nr. 11: 226-230.

b 《建筑： 田园城市海勒劳》 Architektur: Die Gartenstadt Hellerau. *Über Land und Meer.* Bd. 107: 86-87.

c 《建筑： 建筑中的新表现方式》 Architektur: Neue Ausdrucksmittel in der Architektur. *Über Land und Meer.* Bd. 107: 197

d 《建筑》 Architektur. *Über Land und Meer.* Bd. 107: 323.

e 《建筑》 Architektur. *Über Land und Meer.* Bd. 107: 424-425.

f 《弗里德里希大帝时代的建筑》 Die Architektur zur Zeit Friedrichs des Großen. *Über Land und Meer.* Bd. 107: 449.

g 《建筑》 Architektur. *Über Land und Meer.* Bd. 107: 528-529.

h 《建筑》 Architektur. *Über Land und Meer.* Bd. 107: 634-635.

i 《建筑》 Architektur. *Über Land und Meer.* Bd. 108: 140-141.

j 《建筑》 Architektur. *Über Land und Meer.* Bd. 108: 250-251.

k 《建筑》 Architektur. *Über Land und Meer.* Bd. 108: 364-365.

l 《建筑》 Architektur. *Über Land und Meer.* Bd. 108: 466-467.

m 《建筑》 Architektur. *Über Land und Meer.* Bd. 108: 564-565.

n 《建筑》 Architektur. *Über Land und Meer.* Bd. 108: 656-658.

o 《建筑： 保尔·瓦洛特》 Architektur: Paul Wallot. *Über Land und Meer.* Bd. 108 : 704-705.

p 《住宅中的经济与辅助空间》 Die Wirtschafts- und Nebenräume des Hauses. Emil Abigt (Hg.), 1912. *Landhaus und Villa.*Wiesbaden.

q 《德意志建筑的未来》 Die deutsche Architektur der Zukunft. Emil Abigt (Hg.), 1912. *Landhaus und Villa.*Wiesbaden: 161-166.

r 《田园住宅的设施》 Die Anlage des Landhauses. *Die Bauwelt.* III. Nr. 10: 11-13.

s 《卧室的舒适、 卫生和流动的水》 Komfort, Hygiene und fließendes Wasser in Schlafzimmern. *Die Bauwelt.* III. Nr. 20: 13-14.

t 《对目的协会我们期待什么》 Was erwarten wir vom Zweckverband? In: Dernburg, Dominicus, Muthesius, Südekum u.a., 1912. *Für Groß-Berlin.* H. l. Charlottenburg.

u　《俾斯麦国家纪念碑——对设计竞赛的评论》 *Das Bismarck-Nationaldenkmal. Eine Erörterung des Wettbewerbs*. Von Max Dessoir u. Muthesius, Jena.

v　《我们立足何处》 Wo stehen wir?. Vortrag, gehalten auf der Jahresversammlung des Deutschen Werkbundes Dresden 1911. *Die Durchgeisterung der deutschen Arbeit. Wege und Ziele in Zusammenhang von Industrie, Handwerk und Kunst*. Jena: 11-12.

w　《田园建筑：已建造完成的建筑的插图和规划图并附建筑师的说明》 *Landhäuser: Abbildungen und Pläne ausgeführter Bauten mit Erläuterungen des Architekten*.1. Auflage. München.

1913

a　《当代德意志建筑》 Die deutsche Architektur der Gegenwart. *Illustrierte Zeitung*. Bd. 140. Nr. 3647. 22. 5. 1913: 17-18.

b　《通向躁动……》 Der Zug zur Unrast... . *Dekorative Kunst*: 283.

c　《住宅中的卫生设施》 Sanitäre Anlagen im Hause. *Dekorative Kunst*: 283.

d　《目的和美》 Zweck und Schönheit. *Der Kunstfreund*. H. 2: 33-37.

e　《德国最新的建筑运动》 Die neuere architektonische Bewegung in Deutschland. *Dokumente des Fortschritts*. März 1913: 183-188.

f　《建筑咨询的意义和目标》 Sinn und Ziel der Bauberatung. *Die Bauberatung*. Beilage zu Die Bauwelt. IV. Nr. 3.

g　《建筑，实用艺术，景观》 Architektur, Kunstgewerbe, Landschaft. *Das Jahr*. Leipzig 1913: 495-503.

h　《我们的大学缺少什么》 Was unseren Universitäten fehlt. *Illustrierte Zeitung*. XXII: 517-519.

i　《建筑》 Architektur. *über Land und Meer*. Bd. 109: 88.

j　《建筑》 Architektur. *über Land und Meer*. Bd. 109: 196-197.

k　《建筑》 Architektur. *über Land und Meer*. Bd. 109: 318-319.

l　《建筑》 Architektur. *über Land und Meer*. Bd. 109: 422-423.

m　《建筑》 Architektur. *über Land und Meer*. Bd. 109: 526-527.

n　《柏林新皇家歌剧院的设计》 Die Entwürfe zum neuen Königlichen Opernhaus in Berlin. *über Land und Meer*. Bd. 109: 546-548.

o　《建筑：住宅法的设计》 Architektur. Der Wohnungsgesetzentwurf. *über Land und Meer*. Bd. 109: 629-630.

p　《建筑》 Architektur. *über Land und Meer*. Bd. 110: 949-950.

q　《建筑：莱比锡和布莱斯劳本年度展览的建筑》 Architektur: Die Architektur auf den diesjährigen Ausstellungen in Leipzig und Breslau. *über Land und Meer*. Bd. 110: 1082-1083.

r　《建筑》 Architektur. *über Land und Meer*. Bd. 110: 1084-1085.

s   《建筑》Architektur. *über Land und Meer*. Bd. 110: 1274-1275.

t   《在老地区的新建筑建设》Architektur. Die Einfügung neuer Bauten in alte
      Ortsbilder. *über Land und Meer*. Bd. 110: 1367-1368.

u   《工程师建筑的形式问题》Das Formproblem im Ingenieurbau. *Zeitschrift
      Bauwesen*. Bd. 62: 31-32, 99-101,129-130.

v   《工程师建筑的形式问题》Das Formproblem im Ingenieurbau. *Die Kunst in
      Industrie und Handel*. Jena 1913: 23-32.

1914

a   《德意志制造联盟的目标和目的》Zweck und Ziel des deutschen Werkbundes.
      Berliner Tageblatt. 28. 5. 1914: 11.

b   《建筑文物》Ein Baudenkmal. *Bau-Rundschau*. Nr. 10: 86-87.

c   《建筑：莱茵·西法伦工业区建筑总规划》Architektur.Generalbebauungsplan
      für den rheinisch-westfälischen Industriebezirk. Über Land und Meer. Bd. 111:
      82-83.

d   《建筑》Architektur. *Über Land und Meer*. Bd. 111: 189-190.

e   《建筑：弗里茨·舒马赫》Architektur: Fritz Schumacher. *Über Land und Meer*.
      Bd. 111: 308-309.

f   《建筑》Architektur. *Über Land und Meer*. Bd. 111: 412-413.

g   《建筑》Architektur. *Über Land und Meer*. Bd. 111: 508-510.

h   《建筑：路德维希·霍夫曼的柏林歌剧院设计》Architektur:
      Opernhausentwurf von Ludwig Hoffmann in Berlin. *Über Land und Meer*. Bd.
      111578-579.

i   《建筑》Architektur. *Über Land und Meer*. Bd. 112: 701-702.

j   《建筑：1914 年科隆制造联盟展的建筑》Architektur: Die Architektur auf der
      Werkbundausstellung in Köln 1914. *Über Land und Meer*. Bd. 112: 808-810.

k   《建筑：现代风格》Architektur: Moderner Stil. *Über Land und Meer*. Bd. 112:
      914.

l   《建筑》Architektur. *Über Land und Meer*. Bd. 112: 1024-1025.

m   《建筑》Architektur. *Über Land und Meer*. Bd. 112: 1125-1126.

n   《建筑：田园城市》Architektur: Gartenstädte. *Über Land und Meer*. Bd. 112:
      1223-1224.

o   《从实用艺术到制造联盟思想》Vom Kunstgewerbe zum Werkbundgedanken.
      Illustrierte Zeitung. Werkbund Nummer. Bd. 142. Nr. 3699, 21. 5. 1914: 2-6.

p   《战争与文化》Krieg und Kultur. *Illustrierte Zeitung*. Bd. 143. Nr. 3718. 1. 10. 1914:
      507-510.

q 《科特布斯的胡夫曼住宅》Haus Huffmann in Cottbus. Dekorative Kunst 505-512.

r 《德意志制造联盟的愿景》Was will der Deutsche Werkbund? Die Woche. XVI. Nr. 23: 969-972.

s 《田园城市运动的意义》*Die Bedeutung der Gartenstadtbewegung.* Vier Vorträge, in Gegenwart der Frau Kronprinzessin gehalten von Muthesius, Dernburg, Freund u. Salomon, Leipzig und Paris.

t 《未来的制造联盟工作》Die Werkbundarbeit der Zukunft. in: Friedrich Naumann (Hg.), 1914. *Werkbund und Weltwirtschaft: Der Werkbund-Gedanke in den germanischen Ländern.* Jena 1914.

1915

a 《德意志的时尚》Deutsche Mode. *Der Kunstwart.* XXVIII. H. 12: 205-208.

b 《住宅建筑的统一形式》Wohnungsbau in Einheitsformen: Stimmen zu dem Aufsatz in Heft 4. *Der Baumeister.* XIII 62-63.

c 《战争与德国的时尚工业》Der Krieg und die deutsche Modeindustrie. *Die Woche.* XVII. Nr. 11: 363-365.

d 《象征的巩固》Zur Nagelung von Wahrzeichen. *Der Tag.* Nr. 224. 24. 9. 1915. Ausgabe A.

e 《东普鲁士的再建》Zum Wiederaufbau Ostpreußens. *Der Tag.* Nr, 180. 4. 8. 1915. Ausgabe B.

f 《扎比兹的德连安德住宅》Haus Dryander in Zabitz. *Dekoratiue Kunst*: 41-47.

g 《新生的战争文物》Kommende Krieger-Denkmäler. *Vossische Zeitung.* Nr. 608. 28. 11. 1915. 4. Beilage.

h 《富人的首饰》Das Geschmeide der reichen Leute. *Vossische Zeitung.* Nr. 260. 5. Beilage.

i 《建筑》Architektur. *Über Land und Meer.* Bd. 113: 165.

j 《战后的德意志建筑工作》Deutsches Bauschaffen nach dem Kriege. *Wasmuths Monatshefte für Baukunst.* II: 189-193, 309-315.

k 《德意志形式的未来》*Die Zukunft der deutschen Form.* Stuttgart und Berlin (Der Deutsche Krieg Politische Flugschriften, Hg. v. Ernst Jäckh, Heft 50).

l 《战后的德国人》Der Deutsche nach dem Kriege. München (Weltkultur und Weltpolitik, Hg. v. Ernst Jäckh u. Institut für Kulturforschung in Wien-Deutsche Folge, Nr. 4).

m 《如何建造我的住宅？》Wie baue ich mein Haus? 1. Auflage. München.

1916

a 《东普鲁士和它的重建》Ostpreußen und sein Wiederaufbau. *Wieland.* H. 5: 14-15 b   《职员的制造联盟工作》Die Werkbundarbeit der Handlungsgehilfen. *Jahrbuch für deutschnationale Handlungsgehilfen*: 97-99.

c   《家乡艺术与统一的形式：关于战后重建的报告》Heimatkunst und Einheitsform: Aus einem Vortrage über den Wiederaufbau kriegszerstörter Ortschaften. *Dekorative Kunst*: 159-165.

d   《在波茨坦·诺瓦维的米歇尔与切机械化丝织厂》Die mechanische Seidenweberei Michels & Cie. in Nowawes bei Potsdam. *Dekorative Kunst*. XIX: 190-195.

e   《新生的战争文物》Kommende Krieger-Denkmäler. *Die Rheinlande*. XVI. H. 5: 177-179.

f   《英国和德国实用艺术》England und das deutsche Kunstgewerbe. *Die Woche*. XVIII. Nr. 13: 433-435.

g   《制造联盟思想：它的基础》Der Werkbundgedanke: Seine Grundlagen. *Deutsche Politik. Wochenschrift für Welt- und Kulturpolitik*. 1. H. 10: 459-467.

1917

a   《对建筑与实用艺术中绘图辅助人员的教育的意见》Bemerkungen zur Erziehung der zeichnerischen Hilfskräfte in Architektur und Kunstgewerbe. *Wieland*. Nr. 1: 17-1 8.

b   《战争如何对德意志实用艺术产生影响？》Wie wird der Krieg auf die deutsche Baukunst einwirken?. *Der unsichtbare Tempel. Monatsschrift zur Sammlung der Geister*. 11. H. 5: 199-202.

c   《雷德的维格曼住宅（明斯特地区）》Haus Wegmann in Rhede (Bez. Münster). *Dekorative Kunst*: 113-118.

d   《如何建造我的住宅？》Wie baue ich mein Haus. *Dekorative Kunst*: 282-287.

e   《战争如何对德意志实用艺术产生影响？》Wie wird der Krieg auf die deutsche Baukunst einwirken?. *Zeit-und Streitfragen: Korrespondenz des Bundes deutscher Gelehrter und Künstler*. Nr. 9. Berlin 9. 3. 1917.

f   《战争如何对德意志实用艺术产生影响？》Wie wird der Krieg auf die deutsche Baukunst einwirken?. *Deutsche Kunst und Dekoration*. Bd. 40: 178-180.

g   《新生的战争文物》Kommende Krieger-Denkmäler. *Christliches Kunstblatt für Kirche, Schule und Haus*. IL: 183-186.

h   《手工劳动和批量化生产的产品》Handarbeit und Massenerzeugnis. Berlin (Technische Abende im Zentralinstitut für Erziehung und Unterricht. 4. Heft).

i   《如何建造我的住宅？》*Wie baue ich mein Haus?*. 2. Auflage. München.

1918

a   《小型住宅的家具》Die Möblierung des Kleinhauses. *Mitteilungen des deutschen Werkbundes*. Nf. 3: 1-4.

b   《住宅的外表》Vom Äußeren des Hauses. *Dekorative Kunst*: 10-11.

c   《在过渡时期解决住宅困难的措施》Maßnahmen zur Bekämpfung der Wohnungsnot in der Übergangszeit. *Dekorative Kunst*: 87-92.

d   《赫尔曼·穆特休斯的两座建筑：I. 罗堡的文德格莱伯的别墅；II. 尼古拉斯湖区的维德住宅》Zwei Bauten von Hermann Muthesius: I. Herrenhaus Wendgräben bei Loburg ll. Haus Wild, Nikolassee. *Dekorative Kunst*: 105-120.

e   《形式的义务》Die Verpflichtung zur Form. *Dekorative Kunst*: 305-316.

f   《工艺美术教育未来应当由美术学院承担吗？》Soll die kunstgewerbliche Erziehung zukünftig den Akademien übertragen werden?. *Die Woche*. XX. Nr. 20: 489-491.

g   《德意志实用艺术》Das deutsche Kunstgewerbe. in: Georg Gellert (Hg.), 1918. *Das deutsche Buch fürs deutsche Volk*. Berlin, Kattowitz, Breslau: 304-311.

h   《交通作为文化的促进者》*Der Verkehr als Kulturförderer*. IX. Bericht über die XVII. Ordentliche Hauptversammlung des Bundes Deutscher Verkehrs-vereine, e. V (20.-22. Sept. 1918 in Weimar) Leipzig 1918: 56-71 (Veröffentlichungen des Bundes Deutscher verkehrs-Vereine e. V.).

i   《小型住宅和小型居住区》Kleinhaus und Kleinsiedlung. *Verkehrstechnische Woche und eisenbahntechnische Zeitschrift*. 12. Jg. Nr. 14117, Berlin: 49-58.

j   《保尔·艾米希的德国住宅》Das deutsche Haus von Paul Ehmig. *Wasmuths Monatshefte für Baukunst*. III: 128-130.

k   《小型住宅和小型居住区》*Kleinhaus und Kleinsiedlung*. 1. Auflage. München.

1919

a   《在海尔布隆的鲁梅林住宅和在达楞的克莱默住宅》Die Häuser Rümelin in Heilbronn und Cramer in Dahlem. *Dekorative Kunst*: 1-16.

b   《弗里茨·舒马赫在汉堡的建筑工作》Fritz Schumachers Bautätigkeit in Hamburg. *Dekorative Kunst*: 93-110.

c   《小型住宅的家具》Vom Garten des Kleinhauses. *Dekorative Kunst*: 240-246.

d   《尼古拉斯湖区的米特尔霍夫建筑》Der Mittelhof in Nikolassee. *Dekorative Kunst*: 281-289.

e   《小型住宅的家具》Die Möblierung des Kleinhauses. *Das Tischlergewerk*. XII. Nr. 8: 65-68.

f   《家乡艺术与统一的形式》Heimatkunst und Einheitsform. *Die Heimatkunst*. H. 3 :73-79

g   《柏林的海姆道夫土地资源组织的小型居住区》Kleinsiedlung der Hermsdorfer Bodengesellschaft in Hermsdorf bei Berlin. Von Rudolf Eberstadt und Hermann Muthesius, *Der Städtebau*. XVI: 6-9.

h   《瑙恩的无线电发射站建筑》Architektonisches über die Großfunkstation Nauen. *Telefunken-Zeitung*. III. Nf. 17: 32-45.

i   《哥尼斯堡的冷杉林居住区的建筑规划》Bebauungsplan für die Kleinsiedlung

Tannenwalde bei Königsberg. *Wasmuths Mortatshefte für Baukunst.* IV. H. 5/6: 152-160.

j   《用"Ibus"法建造的两个居住区》 *Zwei Siedlungsbauten in 'Ibus'-Bauweise: 1. Das Arbeiter-Doppelhaus* (v. Mutbesius). 2. *Das Forstwartbaus* (v. Boßlet) . Sitzungsberichte des Arbeitsausschusses im Reichsverband zur Förderung sparsamer Bauweise. I. H. 1 : 28-31.

k   《节约型住宅建筑》 Sparsamer Hausbau. Tonindustrie-Zeitung. XXXXIII: 1268-1269.

l   《田园住宅与花园——小型田园住宅案例，附平面图、室内空间和花园设施》 Landhaus und Garten: *Beispiele kleiner Landhäuser nebst Grundrissen, Innenräumen und Gartenanlagen.* Neue Folge v. Mutbesius u. Harry Maaß. München 1919.

m   《如何建造我的住宅？》 *We baue ich mein Haus?* 3. Auflage. München.

1920

a   《法定的花园》 Der verordnete Garten. *Stadtbaukunst alter und neuer Zeit.* H. 21-22: 337-339, 358-361.

b   《内部设施的简单化》 Vereinfachung der Inneneinrichtung. *Hausrat.* I: 76-78.

c   《作为品位教育的样板展会》 Die Mustermesse als Geschmackserzieherin. *Kunst und Industrie.* I: 51-53.

d   《商业广告服务中的建筑艺术》 Die Baukunst im Dienste der kaufmännischen Werbetätigkeit. *Das Plakat.* XI. H. 6: 259-268.

e   《实用艺术的建设》 Die Aufbau vom Kunstgewerbe her. *Propyläen.* XVII: 126.

f   《批量化生产产品的品位改善》 Die geschmackliche Verbesserung des Massenerzeugnisses. *Deutsche Industrie.* Nr. 31: 591ff.

g   《质量工作与反对奢侈》 Qualitätsarbeit und Luxusbekämpfung. Berliner Tageblatt. Nr. 500. 4. Beiblatt.

h   《小型住宅与奢侈住宅》 Kleinwohnungen und Luxuswohnungen. Berliner Tageblatt. Nr. 581. 4. Beiblatt.

i   《现在我还能建造自己的房子吗？当前经济困局下的市民阶层建造真正节约型单独家庭住宅指南》 *Kann ich auch jetzt noch mein Haus bauen? Richtlinien für den wirklich sparsamen Bau des bürgerlichen Einfamilienhauses unter den wirtschaftlichen Beschränkungen der Gegenwart, mit Beispielen.* München.

j   《小型住宅与小型居住区》 *Kleinhaus und Kleinsiedlung.* 2. verm. u. teilw. Ganz neu bearb. Auflage. München.

1921

a   《瑙恩的无线电发射站建筑》 *Zur Architektur der Großfunkstation Nauen.*
    Schweizerische Bauzeitung. Bd. 77. Nr. 13: 142-145.

b 《质量，未来德国工业的纲领》Die Qualität, ein Leitsatz der deutschen Industrie der Zukunft. *Zeiss-Werkzeitung*. II. H. 4 62ff.

c 《瑙恩的无线电发射站建筑》Zur Architektonisches über die Großfunkstation Nauen. *Der Industriebau*. XII: 43ff.

d 《建筑和建筑师教育》Über Architektur und Architekten-Erziehung. *Die Baugilde*. III. Nr. 16.

e 《住宅建筑的状况》Die Lage im Wohnungsbau. *Kultur-Korrespondenz für deutsche zeitungen des In- und Auslandes*. VI. Nr. 24.

f 《工艺美术学校将如何发展》Was wird aus den Kunstgewerbeschulen?. Berliner Tageblatt. Nr. 203. 1. Beiblatt.

g 《住宅的必要和不必要空间》Die notwendigen und die entbehrlichen Räume des Hauses. *Dekorative Kunst*: 120-112.

1922

a 《回归手工艺？》Rückkehr zum Handwerk?. *Kunst und Kunstgewerbe. Beilage zur Nürnberger Warte. Zeitschrift des Großeinkaufsverbandes Nürnberger Bund*. II: 1ff.

b 《未来住宅建筑的节约和优良的形式》Sparsamkeit und gute Form im künftigen Wohnungsbau. Deutschland: Zeitschrift RT Aufbau. H. 4: 70.

c 《诺瓦维的米歇尔丝织厂》Seidenweberei Michels in Nowawes. *Neudeutsche Bauzeitung*. XVIII: 189-190.

d 《建筑中的个性主义》Über den Individualismus in der Architektur. *Schweizerische Bauzeitung*. Bd. 80. Nr. 11: 123-126.

e 《工艺美术学校与手工艺技术学校》Die Kunstgewerbe- und Handwerkerschulen. Bund der Kunstgewerbeschulmänner (Hg.), 1922. *Kunstgewerbe. Ein Bericht über Entwicklung und Tätigkeit der Handwerker- and Kunstgewerbeschulen in Preußen*. Berlin: 1-10.

f 《工艺美术学校与手工艺技术学校》Kunstgewerbe- und Handwerksschulen, in: Alfred Kühne, (Hg.), 1922. *Handbuch das Berufs- und Fachschulwesen*. Leipzig: 313-326.

g 《田园住宅：已建造完成的建筑案例，附平面图、室内空间和花园》 *Landhäuser: Ausgeführte Bauten mit Grundrissen, Gartenplänen und Erläuterungen*. 2. Ergänzte Auflage. München.

h 《美丽的住房：新德意志室内空间案例》*Die schöne Wohnung. Beispiele netzer deutscher Innenräume*. München 1922.

1923

a 《战后建筑》Vom Bauen nach dem Kriege. *Berliner Tageblatt*. Nr. 217. 1. Beiblatt.

b 《景观和人造作品》Landschaft und Menschenwerk. *Berliner Tageblatt*. Nr. 429. 4. Beiblatt.

c 《日本的住宅建筑》 Der japanische Hausbau. *Berliner Tageblatt*. Nr. 429. 1. Beiblatt.

d 《职业学校面临的任务：一种新的教育思想》 Die kommenden Aufgaben der Berufsschule: Ein neuer Bildungsgedanke. *Leipziger Tageblatt und Handelsblatt*. Nr. 1644.

e 《过大的住宅》 Das zu große Haus. *Dekorative Kunst*: 210-222.

f 《小型化的田园住宅》 Das verkleinerte Landhaus. *Schweizerische Bauzeitung*. Bd. 8 1. Nr. 16: 194-196.

1924

a 《德国的建筑工作》 Die Bautätigkeit in Deutschland. in: R. Kuczynski, (Hg.), 1923/24. *Deutschland und Frankreich: Ihre wirtschaftliche Politik*. Berlin: 290-296.

b 《建筑工作的重生》 Die Wiederbelebung der Bautätigkeit. *Deutsche Handelswarte*. Nr. 5/6: 97-102. Nr. 7: 135-140.

c 《建筑工作的重生》 Zur Wiederbelebung der Bautätigkeit. *Bauamt und Gemeindebau*. Nr. 10: 95-96.

d 《建筑艺术的时代问题》 Zeitfragen der Baukunst. Ingenieur-Zeitsclirift (Teplitz-Schönau). IV. H. 4 245-249.

e 《德国在巴黎艺术展上：必要的准备》 Deutschland auf der Kunstausstellung in Paris : Die notwendigen Vorbereitungen. *Berliner Tageblatt*. Nr. 557. 1. Beiblatt.

f 《未来的居住区》 Die Siedlung der Zukunft. *Dekorative Kunst*: 38-42.

g 《形式的暗示》 Die Suggestion der Form. *Dekorative Kunst*: 94-96.

1925

a 《艺术教育的需求》 Hauptforderungen der Kunsterziehung. *Berliner Tageblatt*. Nr. 120. 1. Beiblatt.

b 《住宅税补偿建筑：舒适性和居住性的缺乏》 Hauszinssteuerbauten: Der Mangel an Bequemlichkeit und Wohnlichkeit. *Berliner Tageblatt*. Nr. 260. 1. Beiblatt.

c 《艺术接班人的教育》 Die Erziehung des baukünstlerischen Nachwuchses. *Deutsche Bauzeitung*. LIX. Nr. 25.u. 38: 227-278, 298-300.

d 《艺术接班人的教育》 Die Erziehung des künstlerischen Nachwuchses. *Zentralblatt der Bauverwaltung*. XXXXV190.

e 《关于艺术接班人的教育》 über die Erziehung des baukünstlerischen Nachwuchses. *Die Baugilde*. VII. Nr. 8: 443-444.

f 《德国实用艺术的进化》 Die Evolution des Kunstgewerbes in Deutschland. R. Kuczynski (Hg.), 1925. *Deutschland und Frankreich. Ihre Wirtschaft und ihre Politik* 1923/24. Neue Folge: 9-11.

g 《柏林夏洛特堡的 T 住宅》 Haus Tin Berlin-Charlottenburg. Die Bauwelt. XVI. H. 9: 181-186.

h 《出口问题》Exportfragen. *Mitteilungen des deutsche Werkbundes*. Nr. 1: 1ff.

i 《如何建造我的住宅？一个建筑师的职业经验和建议》*Wie baue ich mein Haus? Berufserfahrungen und Ratschläge eines Architekten*. 4., der veränderten Zeit angepaßte Auflage. München.

j 《田园住宅与花园：新建田园住宅案例，附平面图、室内空间和花园》*Landhaus und Garten: Beispiele neuzeitlicher Landhäuser nebst Grundrissen, Innenräumen und Gärten*. 4. völlig umgearbeitete Auflage. München

1926

a 《对教育艺术接班人的思考》Gedanken zur Erziehung des künstlerischen Nachwuchses. *Zentralblatt der Bauverwaltung*. XLVI61-64. 75-77.

b 《制造联盟展或万国博览会？》Werkbundausstellung oder Weltausstellung?. *Berliner Tageblat*t. Nr. 523.

c 《为屋顶的奋斗》Der Kampf um das Dach. Kraft und Stoff. *Beilage zur Deutschen Allgemeinen Zeitung*. Nf. 48.

d 《艺术接班人的教育问题》*Zur Frage der Erziehung des künstlerischen Nachwuchses*. Berlin.

e 《美丽的住房：新德意志室内空间案例》*Die schöne Wohnung: Beispiele neuer deutscher Innenräume*. 2. stark erneuerte Auflage. München 1926.

1927

a 《艺术与时尚潮流》Kunst- und Modeströmungen. *Wasmuths Monatshefte für Baukunst* XI: 496-498.

b 《为屋顶的奋斗》Der Kampf um das Dach. *Die Baugilde*. IX: 191.

c 《新建筑方式》Die neue Bauweise. *Die Baugilde*. IX: 1284-1286.

d 《一个大师最后的话：新建筑方式》Die letzten Worte eines Meisters: *Die neue Bauweise. Berliner Tageblatt*. Nr. 512. 1. Beiblatt.

e 《经济补助住宅建筑》Subventionierter Wohnungsbau. *Das ideale Heim*. I : 135-137.

1928

a 《在纳瑟的东德意志手工工场》Die Ostdeutschen Werkstätten in Neiße. *Illustrierte Zeitung*. Bd. 171. Nr. 4353: 242-244.

b 《实用艺术思想的新发展及对学校的影响》Die neuere Entwicklung des kunstgewerblichen Gedankens und ihr Einfluß auf die Schulen. *Zeitschrift für Berufs- und Fachschulwesen*. XLIII: 1-3.

1929

《工艺美术学校与手工艺技术学校》Kunstgewerbe- und Handwerksschulen, in: Alfred Kühne (Hg.), 1929. *Handbuch das Berufs- und Fachschulwesen*. bearb. v. Hugo Busch, 2. Auflage. Leipzig: 349-362.

1933

《住宅中起居室和餐厅的组合》Der kombinierte Wohn-Eßraum im
Eigenhause. Die Kunst und das schöne Heim. IV. H. 9: 275-279.

1961

《居住在独栋住宅中的价值》Vom Wert des Wohnens im Einzelhause.
Baukunst und Werkform. XIV. H. 8: 423

后记与致谢

谨以此文纪念穆特休斯先生去世 90 周年！

1997 年，正好 20 年前，我去德国留学。在最初大概一年的时间里，我每天都会坐着火车从莱茵河左岸穿越霍恩索伦大桥去科隆应用科学大学的多伊茨（Deutz）校区上课。当时我还不知道，科隆·多伊茨就是 1914 年德意志制造联盟科隆大展的举办地。

1999 年，我转入波恩大学哲学院学习。我的专业方向共有三个，在其中的西方艺术史专业中，我选择的重点学习内容是"德国古典主义与浪漫主义艺术"和"德国现代设计史"，于是，有了对辛克尔、森帕、穆特休斯、格罗皮乌斯、德意志制造联盟以及包豪斯的最初认知。

回国后，由于在中国美术学院与德国柏林艺术大学合作硕士教育项目工作，我从 2008 年至 2014 年八年间先后四次带学生前往柏林，每次都会在那里工作和生活三个月。我们在柏林的住址坐落于西南郊的万湖（Wannsee）、尼古拉斯湖区（Nikolassee）和施拉赫腾（Schlachtensee）之间。这是柏林最著名的别墅区，有着田园诗般美丽安宁的环境和众多优雅别致的建筑。一开始我并不知道这里就是穆特休斯当年规划的田园别墅和单独家庭住宅试验区。令我记忆犹新的是，有一次看到几个孩子放学后在自由自在地玩耍，我想起了路易斯·康（Louis Kahn）的一段话："在一个孩子的成长过程中，优秀的环境将会告诉他应该做的事和如何去做。"同时，我的大脑中出现了一个念头：如果说"和谐社会"有所谓的样板，那就应该是这个样子。

后来，我查阅了柏林的建筑文物清单，得知这些别墅和住宅中有部分出自穆特休斯包括受他影响的同时代建筑师之手，也得知我前后居住了一年之久的地方，离穆特休斯的故居（Muthesius' Haus an der Rehwiese）和他的墓地（Friedhof Nikolassee）近在咫尺。

在决定将穆特休斯先生美学思想和社会实践作为研究方向后，我再次往来于柏林、德累斯顿、德绍、慕尼黑、科隆等地，试图把过去积累的对德国文化史、建筑史和工业设计史的粗浅印象关联在一起。进而开始大量阅读相关文献，尽管这一过程漫长而艰辛，但似乎越来越让接近了德国现代建筑和工业设计思想的源头。

今年初，在本文即将完成之时，恰逢"德意志制造联盟百年巡展"首次来到中国并在深圳华·美术馆展出。我非常荣幸地代表我的博导杭间教授出席了开幕式。就在准备关于"科隆制造联盟之争"学术讨论的那一刻，我的思绪从1914年的科隆跳跃到了20年前的科隆。

本文虽算告一段落，但对这一领域的研究其实才刚开了头。在国内，研究德意志制造联盟的不多，研究穆特休斯先生的更少。我想我既然开了头，就会继续下去——从设计理论再到田园建筑本身，正如我在最后一章中所写的，他的"美学纲领，改革策略和设计理论的出发点实际上都源自建筑"，而（田园）住宅既是建筑的起点，也是它的终点。

谨此衷心感谢我尊敬的导师、中国美术学院杭间教授对我的指导、支持、栽培和充分信任。杭老师的严谨治学和宽怀待人，让我终身受益。

特别需要感谢的还有以下德国专家和学者：

柏林白湖艺术学院文化史和设计史教授 Walter Scheiffele。本人有幸在柏林和杭州多次担任 Scheiffele 教授的讲座和课程翻译，于我而言，翻译的过程就是最好的学习过程。Scheiffele 教授还带我参观了许多德国文化史的原址，仅与本论文相关的就有：柏林的辛克尔建筑群、贝伦斯的 AEG 工厂、德国第一座田园城市海勒劳、德累斯顿手工艺联合工场、德绍包豪斯教学楼、德绍托腾住宅区、容克斯飞机制造厂等，此外，Scheiffele 教授还向我推荐了森帕（Godfrid Semper）和帕塞纳（Julius Posener）的著作与文章，前者是穆特休斯风格理论和"务实主义"的思想源头之一，后者是战后研究穆特休斯的最重要的学者。

柏林艺术大学工业设计系教授 Egon Chemaitis。他是我在中国美术学院中德学院的最尊敬的同事和良师。十年来对于我提出的所有关于德国工业设计理论方面的问题，他从来都是有问必答。

柏林艺术大学建筑系教授 Alfred Grazioli。Grazioli 的夫人 Wieka Muthesius 是穆特休斯先生的嫡孙女。他们两次邀请我到家里做客，给我看了穆特休斯先生和夫人安娜（Anna Muthesius, 1870-1961）留下的一些珍贵照片和资料。Grazioli 教授还特意安排并陪同我参观了柏林尼古拉斯湖区的穆特休斯先生故宅（Muthesius' Haus an der Rehwiese）。

设计艺术品收藏家、柏林布诺汉基金会主席 Trosten Broehan。2012年，我在柏林期间，Broehan 先生多次邀请我到他家，为我介绍他收藏的文史资料，还陪同我参观了以他家族命名的博物馆（Bröhan Museum），并为我介绍了他父亲向柏林市捐赠的 19 世纪末至 20 世纪初的工艺美术品。

尤其需要感谢的还有柏林制造联盟档案馆与物的博物馆（Werkbund-Archiv - Museum der Dinge）馆长 Renate Flagmeier 女士与档案管理员 Rita Wolters 女士在我查阅穆特休斯个人档案和文献资料时所提供帮助。如果没有该馆的支持，我不可能完成此论文。

最后还要感谢我的夫人艾维薇。在整个写作的过程中，她在很多方面给予了我支持。2014 年夏，她在柏林工业大学（穆特休斯先生的母校）和柏林艺术大学联合图书馆、柏林包豪斯档案馆等机构协助我拍摄了大量文献资料。本书附录"赫尔曼·穆特休斯全部著作与文章目录"的全部文字是由她输录的。此外，本书的版式设计也是在她的协助下完成的。

汪建军

2017 年 4 月，杭州

责任编辑：徐新红

书籍设计：汪建军　艾维薇

责任校对：杨轩飞

责任印制：张荣胜

图书在版编目（ＣＩＰ）数据

穆特休斯的美学纲领与德国现代设计思想之源 / 汪
建军著. -- 杭州 ：中国美术学院出版社，2017.12
　ISBN 978-7-5503-1557-0

　Ⅰ．①穆… Ⅱ．①汪… Ⅲ．①穆特休斯(Herman
Muthesius 1861-1927)－住宅－建筑设计－建筑美学－研究
　Ⅳ．①TU241

　中国版本图书馆 CIP 数据核字(2017)第 302033 号

穆特休斯的美学纲领与德国现代设计思想之源
汪建军　著

出 品 人　祝平凡
出版发行　中国美术学院出版社
地　　址　中国·杭州南山路218号 邮政编码：310002
网　　址　http://www.caapress.com
经　　销　全国新华书店
制　　版　杭州海洋电脑制版印刷有限公司
印　　刷　浙江省邮电印刷股份有限公司
版　　次　2017年12月第1版
印　　次　2020年3月第2次印刷
印　　张　16
开　　本　787mm×1092mm　1/16
字　　数：235千
图　　数：40幅
印　　数　1501-2500
书　　号　ISBN 978-7-5503-1557-0
定　　价　118.00元